内 容 简 介

本书是高等院校高年级本科生泛函分析课程的辅导教材，可与国内通用的泛函分析教材同步使用，特别适合于作为《泛函分析讲义(上册)》(张恭庆、林源渠编著，北京大学出版社)的配套辅导教材。全书共分四章，内容包括度量空间、线性算子与线性泛函、广义函数与索伯列夫空间、紧算子与 Fredholm 算子。每小节按基本内容、典型例题精解两部分编写。基本内容简明介绍了读者应掌握的基础知识；典型例题精解按照基础题、规范题、综合题三种类型，从易到难，循序渐进，详细讲述例题的解法，并对解题方法进行归纳和总结，以帮助学生克服由于不适应泛函分析中全新的研究对象和处理问题的方法所产生的困惑，同时也为任课教师提供一些便利条件。

本书可作为综合大学、理工科大学、高等师范学校数学、计算数学、应用数学等专业大学生学习泛函分析的辅导书。对担任泛函分析课程教学任务的青年教师，本书是较好的教学参考书。

作 者 简 介

林源渠 北京大学数学科学学院教授。1965 年毕业于北京大学数学力学系，长期从事高等数学、数学分析、泛函分析等课程的教学工作，具有丰富的教学经验；对泛函分析解题思路、方法与技巧有深入研究，善于进行归纳和总结。他参加编写的教材有《泛函分析讲义(上册)》、《数值分析》、《数学分析习题课教材》、《数学分析解题指南》(北京大学出版社)、《数学分析习题集》等。

泛函分析学习指南

北京大学数学科学学院

林源渠　编著

图书在版编目(CIP)数据

泛函分析学习指南/林源渠编著. —北京:北京大学出版社. 2009. 2
ISBN 978-7-301-14387-2

Ⅰ. 泛…　Ⅱ. 林…　Ⅲ. 泛函分析-高等学校-学习　Ⅳ. O177-44

中国版本图书馆 CIP 数据核字(2008)第 167209 号

书　　名: 泛函分析学习指南
著作责任者: 林源渠　编著
责 任 编 辑: 刘　勇
封 面 设 计: 常燕生
标 准 书 号: ISBN 978-7-301-14387-2/O・0765
出 版 发 行: 北京大学出版社
地　　址: 北京市海淀区成府路 205 号　100871
网　　址: http://www.pup.cn
新 浪 微 博: @北京大学出版社
电 子 信 箱: zpup@pup.pku.edu.cn
电　　话: 邮购部 62752015　发行部 62750672　理科编辑部 62752021
出版部 62754962
印　刷　者: 河北滦县鑫华书刊印刷厂
经　销　者: 新华书店
890 mm×1240 mm　A5　8.25 印张　240 千字
2009 年 2 月第 1 版　2024 年10月第 13 次印刷
定　　价: 29.00 元

未经许可,不得以任何方式复制或抄袭本书之部分或全部内容。

版权所有,侵权必究

举报电话:010-62752024　电子信箱:fd@pup.pku.edu.cn

序　言

泛函分析是一门比较抽象的学科，这对学生的学习和教师的教学都有一定的难度。编写这一部《泛函分析学习指南》就是希望以此帮助学生克服由于不适应泛函分析中全新的研究对象和处理问题的方法而产生的困惑，同时也为讲授此课程的教师提供一些便利的条件。目前许多学校选择由北京大学出版社出版，张恭庆、林源渠编著的《泛函分析讲义(上册)》作为本科泛函分析课程的教材。本书的章节安排都与《泛函分析讲义(上册)》教材一致，基本内容部分所列的定理、命题都可以在教材中找到证明。教材中所有稍难的习题在本书中都给出了详细的解法。本书按泛函分析课程教学的基本要求编写，不管课程使用何种教材，都可使用本书作为学习辅导材料。

本书典型例题精解部分所列例题有三种类型：第一种是基础题，它们用到的知识基本上局限在所在章节提供的基本内容范围，只要细心从定义出发或应用所在章节的定理就能得到解答。第二种是规范题，解题使用的方法、体现的思想在泛函分析中具有典型性，学生应从中体验泛函分析的基本思想和方法；它们概括了处理某一类课题的规范性方法。第三种是综合题，它们用到的知识和规范性方法是跨章节的，其中许多是北京大学数学科学学院本科泛函分析课程历来的考试题或本书中首次给出的题；它们具有较大的启发性。通过克服较大困难，独立解出一道综合题，一定程度上可以反映学"活"相关知识。就像栽一盆花，判断花活了没有就看是否长出一个小芽。

本书在排版上进行了一些尝试，例如一串等号 $A=B=C=D$，排版成 U 形等式串：

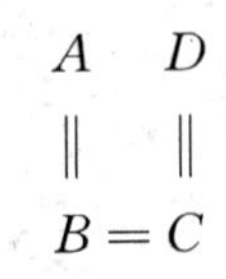

又如一串推出符号 $A \Longrightarrow B \Longrightarrow C \Longrightarrow D$ 排版成U形推理串：

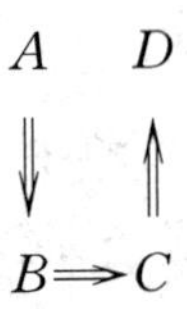

根据作者多年的教学经验，这样形式书写的板书和制作的课件直观、醒目，便于学生阅读。

最后，作者对本书责任编辑刘勇同志的细心审校表示衷心的感谢。同时诚恳地希望读者对书中不足之处给予指正。

如果读者阅读本书时遇到疑难问题，可与作者联系，电子邮件地址：lyq@math.pku.edu.cn。

林源渠

2008年10月

于北京大学

目　　录

第一章　度量空间

§1　压缩映像原理

基本内容

距离空间的定义

度量空间又称距离空间，它是一种拓扑空间，其上的拓扑由指定的一个距离决定.

定义 1　设 $\mathscr{X}$ 是一个非空集，若存在 $\mathscr{X}$ 上一个双变量的实值函数 $\rho(x,y)$，满足下列三个条件：

(1) 正定性：$\rho(x,y)\geqslant 0$，而且 $\rho(x,y)=0$ 当且仅当 $x=y$；

(2) 对称性：$\rho(x,y)=\rho(y,x)$；

(3) 三角不等式：$\rho(x,z)\leqslant\rho(x,y)+\rho(y,z)\ (\forall x,y,z\in\mathscr{X})$，

则称 ρ 为 $\mathscr{X}$ 上一个**距离**，$\mathscr{X}$ 称为**距离空间**. 一个以 ρ 为距离的距离空间 $\mathscr{X}$ 记做$(\mathscr{X},\rho)$.

类似于欧氏空间情形，可以在距离空间中引进一系列重要概念. 首先是拓扑概念，将 $\mathscr{X}$ 中满足不等式 $\rho(x,a)<r$ 的点 x 的全体称为以 a 为中心、r 为半径的**球邻域**. 进一步欧氏空间 $\mathbb{R}^n$ 中余集、开集、闭集、聚点以及稠密性等一系列概念都可以搬到距离空间中来. 于是，开集的余集是闭集；闭集的余集是开集；空集 $\varnothing$ 与全空间 $\mathscr{X}$ 是既开又闭的集合；有限个闭集的并集仍是闭集；任意多个开集的并集仍是开集等性质在抽象距离空间中仍成立.

距离空间的刻画

定义 2　距离空间$(\mathscr{X},\rho)$中的点列$\{x_n\}$称为**收敛列**，是指存在 $\mathscr{X}$ 中的点 x，当 $n\to\infty$ 时，$\rho(x_n,x)\to 0$. 此时称 x 是点列$\{x_n\}$的**极限**，记做 $x_n\to x\ (n\to\infty)$，也记做 $\lim\limits_{n\to\infty}x_n=x$.

引进距离的目的是刻画“收敛”.

定义 3 距离空间$(\mathscr{X},\rho)$上的点列$\{x_n\}$叫做**基本列**,是指当$n,m\to\infty$时,$\rho(x_n,x_m)\to 0$.

基本列也可叫做 Cauchy 列.显然$(\mathscr{X},\rho)$中任意收敛列必是基本列;反之,基本列不一定在$\mathscr{X}$中收敛.

例如有理数基本列在有理数域内就不一定有极限.

定义 4 距离空间$(\mathscr{X},\rho)$叫做**完备的**,是指每个基本列是收敛列.

给定两个距离空间$(\mathscr{X},\rho)$和$(\mathscr{Y},\tau)$,考查映射$T:\mathscr{X}\to\mathscr{Y}$.

定义 5 设$T:(\mathscr{X},\rho)\to(\mathscr{Y},\tau)$是一个映射,给定$x_0\in\mathscr{X}$,称$T$在点$x_0$处连续,是指$\forall x_0\in\mathscr{X},\forall\{x_n\}\subset\mathscr{X}$,

$$\lim_{n\to\infty}\rho(x_n,x_0)=0\Longrightarrow\lim_{n\to\infty}\tau(Tx_n,Tx_0)=0.$$

若映射在每一点处都是连续的,就称T是$(\mathscr{X},\rho)$上的**连续映射**.

命题 6 给定$x_0\in\mathscr{X}$,映射$T:(\mathscr{X},\rho)\to(\mathscr{Y},\sigma)$在点$x_0$处连续的充分必要条件是:$\forall\varepsilon>0,\exists\delta=\delta(x_0,\varepsilon)>0$,使得对于$x\in\mathscr{X}$,

$$\rho(x,x_0)<\delta\Longrightarrow\tau(Tx,Tx_0)<\varepsilon.$$

定义 7 称$T:(\mathscr{X},\rho)\to(\mathscr{X},\rho)$是一个**压缩映射**,如果存在$0<\alpha<1$,使得$\rho(Tx,Ty)\leqslant\alpha\rho(x,y)\ (\forall x,y\in\mathscr{X})$.

定理 8(Banach 不动点定理——压缩映像原理) 设$(\mathscr{X},\rho)$是一个完备距离空间,T是$(\mathscr{X},\rho)$到其自身的一个压缩映射,那么在$\mathscr{X}$中存在唯一的T的不动点.

典型例题精解

例 1 设T是压缩映射,求证T^n也是压缩映射,并说明逆命题不一定成立.

证 (1) 因为T是压缩映射,所以$\exists\alpha\in(0,1)$,使得$\rho(Tx,Ty)\leqslant\alpha\rho(x,y)$,从而

$$\rho(T^2x,T^2y)\leqslant\alpha\rho(Tx,Ty)\leqslant\alpha^2\rho(x,y).$$

假定$\rho(T^nx,T^ny)\leqslant\alpha^n\rho(x,y)$成立,则有

$$\begin{aligned}\rho(T^{n+1}x,T^{n+1}y)&\leqslant\alpha\rho(T^nx,T^ny)\\&\leqslant\alpha\cdot\alpha^n\rho(x,y)\\&=\alpha^{n+1}\rho(x,y).\end{aligned}$$

于是根据数学归纳法原理，$\rho(T^n x, T^n y) \leqslant \alpha^n \rho(x, y)$ 对 $\forall n \in \mathbb{N}$ 成立.

又 $0<\alpha<1 \Longrightarrow 0<\alpha^n \leqslant \alpha<1$，故有

$$\rho(T^n x, T^n y) \leqslant \alpha\rho(x, y),$$

即 T^n 是压缩映射.

(2) 逆命题不一定成立. 例如，设

$$f(x) = \begin{cases} 0, & x \in [0,1], \\ 1, & x \in (1,2], \end{cases}$$

$f(x)$ 在 $[0,2]$ 上是不连续函数(图 1.0(a))，作为 $f: [0,2] \to [0,2]$ 的映射，当然不是压缩映射(压缩映射一定连续. 事实上，由压缩映射定义有 $|f(x)-f(y)| \leqslant \alpha|x-y| \Longrightarrow f(x)$ 一致连续，当然映射 $f(x)$ 本身连续). 但是

$$f(f(x)) \equiv 0, \quad x \in [0,2],$$

故

$$f^2: [0,2] \to [0,2]$$

是压缩映射(图 1.0(b)).

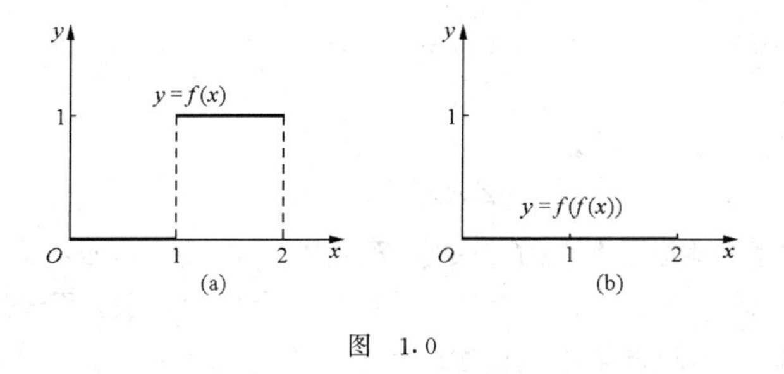

图 1.0

例 2 如果存在正整数 n，使得 T^n 是压缩映射，那么 T 有唯一不动点.

证 根据 Banach 不动点定理，$\exists x_0$ 使得 $T^n x_0 = x_0$，则有

$$T^n(Tx_0) = T^{n+1}x_0 = T(T^n x_0) = Tx_0.$$

可知 Tx_0 也是 T^n 的不动点. 由压缩映射 T^n 的不动点的唯一性可知 $Tx_0 = x_0$.

这就证明了 T 有不动点.

下面再证 T 的不动点是唯一的. 用反证法. 如果 x_1, x_2 是 T 的两

个不动点，$x_1\neq x_2$，即有$\begin{cases}Tx_1=x_1,\\Tx_2=x_2,\end{cases}$那么

$$\begin{cases}T^n x_1 = T^{n-1}(Tx_1) \xlongequal{Tx_1 = x_1} T^{n-1}(x_1) = \cdots = Tx_1 = x_1,\\ T^n x_2 = T^{n-1}(Tx_2) \xlongequal{Tx_2 = x_2} T^{n-1}(x_2) = \cdots = Tx_2 = x_2,\end{cases}$$

即 x_1,x_2 是 T^n 的两个不动点.因为 T^n 是压缩映射，所以 T^n 有唯一不动点，从而 $x_1=x_2$，矛盾.

例 3 设$(\mathscr{X},\rho)$是一个完备距离空间，映射 $T:\mathscr{X}\to\mathscr{X}$ 满足

$$a_n \xlongequal{\text{def}} \sup_{x,y\in\mathscr{X}} \frac{\rho(T^n x,T^n y)}{\rho(x,y)} \to 0 \quad (0\to\infty).$$

证明：映射 T 在 $\mathscr{X}$ 中必有唯一的不动点.

证 取 $\varepsilon=1/2>0$，因为 $a_n\to 0(n\to\infty)$，故 $\exists n_0$ 使得 $a_{n_0}<1/2$，即

$$\rho(T^{n_0}x,T^{n_0}y)\leqslant\frac{1}{2}\rho(x,y),\quad x,y\in\mathscr{X},$$

即 T^{n_0}是压缩映射.根据例 2 的结论，T 在 $\mathscr{X}$ 中必有唯一的不动点.

例 4 (1) 证明完备度量空间的闭子集是一个完备的子空间，而任一度量空间的完备子空间必是闭子集.

(2) 设$(\mathscr{X},\rho)$是一个完备距离空间，M 是 $\mathscr{X}$ 的闭子集，$r_n>0$，而且

$$\sum_{n=1}^{\infty} r_n<+\infty.$$

证明：如果映射 $T:M\to M$ 满足 $\rho(T^n x,T^n y)\leqslant r_n\rho(x,y)$，$x,y\in M$，那么映射 T 必有唯一的不动点，并且对 $\forall x_0\in M$，$T^n x_0$ 收敛到该不动点，换句话说，该不动点可由迭代法产生.

证 (1) 设 $\mathscr{X}$ 是完备度量空间，$M\subset\mathscr{X}$ 是闭的.要证 M 是一个完备的子空间.考虑

$$\forall\ x_m,x_n\in M,\quad \|x_m-x_n\|\to 0\quad (m,n\to\infty)$$
$$\Longrightarrow x_m,x_n\in\mathscr{X},\quad \|x_m-x_n\|\to 0\quad (m,n\to\infty),$$

因为 $\mathscr{X}$ 是完备度量空间，所以 $\exists x\in\mathscr{X}$，使得 $x_n\to x$，从而有

$$\left.\begin{array}{l}x_n\in M,x_n\to x\\ M\subset\mathscr{X}\ \text{是闭的}\end{array}\right\}\Longrightarrow x\in M.$$

因此，$\quad\forall\ x_m,x_n\in M,\ \|x_m-x_n\|\to 0\ \ (m,n\to\infty),$

$$\exists\ x \in M,\text{使得 } x_n \to x$$

$$\Longrightarrow M \text{ 是一个完备的子空间.}$$

下设 $\mathscr{X}$ 是一度量空间,M 是 $\mathscr{X}$ 的一个完备子空间. 要证 M 是闭子集,即:若 $x_n\in M, x_n\to x$,要证 $x\in M$. 事实上,因为收敛列是基本列,所以有

$$x_n \in M, \quad \|x_m - x_n\| \to 0 \quad (m,n \to \infty).$$

又 M 是完备度量空间,所以 $\exists x'\in M$,使得 $x_n\to x'$,即有

$$\left.\begin{array}{l} x_n \to x \\ x_n \to x' \end{array}\right\} \Longrightarrow x = x' \in M.$$

(2) 依题意,$(\mathscr{X},\rho)$是一个完备距离空间,M 是 $\mathscr{X}$ 的闭子集,故(M,ρ)也是一个完备距离空间,

$$\sum_{n=1}^{\infty} r_n < +\infty \Longrightarrow r_n \to 0\ (n \to \infty) \Longrightarrow \exists\ n_0,\text{使得 } r_{n_0} < 1.$$

由

$$\rho(T^{n_0}x, T^{n_0}y) \leqslant r_{n_0}\rho(x,y), \quad x,y \in M,$$

即 T^{n_0}是压缩映射,根据例 2 的结论,T 有唯一不动点. 设此不动点为 x^*,即有

$$Tx^* = x^* = T^{n_0}x^*.$$

进一步,对 $\forall x_0\in M$,记 $x_n=T^n x_0 (n=1,2,\cdots)$,下面证明$\{x_n=T^n x_0\}$是基本列. 考虑

$$\rho(x_{n+1},x_n) = \rho(T^{n+1}x_0, T^n x_0) = \rho(T^n(Tx_0), T^n x_0) \leqslant r_n \rho(Tx_0, x_0).$$

根据三角不等式,对任意的自然数 p,有

$$\begin{aligned} \rho(x_{n+p},x_n) &\leqslant \sum_{i=1}^{p} \rho(x_{n+i}, x_{n+i-1}) \leqslant \rho(Tx_0,x_0) \sum_{i=1}^{p} r_{n+i-1} \\ &= \rho(Tx_0,x_0) \sum_{k=n}^{n+p-1} r_k \leqslant \rho(Tx_0,x_0) \sum_{k=n}^{\infty} r_k \to 0, \quad n \to \infty \end{aligned}$$

对任意的自然数 p 一致成立. 因此,$\{x_n=T^n x_0\}$是基本列. 由(M,ρ)的完备性,必存在 $\bar{x}\in M, x_n\to\bar{x}$. 这样,一方面,因为 T^{n_0}是压缩映射,有唯一不动点 x^*,所以对 $\forall x_0\in M$,有

$$T^{nn_0}x_0 = (T^{n_0})^n x_0 \to x^* \quad (n \to \infty);$$

另一方面,

$$T^{nn_0}x_0 = x_{nn_0} \to \overline{x} \quad (n \to \infty),$$

故有 $\overline{x}=x^*$.

例 5 设 M 是 $\mathbb{R}^n$ 中的有界闭集,映射 $T: M\to M$ 满足

$$\rho(Tx,Ty) < \rho(x,y) \quad (\forall\ x,y \in M, x \neq y).$$

求证 T 在 M 中存在唯一的不动点.

证 因为

$$\rho(Tx,Tx_0) < \rho(x,x_0),$$

所以

$$\rho(x,x_0) \to 0 \Longrightarrow \rho(Tx,Tx_0) \to 0.$$

再由三角不等式,得到

$$|\rho(x,Tx) - \rho(x_0,Tx_0)| \leqslant \rho(x,x_0) + \rho(Tx,Tx_0).$$

由此可见,$f(x) \xlongequal{\text{def}} \rho(x,Tx)$在 M 上连续.

因为 M 是 $\mathbb{R}^n$ 中的有界闭集,所以 $\exists\, x_0 \in M$,使得

$$\rho(x_0,Tx_0) = f(x_0) = \min_{x\in M} f(x) = \min_{x\in M}\rho(x,Tx).$$

如果 $\rho(x_0,Tx_0)=0$,那么 x_0 就是不动点. 今假设 $\rho(x_0,Tx_0)>0$. 根据假设,我们有

$$\rho(Tx_0,T^2x_0) < \rho(x_0,Tx_0) = \min_{x\in M}\rho(x,Tx).$$

但是 $Tx_0,T^2x_0\in M$,这与 $\rho(x_0,Tx_0)$是最小值矛盾. 故 $\rho(x_0,Tx_0)=0$,即存在不动点 x_0.

不动点的唯一性是显然的. 事实上,如果存在两个不动点 x_1,x_2,则从

$$\rho(x_1,x_2) = \rho(Tx_1,Tx_2) < \rho(x_1,x_2)$$

即得矛盾.

注 假如把条件"M 是 $\mathbb{R}^n$ 中的有界闭集"去掉,只假定

$$\rho(Tx,Ty) < \rho(x,y) \quad (\forall\ x,y \in M, x \neq y),$$

结论一般不对. 例如,取

$$M = \mathbb{R}^1, \quad Tx = \pi/2 + x - \arctan x,$$

则有

$$\rho(Tx,Ty) = |Tx - Ty| = \frac{\xi^2}{1+\xi^2}|x-y| < |x-y| = \rho(x,y).$$

由此可见，映射 T 满足假定：

$$\rho(Tx,Ty) < \rho(x,y) \quad (\forall\ x,y \in M, x \neq y),$$

但是 $Tx=x \Longrightarrow \arctan x=\pi/2$，这是不可能的，因此映射 T 没有不动点.

例 6 设$(\mathscr{X},\rho)$是一个完备距离空间，M 是 $\mathscr{X}$ 的闭子集，$0<\alpha<1$，映射 T_n：$M \to M$ 满足

$$\rho(T_n x, T_n y) \leqslant \alpha\rho(x,y) \quad (x,y \in M),$$

$$Tx = \lim_{n\to\infty} T_n x \quad (x \in M),$$

并且 $x_n = T_n x_n \in M$. 证明：映射 T 有唯一的不动点，并且 x_n 收敛到该不动点.

证 (1) 由距离的连续性，对不等式

$$\rho(T_n x, T_n y) \leqslant \alpha\rho(x,y) \quad (x,y \in M)$$

令 $n\to\infty$ 取极限，得到

$$\rho(Tx,Ty) \leqslant \alpha\rho(x,y) \quad (x,y \in M).$$

由此推出 T 是压缩映射，因而 T 有不动点，设之为 x^*，即有

$$Tx^* = x^*.$$

(2) 条件

$$\rho(T_n x, T_n y) \leqslant \alpha\rho(x,y) \quad (x,y \in M)$$

意味着每个 T_n 都是压缩映射，$x_n = T_n x_n$ 说明 x_n 是 T_n 的不动点. $Tx=\lim\limits_{n\to\infty} T_n x$ 可以看做 T 是 T_n 的极限，那么 T 的不动点 x^* 是否是 T_n 的不动点 x_n 的极限呢？考虑

$$\begin{aligned}\rho(x_n,x^*) = \rho(T_n x_n, Tx^*) &\leqslant \rho(T_n x_n, T_n x^*) + \rho(T_n x^*, Tx^*) \\ &\leqslant \alpha\rho(x_n,x^*) + \rho(T_n x^*, Tx^*),\end{aligned}$$

由此推出

$$\rho(x_n,x^*) \leqslant \frac{1}{1-\alpha}\rho(T_n x^*, Tx^*).$$

又因为 $Tx^* = \lim\limits_{n\to\infty} T_n x^*$，所以

$$\lim_{n\to\infty}\rho(x_n,x^*) = 0 \Longrightarrow x_n \to x^* \quad (n\to\infty).$$

例 7 设$(\mathscr{X},\rho)$是一个完备距离空间，$B(y_0,r)\subset\mathscr{X}$ 是以 y_0 为中心、r 为半径的开球. 如果映射 T：$B(y_0,r)\to\mathscr{X}$ 满足 $\rho(Tx,Ty)\leqslant \alpha\rho(x,y)$，而且

$$\rho(Ty_0, y_0) < (1-\alpha)r, \quad 0 < \alpha < 1,$$

证明：映射 T 在 $B(y_0, r)$ 中有唯一不动点.

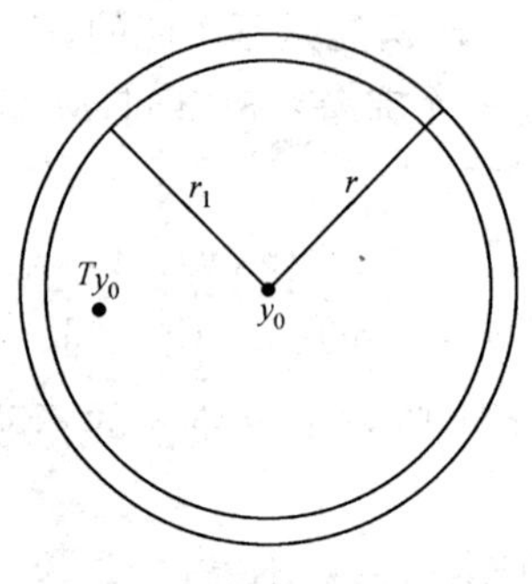

图 1.1

证 如图 1.1，任取 $0<r_1<r$，使得

$$\rho(Ty_0, y_0) \leqslant (1-\alpha)r_1 < (1-\alpha)r.$$

又对 $\forall y \in \overline{B}(y_0, r_1)$，由

$$\begin{aligned}\rho(Ty, y_0) &\leqslant \rho(Ty, Ty_0) + \rho(Ty_0, y_0) \\ &\leqslant \alpha\rho(y, y_0) + (1-\alpha)r_1 \\ &\leqslant \alpha r_1 + (1-\alpha)r_1 = r_1,\end{aligned}$$

于是

$$T: \overline{B}(y_0, r_1) \to \overline{B}(y_0, r_1).$$

因此，压缩映射 T 在完备子空间 $\overline{B}(y_0, r_1) \subset B(y_0, r)$ 上有唯一的不动点.

例 8（Newton 法） 设 $f(x)$ 是定义在 $[a,b]$ 上的二次连续可微的实值函数，$\hat{x} \in (a,b)$，使得 $f(\hat{x})=0$，$f'(\hat{x}) \neq 0$. 求证：存在 $\hat{x}$ 的邻域 $U(\hat{x})$，使得 $\forall x_0 \in U(\hat{x})$，迭代序列

$$x_{n+1} = x_n - \frac{f(x_n)}{f'(x_n)} \quad (n = 0,1,2,\cdots)$$

是收敛的，并且

$$\lim_{n\to\infty} x_n = \hat{x}.$$

证 考虑 $Tx \xlongequal{\text{def}} x - \dfrac{f(x)}{f'(x)}$，则有

$$\frac{\mathrm{d}}{\mathrm{d}x}(Tx) = 1 - \frac{(f'(x))^2 - f(x)f''(x)}{(f'(x))^2} = \frac{f(x)f''(x)}{(f'(x))^2}.$$

因为 $f(\hat{x})=0, f'(\hat{x})\neq 0, f''(x)$ 在点 $\hat{x}$ 处连续,所以 $\lim\limits_{x\to\hat{x}}\frac{f(x)f''(x)}{(f'(x))^2}=0$,从而 $\exists\,\hat{x}$ 的邻域 $U(\hat{x})$,使得

$$\left|\frac{f(x)f''(x)}{(f'(x))^2}\right|\leqslant\alpha<1,$$

$$f'(x)\neq 0\quad(\forall\,x\in U(\hat{x})),$$

$$|Tx-Ty|=\left|\frac{f(\xi)f''(\xi)}{(f'(\xi))^2}\right||x-y|\leqslant\alpha|x-y|$$

$$(\forall\,x,y\in U(\hat{x})).$$

于是,对 $\forall\,x_0\in U(\hat{x}), x_{n+1}=Tx_n(n=0,1,2,\cdots)$ 是收敛的. 设 $x_n\to x\in U(\hat{x}), Tx=x\Rightarrow f(x)=0$,联合

$$\begin{cases} f(\hat{x})=0, & \hat{x}\in U(\hat{x}), \\ f(x)=0, & x\in U(\hat{x}), \\ f'(x)\neq 0, & \forall\,x\in U(\hat{x})\end{cases}\Rightarrow x=\hat{x},$$

故有 $x_n\to\hat{x}(n\to\infty)$.

例 9 对于积分方程

$$x(t)-\lambda\int_0^1 \mathrm{e}^{t-s}x(s)\mathrm{d}s=y(t),$$

其中 $y(t)\in C[0,1]$ 为一给定函数,λ 为常数,$|\lambda|<1$,求证存在唯一解

$$x(t)\in C[0,1].$$

证 考虑由 $x(t)-\lambda\int_0^1 \mathrm{e}^{t-s}x(s)\mathrm{d}s=y(t)$

$$\Rightarrow \mathrm{e}^{-t}x(t)-\lambda\int_0^1 \mathrm{e}^{-s}x(s)\mathrm{d}s=\mathrm{e}^{-t}y(t),$$

$$z(t)\xlongequal{\text{def}}\mathrm{e}^{-t}x(t),\quad \zeta(t)=\mathrm{e}^{-t}y(t),$$

则原方程等价于

$$z(t)=\zeta(t)+\lambda\int_0^1 z(s)\mathrm{d}s.$$

令

$$T: z(t)\longmapsto\zeta(t)+\lambda\int_0^1 z(s)\mathrm{d}s,$$

则

$$\rho(Tu,Tv)=\left|\lambda\int_0^1 u(s)\mathrm{d}s-\lambda\int_0^1 v(s)\mathrm{d}s\right|$$

$$\leqslant|\lambda|\int_0^1|u(s)-v(s)|\mathrm{d}s$$

$$\leqslant |\lambda| \max_{t\in[0,1]} |u(t)-v(t)| = |\lambda|\rho(u,v),$$

即 T 是压缩映射,压缩常数为 $|\lambda|<1$,因而 T 有唯一的不动点,即积分方程

$$z(t)=\zeta(t)+\lambda\int_0^1 z(s)\mathrm{d}s$$

在 $C[0,1]$上有唯一解，从而原方程在 $C[0,1]$上有唯一解.

例 10 证明：若二元函数 $K(x,t)$在三角形区域(图 1.2)

$$D=\{(x,t)\,|\,x\in[a,b],x\leqslant t\leqslant b\}$$

上连续,那么对于任意参数 λ,积分方程

$$y(x)-\lambda\int_a^x K(x,t)y(t)\mathrm{d}t=f(x)$$

在 $C[a,b]$上存在唯一解.

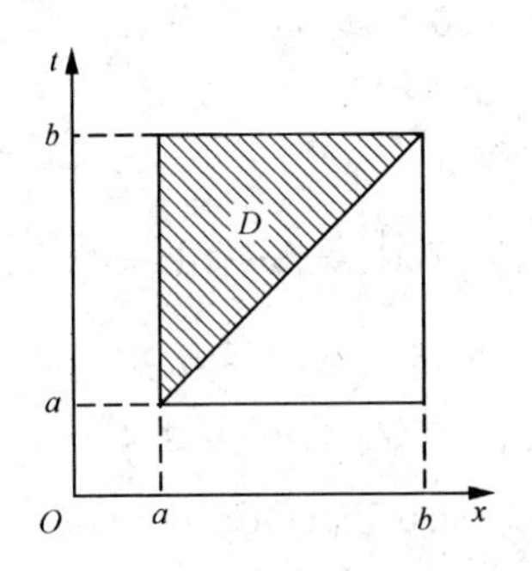

图 1.2

证 令$(Ty)(x)=f(x)+\lambda\int_a^x K(x,t)y(t)\mathrm{d}t$, 则

$$T: C[a,b]\to C[a,b],$$

$$\begin{aligned}|(Ty_1)(x)-(Ty_2)(x)| &= \left|\lambda\int_a^x K(x,t)[y_1(t)-y_2(t)]\mathrm{d}t\right| \\ &\leqslant |\lambda|\int_a^x |K(x,t)||y_1(t)-y_2(t)|\mathrm{d}t \\ &\leqslant |\lambda|M(x-a)\rho(y_1,y_2),\end{aligned}$$

其中 $M=\max\limits_{(x,t)\in D}|K(x,t)|$.

下面我们用数学归纳法证明:

$$|(T^n y_1)(x)-(T^n y_2)(x)|\leqslant\frac{|\lambda|^n}{n!}M^n(x-a)^n\rho(y_1,y_2). \tag{1}$$

当 $n=1$ 时,(1)式已经证明. 设对于自然数 k,(1)式成立,则

$$\begin{aligned}
&|(T^{k+1}y_1)(x)-(T^{k+1}y_2)(x)|\\
&\quad=|\lambda|\left|\int_a^x K(x,t)[(T^k y_1)(t)-(T^k y_2)(t)]\mathrm{d}t\right|\\
&\quad\leqslant|\lambda|\int_a^x|K(x,t)||(T^k y_1)(t)-(T^k y_2)(t)|\mathrm{d}t\\
&\quad\leqslant|\lambda|\int_a^x|K(x,t)|\frac{|\lambda|^k}{k!}M^k(t-a)^k\rho(y_1,y_2)\mathrm{d}t\\
&\quad\leqslant\frac{|\lambda|^{k+1}M^{k+1}}{k!}\rho(y_1,y_2)\int_a^x(t-a)^k\mathrm{d}t\\
&\quad=\frac{|\lambda|^{k+1}M^{k+1}(x-a)^{k+1}}{(k+1)!}\rho(y_1,y_2).
\end{aligned}$$

故不等式(1)对于一切自然数 n 都成立. 于是有

$$\rho(T^n y_1,T^n y_2)\leqslant r_n\rho(y_1,y_2),$$

其中

$$r_n=\frac{|\lambda|^n}{n!}M^n(b-a)^n,\quad M=\max_{(x,t)\in D}|K(x,t)|.$$

再由 $\sum\limits_{n=1}^{\infty}r_n$ 的收敛性和例 4(2)即知 T 有唯一的不动点. 由此即得所证.

§2 完 备 化

基本内容

本节仿照实数理论中,从有理数域出发定义无理数的方法, 对空间$(\mathscr{X},\rho)$增添理想元素,使之"扩充"成为一个完备空间.

定义 1 给定距离空间$(\mathscr{X},\rho)$,$(\mathscr{X}_1,\rho_1)$,设 T 是 $\mathscr{X}$ 到 $\mathscr{X}_1$ 的映像,如果对任意的 $x,y\in\mathscr{X}$,都有 $\rho(x,y)=\rho_1(Tx,Ty)$,则称 T 是**等距映像**,称 $\mathscr{X}$ 与像 $T\mathscr{X}\subset\mathscr{X}_1$ 是**等距同构的**.

凡等距同构的距离空间,它们的一切与距离相联系的性质都是一样的,因此今后将不再区分它们. 于是在定义 1 中可认为$(\mathscr{X},\rho)$是

$(\mathscr{X}_1,\rho_1)$的一个子空间,记做$(\mathscr{X},\rho)\subset(\mathscr{X}_1,\rho_1)$.

定义 2 设$(\mathscr{X},\rho)$是一个距离空间. 集合 $E\subset\mathscr{X}$ 满足如下的条件: $\forall x\in\mathscr{X},\forall\varepsilon>0,\exists y\in E$,使得 $\rho(x,y)<\varepsilon$,就称 E 是 $\mathscr{X}$ 的**稠密子集**.

易见 $E\subset\mathscr{X}$ 是 $\mathscr{X}$ 的稠密子集的充分必要条件是 $\forall x\in\mathscr{X}$,存在 E 中点列$\{x_n\}$,使得 $x_n\to x$.

定义 3 包含给定度量空间$(\mathscr{X},\rho)$的最小的完备度量空间 $\widetilde{\mathscr{X}}$ 称为 $\mathscr{X}$ 的**完备化空间**,其中最小是指: 对任何一包含$(\mathscr{X},\rho)$的完备度量空间 $\mathscr{Y}$,均有 $\widetilde{\mathscr{X}}\subset\mathscr{Y}$.

命题 4 如果$(\mathscr{X}_1,\rho_1)$是一个以$(\mathscr{X},\rho)$为子空间的完备度量空间,$\rho_1|_{\mathscr{X}\times\mathscr{X}}=\rho$,并且 $\mathscr{X}$ 在 $\mathscr{X}_1$ 中稠密,则$(\mathscr{X}_1,\rho_1)$是$(\mathscr{X},\rho)$的完备化空间.

注 (1) $(\mathscr{X}_1,\rho_1)$完备,意味着$(\mathscr{X}_1,\rho_1)$“不太小”.

(2) $\mathscr{X}$ 在 $\mathscr{X}_1$ 中稠密,意味着$(\mathscr{X}_1,\rho_1)$“不太大”.

(3) $(\mathscr{X},\rho)\subset(\mathscr{X}_1,\rho_1)$——$(\mathscr{X},\rho)$的完备化空间.

($\uparrow$ 中间再也挤不进一个完备空间)

定理 5 每一个度量空间$(\mathscr{X}_0,\rho_0)$有一个完备化空间,且其完备化空间在等距同构的意义下唯一.

典型例题精解

例 1 设 S 为一切复数列

$$x=(\xi_1,\xi_2,\cdots,\xi_k,\cdots)$$

组成的集合,在 S 中定义距离为

$$\rho(x,y)=\sum_{k=1}^{\infty}\frac{1}{2^k}\frac{|\xi_k-\eta_k|}{1+|\xi_k-\eta_k|},$$

其中 $x=(\xi_1,\xi_2,\cdots,\xi_k,\cdots)$,$y=(\eta_1,\eta_2,\cdots,\eta_k,\cdots)$. 求证: S 为一个完备的距离空间.

证 $\rho(x,y)$满足距离的正定性、对称性两个条件是显然的. 为了验证 $\rho(x,y)$满足三角不等式,注意到

$$f(t)=\frac{t}{1+t}=1-\frac{1}{1+t}\quad(\text{单调增加})$$

$$\Rightarrow f(|a+b|)\leqslant f(|a|+|b|),$$

即

$$\frac{|a+b|}{1+|a+b|} \leqslant \frac{|a|+|b|}{1+|a|+|b|}$$
$$= \frac{|a|}{1+|a|+|b|} + \frac{|b|}{1+|a|+|b|}$$
$$\leqslant \frac{|a|}{1+|a|} + \frac{|b|}{1+|b|}.$$

设 $z=(\zeta_1,\zeta_2,\cdots,\zeta_k,\cdots)$，则有

$$\rho(x,y) = \sum_{k=1}^{\infty} \frac{1}{2^k} \frac{|\xi_k-\eta_k|}{1+|\xi_k-\eta_k|}$$
$$= \sum_{k=1}^{\infty} \frac{1}{2^k} \frac{|(\xi_k-\zeta_k)+(\zeta_k-\eta_k)|}{1+|(\xi_k-\zeta_k)+(\zeta_k-\eta_k)|}$$
$$\leqslant \sum_{k=1}^{\infty} \frac{1}{2^k} \frac{|\xi_k-\zeta_k|}{1+|\xi_k-\zeta_k|} + \sum_{k=1}^{\infty} \frac{1}{2^k} \frac{|\zeta_k-\eta_k|}{1+|\zeta_k-\eta_k|}$$
$$= \rho(x,z)+\rho(z,y).$$

这就验证了 $\rho(x,y)$满足三角不等式，从而 S 是距离空间.

下面证明 S 的完备性. 设$\{x^{(m)}\}$是 S 中的基本列，其中 $x^{(m)}=(x_1^{(m)},x_2^{(m)},\cdots,x_k^{(m)},\cdots)$，则

$$\rho(x^{(m+p)},x^{(m)}) = \sum_{i=1}^{\infty} \frac{1}{2^i} \frac{|x_i^{(m+p)}-x_i^{(m)}|}{1+|x_i^{(m+p)}-x_i^{(m)}|} \to 0$$
$$(m\to\infty, \forall\, p\in\mathbb{N}).$$

由此可以推出：$\forall\, k\in\mathbb{N}$，

$$|x_k^{(m+p)}-x_k^{(m)}|\to 0 \quad (m\to\infty, \forall\, p\in\mathbb{N}).$$

事实上，对每一个固定的 $k\in\mathbb{N}$，对 $\forall\,\varepsilon$: $0<\varepsilon<1$，$\exists\, N_k$，使得

$$\sum_{i=1}^{\infty} \frac{1}{2^i} \frac{|x_i^{(m+p)}-x_i^{(m)}|}{1+|x_i^{(m+p)}-x_i^{(m)}|} < \frac{\varepsilon}{2^{k+1}} \quad (m>N_k,\ \forall\, p\in\mathbb{N}).$$

取级数中的第 k 项，它当然不会超过所有项的和，即得

$$\frac{|x_k^{(m+p)}-x_k^{(m)}|}{1+|x_k^{(m+p)}-x_k^{(m)}|} < \frac{\varepsilon}{2}$$

$$\Rightarrow |x_k^{(m+p)}-x_k^{(m)}| < \frac{\frac{\varepsilon}{2}}{1-\frac{\varepsilon}{2}} \overset{\text{因为}\varepsilon<1}{<} \varepsilon.$$

由此可见，$\forall k\in \mathbb{N}$,

$$|x_k^{(m+p)}-x_k^{(m)}|\to 0\quad (m\to\infty,\ \forall\, p\in\mathbb{N}).$$

这意味着 $\forall k\in\mathbb{N}$，$x^{(m)}$的每一个坐标序列$\{x_k^{(m)}\}$都是复数集合中的基本列. 由复数集合的完备性，每一个坐标序列$\{x_k^{(m)}\}$都收敛，并存在 x_k，使得$|x_k^{(m)}-x_k|\to 0(m\to\infty)$. 现在令 $x=(x_1,x_2,\cdots,x_k,\cdots)$.

下证 $x^{(m)}\xrightarrow{\rho}x(m\to\infty)$. 事实上，就是要证

$$\rho(x^{(m)},x)=\sum_{n=1}^{\infty}\frac{1}{2^n}\frac{|x_n^{(m)}-x_n|}{1+|x_n^{(m)}-x_n|}\to 0\quad (m\to\infty),$$

也就是要证，$\forall\varepsilon>0$，$\exists N$，当 $m>N$ 时，使得

$$\sum_{n=1}^{\infty}\frac{1}{2^n}\frac{|x_n^{(m)}-x_n|}{1+|x_n^{(m)}-x_n|}<\varepsilon.$$

为了其中的无穷多项部分$<\frac{\varepsilon}{2}$，只要 $n_0>1-\log_2\varepsilon$. 事实上，

$$\sum_{n=n_0+1}^{\infty}\frac{1}{2^n}\frac{|x_n^{(m)}-x_n|}{1+|x_n^{(m)}-x_n|}<\sum_{n=n_0+1}^{\infty}\frac{1}{2^n}=\frac{1}{2^{n_0}}<\frac{\varepsilon}{2}.$$

而对每一个 $n\leqslant n_0$，$\exists N_n$，当 $m>N_n$ 时，使得

$$|x_n^{(m)}-x_n|<\frac{\varepsilon}{2}\quad (n=1,2,\cdots,n_0).$$

取 $N=\max\{N_1,N_2,\cdots,N_{n_0}\}$，当 $m>N$ 时，便有

$$\begin{aligned}\sum_{n=1}^{n_0}\frac{1}{2^n}\frac{|x_n^{(m)}-x_n|}{1+|x_n^{(m)}-x_n|}&<\sum_{n=1}^{n_0}\frac{1}{2^n}|x_n^{(m)}-x_n|\\&<\sum_{n=1}^{n_0}\frac{1}{2^n}\cdot\frac{\varepsilon}{2}<\sum_{n=1}^{\infty}\frac{1}{2^n}\cdot\frac{\varepsilon}{2}\\&=\frac{\varepsilon}{2}.\end{aligned}$$

于是

$$\sum_{n=1}^{\infty}\frac{1}{2^n}\frac{|x_n^{(m)}-x_n|}{1+|x_n^{(m)}-x_n|}<\varepsilon\quad (\forall\, m>N)$$

成立. 因此$\{x^{(m)}\}$按距离 ρ 收敛于 x，故(S,ρ)是完备的度量空间.

例 2 在一个度量空间$(\mathscr{X},\rho)$上，求证：基本列是收敛列，当且仅当其中存在一串收敛子列.

证 基本列是收敛列$\Longrightarrow$存在一串收敛子列是显然的，因为整个基本列就是一串收敛子列.

存在一串收敛子列$\Longrightarrow$基本列是收敛列. 设$\{x_n\}$是基本列，且存在一串收敛子列$\{x_{n_k}\}$，要证$\{x_n\}$是收敛列.

首先肯定$\{x_n\}$的收敛点是什么？$\{x_n\}$的收敛点当然是$\{x_{n_k}\}$的收敛点. 既然$\{x_{n_k}\}$收敛，设$x_{n_k}\to x$.

下面证明$x_n\to x$. 因为$\{x_n\}$是基本列，所以对一切$\varepsilon>0$，存在N，使得

$$\rho(x_n,x_m)<\frac{\varepsilon}{2}\quad(\forall\, n,m>N).$$

因为$n_k\to\infty$，所以$\exists K$，使得$n_k>N(\forall k>K)$，故有

$$\rho(x_n,x_{n_k})<\frac{\varepsilon}{2}\quad(\forall\, n>N,\forall\, k>K).$$

对上式令$k\to\infty$取极限，即得

$$\rho(x_n,x)\leqslant\frac{\varepsilon}{2}<\varepsilon\quad(\forall\, n>N),$$

即证得$x_n\to x$.

例 3 设F是只有有限项不为 0 的实数列全体. 在F上引进距离

$$\rho(x,y)=\sup_{k\geqslant 1}|\xi_k-\eta_k|.$$

求证：(F,ρ)不完备，并指出它的完备化空间.

证 取点列

$$x^{(n)}=\Big(\underbrace{1,\frac{1}{2},\frac{1}{3},\cdots,\frac{1}{n}}_{n个},0,0,\cdots\Big)\in F\quad(n=1,2,\cdots),$$

则有

$$x^{(m)}=\Big(\underbrace{1,\frac{1}{2},\frac{1}{3},\cdots,\frac{1}{m}}_{m个},0,0,\cdots\Big)\in F.$$

当$m>n$时，

$$x^{(n)}-x^{(m)}=\Big(\underbrace{\overbrace{0,0,\cdots,0}^{n个},\frac{1}{n+1},\cdots,\frac{1}{m}}_{m个},0,0,\cdots\Big),$$

$$\rho(x^{(n)},x^{(m)})=\sup_{k\geqslant 1}|x_k^{(n)}-x_k^{(m)}|=\frac{1}{n+1}\to 0\quad(n\to\infty).$$

由此可见,点列$\{x^{(n)}\}$是 F 上的基本列.然而,对于点

$$x=\left(1,\frac{1}{2},\frac{1}{3},\cdots,\frac{1}{n},\cdots\right),$$

我们有

$$\rho(x^{(n)},x)=\sup_{k\geqslant 1}|x_k^{(n)}-x_k|=\frac{1}{n+1}\to 0\quad(n\to\infty),$$

即 $\lim\limits_{n\to\infty}x^{(n)}=x$,但是 $x\notin F$.这就证明了(F,ρ)不完备.

F 的完备化空间应是以 0 为极限的实数列全体,即

$$x=(\xi_1,\xi_2,\cdots,\xi_k,\cdots),\quad \xi_k\in\mathbb{R}^1,\quad \lim_{k\to\infty}\xi_k=0$$

的全体.记此空间为 $\widetilde{F}$.下面证明:$\widetilde{F}$ 是完备的,并且 F 在 $\widetilde{F}$ 中稠密.

(1) 证明 $\widetilde{F}$ 是完备的,只需证明 $\widetilde{F}$ 是 l^∞中的闭集.

设 $x^{(n)}=(\xi_1^{(n)},\xi_2^{(n)},\cdots,\xi_k^{(n)},\cdots)\in\widetilde{F}(n=1,2,\cdots)$,$x^{(n)}\to x$,即

$$\begin{array}{l}
x^{(1)}=(\xi_1^{(1)},\xi_2^{(1)},\cdots,\xi_k^{(1)},\cdots)\to 0\quad(k\to\infty),\\
x^{(2)}=(\xi_1^{(2)},\xi_2^{(2)},\cdots,\xi_k^{(2)},\cdots)\to 0\quad(k\to\infty),\\
x^{(3)}=(\xi_1^{(3)},\xi_2^{(3)},\cdots,\xi_k^{(3)},\cdots)\to 0\quad(k\to\infty),\\
\vdots\qquad\qquad\qquad\qquad\vdots\\
x^{(n)}=(\xi_1^{(n)},\xi_2^{(n)},\cdots,\xi_k^{(n)},\cdots)\to 0\quad(k\to\infty),\\
\downarrow\qquad\qquad\qquad\qquad\downarrow\\
x\ \ =(\xi_1,\ \xi_2,\ \cdots,\ \xi_k,\ \cdots).
\end{array}$$

要证 $x=(\xi_1,\xi_2,\cdots,\xi_k,\cdots)\in\widetilde{F}$.

$$x^{(n)}\to x\Longrightarrow\lim_{n\to\infty}\sup_{k\geqslant 1}|\xi_k^{(n)}-\xi_k|=0$$

$\Longrightarrow\forall\varepsilon>0,\exists N$,使得 $\sup\limits_{k\geqslant 1}|\xi_k^{(n)}-\xi_k|<\frac{\varepsilon}{3}(n\geqslant N)$.特别有

$$|\xi_k^{(N)}-\xi_k|<\frac{\varepsilon}{3}\quad(k=1,2,\cdots).$$

又,实数列$\{\xi_k^{(N)}\}_{k=1}^\infty$是收敛列,因而是基本列,故 $\exists N_1$,使得

$$|\xi_k^{(N)}-\xi_j^{(N)}|<\frac{\varepsilon}{3}\quad(k,j\geqslant N_1),$$

$$\{\xi_j^{(N)}\}_{j=1}^\infty\in\widetilde{F}\Longrightarrow\lim_{j\to\infty}|\xi_j^{(N)}|=0\Longrightarrow|\xi_j^{(N)}|<\frac{\varepsilon}{3}\quad(j\geqslant N_2\geqslant N_1).$$

于是当 $k,j\geqslant N_2\geqslant N_1$ 时(参照图 1.3),

$$|\xi_k| \leqslant |\xi_k - \xi_k^{(N)}| + |\xi_k^{(N)} - \xi_j^{(N)}| + |\xi_j^{(N)}|$$
$$< \frac{\varepsilon}{3} + \frac{\varepsilon}{3} + \frac{\varepsilon}{3} = \varepsilon,$$

这就证明了

$$x = (\xi_1, \xi_2, \cdots, \xi_k, \cdots) \in \widetilde{F}.$$

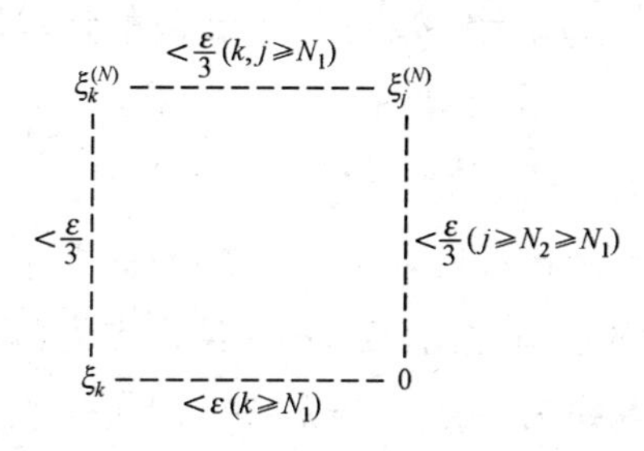

图 1.3

(2) 证明 F 在 $\widetilde{F}$ 中稠密.

任意给定 $x=(\xi_1,\xi_2,\cdots,\xi_k,\cdots)\in\widetilde{F}$,令

$$x^{(n)} = (\underbrace{\xi_1, \xi_2, \cdots, \xi_n}_{n个}, 0, 0, \cdots) \in F \quad (n = 1, 2, \cdots),$$

则有

$$\rho(x^{(n)}, x) = \sup_{k \geqslant n+1} |\xi_k| \to 0 \quad (n \to \infty).$$

这意味着,$\widetilde{F}$ 中的任意点 x 可以由 F 中的点来逼近,即 F 在 $\widetilde{F}$ 中稠密.

例 4 求证:[0,1]上的多项式全体按距离

$$\rho(p,q) = \int_0^1 |p(x) - q(x)| \mathrm{d}x$$

是不完备的,并指出它的完备化空间.

证 取 $P_m(x)=\sum\limits_{k=0}^{m}\frac{x^k}{k!}$,首先证明$\{P_m(x)\}$在 ρ 度量下是基本列.

事实上,

$$P_m(x) = \sum_{k=0}^{m} \frac{x^k}{k!}, \quad P_{m+p}(x) = \sum_{k=0}^{m+p} \frac{x^k}{k!},$$

$$\rho(P_m(x), P_{m+p}(x)) = \int_0^1 \sum_{k=m+1}^{m+p} \frac{x^k}{k!} \mathrm{d}x = \sum_{k=m+1}^{m+p} \frac{1}{(k+1)!}$$

$$\leqslant \sum_{k=m+1}^{\infty} \frac{1}{k(k+1)} = \frac{1}{m+1} \to 0$$

$$(m \to \infty, \forall\, p \in \mathbb{N}).$$

又

$$\rho(P_m(x), \mathrm{e}^x) = \int_0^1 \sum_{k=m+1}^{\infty} \frac{x^k}{k!} \mathrm{d}x = \sum_{k=m+1}^{\infty} \frac{1}{(k+1)!}$$

$$\leqslant \sum_{k=m+1}^{\infty} \frac{1}{k(k+1)} = \frac{1}{m+1} \to 0 \quad (n \to \infty),$$

即 $P_m(x) \xrightarrow{\rho} \mathrm{e}^x$,但是 e^x 不是多项式. 它的完备化空间是 $C[0,1]$.

例 5 在完备的度量空间$(\mathscr{X}, \rho)$中给定点列$\{x_n\}$,如果 $\forall \varepsilon > 0$,存在基本列$\{y_n\}$,使得 $\rho(x_n, y_n) < \varepsilon (\forall n \in \mathbb{N})$,求证:$\{x_n\}$收敛.

证 依题意,对$\frac{\varepsilon}{3} > 0$,$\exists \{y_n\}$,使得

$$\rho(x_n, y_n) < \frac{\varepsilon}{3}, \quad \rho(x_m, y_m) < \frac{\varepsilon}{3},$$

又$\{y_n\}$是基本列,对$\frac{\varepsilon}{3} > 0$,$\exists N$,使得 $\forall n, m > N$,有

$$\rho(y_n, y_m) < \frac{\varepsilon}{3},$$

于是当 $n, m > N$ 时(参照图 1.4),

$$\rho(x_n, x_m) < \rho(x_n, y_n) + \rho(y_n, y_m) + \rho(x_m, y_m)$$

$$< \frac{\varepsilon}{3} + \frac{\varepsilon}{3} + \frac{\varepsilon}{3} = \varepsilon.$$

这说明$\{x_n\}$是基本列,又由$(\mathscr{X}, \rho)$的完备性,知$\{x_n\}$收敛.

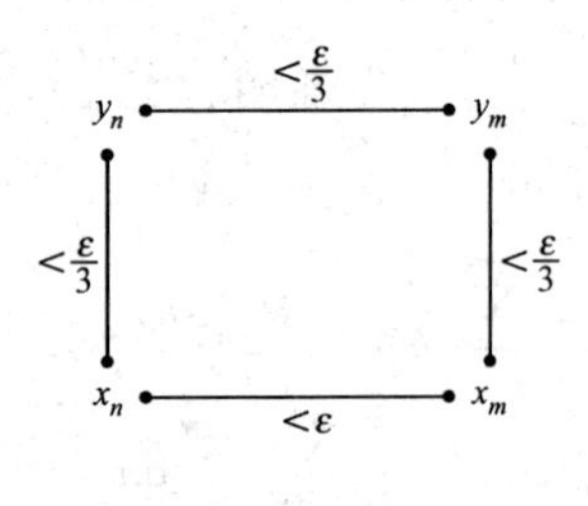

图 1.4

§3 列 紧 集

基本内容

定义 1 给定距离空间$(\mathscr{X},\rho)$,A是$\mathscr{X}$的子集,如果A中的任意点列在A中有一个收敛子列,则称A是**列紧的**. 如果这个收敛子列还收敛到A中的点,则称A是**自列紧的**. 如果空间$\mathscr{X}$是列紧的,那么称$\mathscr{X}$是**列紧空间**.

命题 2 $\mathbb{R}^n$中有界集是列紧集,任意有界闭集是自列紧集.

命题 3 列紧空间内任意子集是列紧集;任意闭子空间是自列紧集.

命题 4 列紧空间必是完备空间.

在距离空间内,点集有界性保证不了它的列紧性. 为了刻画列紧性,Hausdorff 引入了完全有界性概念.

定义 5 给定距离空间$(\mathscr{X},\rho)$,$M\subset\mathscr{X}$.

(1) 设存在$N\subset M$,$\varepsilon>0$,若对任意$x\in M$,总存在$y\in N$,使得$x\in B(y,\varepsilon)$,那么称N是M的一个**ε网**. 如果N还是一个有限集,那么称N是M的一个**有限ε网**.

(2) 如果对任意$\varepsilon>0$,都存在M的一个有限ε网,则称集合M是**完全有界的**.

定理 6(Hausdorff 定理) 设$(\mathscr{X},\rho)$是距离空间,$M\subset\mathscr{X}$.

(1) 若M在$\mathscr{X}$中列紧,则M完全有界;

(2) 若$\mathscr{X}$是完备空间,M完全有界,则M列紧.

定义 7 一个距离空间若有可数稠密子集,就称为是**可分的**.

定理 8 完全有界的距离空间是可分的.

定义 9 设M是距离空间$(\mathscr{X},\rho)$的一个子集,$\Sigma=\{G_l\}_{l\in I}$(I是指标集)是$\mathscr{X}$的开集族. 若$M\subset\bigcup\limits_{l\in I}G_l$,则称$\Sigma$是$M$的一个**开覆盖**. 如果$M$的任意开覆盖包含$M$的有限开覆盖,即$M$的开覆盖$\Sigma=\{G_l\}_{l\in I}$内存在$G_{l_1},\cdots,G_{l_m}$,使$\bigcup\limits_{i=1}^{m}G_{l_i}\supset M$,就称$M$为**紧致集**,简称**紧集**.

定理 10 设$(\mathscr{X},\rho)$是距离空间，为了$M\subset\mathscr{X}$是紧致集，必须且仅须它是自列紧集.

用$C(M)$表示$M\to\mathbb{R}^1$的一切连续函数全体. 如下定义给出连续函数空间上列紧集的刻画.

定义 11 设$F\subset C(M)$是一个子集，称它是**一致有界的**，是指存在常数M_1，对任何$\varphi\in F$，都有$|\varphi(x)|\leqslant M_1$.

定义 12 设$F\subset C(M)$是一个子集，称它是**等度连续的**，是指任给$\varepsilon>0$，存在$\delta=\delta(\varepsilon)>0$，使得对任意$\varphi\in F$以及$x_1,x_2\in M$，只要$\rho(x_1,x_2)<\delta$，就有$|\varphi(x_1)-\varphi(x_2)|<\varepsilon$.

定理 13（Arzela-Ascoli 定理） 集合$F\subset C(M)$是一个列紧集的充分必要条件是：

(1) F一致有界，即存在常数M_1，对任何$f\in F$，都有$|f(x)|\leqslant M_1$；

(2) F是等度连续的，即任给$\varepsilon>0$，存在$\delta=\delta(\varepsilon)>0$，使得对任意$f\in F$以及$x_1,x_2\in M$，只要$\rho(x_1,x_2)<\delta$，就有$|f(x_1)-f(x_2)|<\varepsilon$.

命题 14 设M是一个紧距离空间，带有距离ρ. 用$C(M)$表示M上一切实值连续函数全体，定义

$$d(u,v)=\max_{x\in M}|u(x)-v(x)|,\quad \forall\, u,v\in C(M),$$

则$(C(M),d)$是完备距离空间.

定理 15 设$M\subset l^2$，M列紧的充分必要条件是：

(1) M有界，即存在常数$M_1>0$，对任意的

$$x=(x_1,x_2,\cdots,x_n,\cdots)\in M,$$

有$\sum\limits_{n=1}^{\infty}|x_n|^2\leqslant M_1$；

(2) 级数集$\left\{\sum\limits_{n=1}^{\infty}|x_n|^2\colon x=(x_1,x_2,\cdots,x_n,\cdots)\in M\right\}$等度连续，即$\forall\,\varepsilon>0$，$\exists\, n_0=n_0(\varepsilon)\in\mathbb{N}$，使得对每一个$x=(x_1,x_2,\cdots)\in M$，当$n>n_0(\varepsilon)$时，都有

$$\sum_{k=n}^{\infty}|x_k|^2<\varepsilon.$$

典型例题精解

例 1 在度量空间中求证：子集A是列紧的充分必要条件是：对

$\forall \varepsilon>0$,存在 A 的列紧的 ε 网.

证 必要性显然,只证充分性. $\forall \varepsilon>0$,设 N 是 A 的列紧的 $\frac{\varepsilon}{2}$ 网;N_0 是 N 的有限 $\frac{\varepsilon}{2}$ 网,则有

$$\forall\ x \in A,\quad \exists\ \xi \in N,\quad \rho(x,\xi) < \frac{\varepsilon}{2},$$

$$\xi \in N,\quad \exists\ x_{\varepsilon} \in N_0,\quad \rho(\xi,x_{\varepsilon}) < \frac{\varepsilon}{2}$$

$$\Longrightarrow \rho(x,x_{\varepsilon}) \leqslant \rho(x,\xi) + \rho(\xi,x_{\varepsilon}) < \frac{\varepsilon}{2} + \frac{\varepsilon}{2} = \varepsilon,$$

即 N_0 是 A 的有限 ε 网. 于是 A 是完全有界的,由此得 A 是列紧的.

例 2 给定距离空间$(\mathscr{X},\rho)$,设 $M\subset\mathscr{X}$ 是紧集,求证 M 上连续函数必有界,亦达到它的上、下确界.

证 对任取的 $x_n\in M$,由 M 是紧集,$\exists\, x_{n_k}\to x_0\in M$,再由 $f(x)$连续性,当 $k\to\infty$时,有 $f(x_0)\leftarrow f(x_{n_k})\not\to +\infty$. 令

$$\beta = \sup_{x\in M} f(x) \Longrightarrow f(x) \leqslant \beta.$$

由上确界定义,$\forall \varepsilon>0, \exists\, x_{\varepsilon}\in M, f(x_{\varepsilon})>\beta-\varepsilon$. 特别取 $\varepsilon=\frac{1}{n}$,有$\{x_n\}$,使

$$\beta - \frac{1}{n} < f(x_n) \leqslant \beta.$$

特别对取到的 $x_n\in M$,$\exists\, x_{n_k}\to x_0\in M$,使当 $k\to\infty$时,有

$$f(x_0)\leftarrow f(x_{n_k}) \to \beta \Longrightarrow f(x_0) = \beta \text{ (由极限唯一性)}.$$

注 紧集条件不可少. 例如在$(0,1]$上考虑$\{x_n(t)\}$,

$$x_n(t) = t^n,\quad f(x) = \int_0^1 x^2(t)\mathrm{d}t,$$

$$f(t^n) = \int_0^1 t^{2n}\mathrm{d}t = \frac{1}{2n+1} \Longrightarrow \inf_{n\geqslant 1} f(t^n) = 0,\quad 0 \notin (0,1].$$

例 3 在度量空间中求证:完全有界的集合是有界的,并且通过考虑 l^2 的子集

$$\{e_k\}_{k=1}^{\infty},\quad e_k = (\underbrace{0,0,\cdots,1}_{k\text{个}},0,\cdots)$$

来说明一个集合可以是有界但不完全有界.

证 设 M 是完全有界集,那么 $\forall \varepsilon>0$,$\exists M$ 的有限的 ε 网. 特别对

$\varepsilon=1$，设 $N=\{x_1,x_2,\cdots,x_n\}$，则有 $M\subset\bigcup\limits_{k=1}^{n}B(x_k,1)$. 于是 $\forall x\in M$，设 a 为度量空间 $\mathscr{X}$ 的一个固定元，我们有

$$\rho(x,a)\leqslant\rho(x,x_k)+\rho(x_k,a)\leqslant 1+\max_{1\leqslant k\leqslant n}\rho(x_k,a),$$

即 M 是有界的.

下面说明 $\{e_k\}_{k=1}^{\infty}$ 有界但不完全有界. 首先，对 $\forall k$，$\rho_{l^2}(e_k,\theta)=1$，其中

$$\theta=(0,0,\cdots,0,\cdots).$$

由此可见 $\{e_k\}_{k=1}^{\infty}$ 有界. 再注意到

$$\begin{aligned}e_i-e_j&=(\underbrace{0,0,\cdots,1}_{i\text{个}},0,\cdots)-(\underbrace{0,0,\cdots,1}_{j\text{个}},0,\cdots)\\&=(\overbrace{\underbrace{0,0,\cdots,1}_{i\text{个}},0,\cdots,-1}^{j\text{个}},\cdots)\quad(j>i),\end{aligned}$$

$$\rho(e_i,e_j)=\left\{\sum_{k=1}^{\infty}|e_i^{(k)}-e_j^{(k)}|^2\right\}^{\frac{1}{2}}=\sqrt{2}\quad(j\neq i).$$

由此可见，$\{e_k\}_{k=1}^{\infty}$ 与其任意子列都不收敛，从而 $\{e_k\}_{k=1}^{\infty}$ 不是列紧的，根据 Hausdorff 定理，也就不完全有界.

例 4 设 $(\mathscr{X},\rho)$ 是度量空间，F_1,F_2 是它的两个紧子集，求证 $\exists x_1\in F_1,x_2\in F_2$，使得 $\rho(F_1,F_2)=\rho(x_1,x_2)$，其中

$$\rho(F_1,F_2)\xlongequal{\text{def}}\inf_{x\in F_1,y\in F_2}\rho(x,y).$$

证 记 $d=\rho(F_1,F_2)$，$\forall\ x\in F_1,y\in F_2$，由下确界定义知 $\forall n\in N$，$\exists\ x_n\in F_1,y_n\in F_2$，使得

$$d\leqslant\rho(x_n,y_n)<d+\frac{1}{n}.$$

设 $x_{n_k}\to x_1\in F_1$，相应的 $y_{n_k}\in F_2$，序列 $\{y_{n_k}\}$ 未必收敛，但因为 F_2 是紧集，存在它们的子序列 $\{y_{n_{k_j}}\}$ 收敛，设 $y_{n_{k_j}}\to x_2\in F_2$，即有

$$d\leqslant\rho(x_{n_{k_j}},y_{n_{k_j}})<d+\frac{1}{n_{k_j}}\xRightarrow{j\to\infty}d=\rho(x_1,x_2).$$

例 5 设 M 是 $C[a,b]$ 中的有界集，求证集合

$$\widetilde{M}=\left\{F(x)=\int_a^x f(t)\mathrm{d}t\,\middle|\,f\in M\right\}$$

是列紧集.

证 设

$$E=\left\{F(x)=\int_a^x f(t)\mathrm{d}t\,\middle|\,f\in M\right\},$$

$$\forall\, f\in M,\quad |f(t)|\leqslant M_0\quad (\forall\, t\in[a,b]),$$

$$|F(x)|=\left|\int_a^x f(t)\mathrm{d}t\right|\leqslant\int_a^b|f(t)|\mathrm{d}t\leqslant M_0(b-a)\quad (\forall F\in E),$$

即 E 一致有界. 又

$$|F(x_2)-F(x_1)|=\left|\int_{x_1}^{x_2}f(t)\mathrm{d}t\right|\leqslant\left|\int_{x_1}^{x_2}|f(t)|\mathrm{d}t\right|\leqslant M_0|x_2-x_1|,$$

$$\forall\,\varepsilon>0,\text{取}\ \delta=\frac{\varepsilon}{M_0},\text{当}\ |x_2-x_1|<\delta\ \text{时}$$

$$\Longrightarrow|F(x_2)-F(x_1)|\leqslant\varepsilon\quad(\forall\, F\in E),$$

即 E 等度连续. 由定理 13 结论得证.

例 6 求证 $\{\sin nt\}_{n=1}^{\infty}$ 在 $C[0,\pi]$ 中不是列紧的.

证 只要证 $\{\sin nt\}_{n=1}^{\infty}$ 非等度连续.

对 $\varepsilon_0=1,\forall\delta>0$, 取 $k\in\mathbb{N}$, 使得 $\frac{1}{k}<\delta,n_k=2k,t_k=\frac{\pi}{4k}\in[0,\pi],t_0=0,|t_k-0|=\frac{\pi}{4k}<\frac{1}{k}<\delta,|\sin n_k\cdot t_k-\sin n_k\cdot 0|=\sin\frac{\pi}{2}=1=\varepsilon_0$.

由此可见, $\{\sin nt\}_{n=1}^{\infty}$ 非等度连续.

例 7(空间 $\mathscr{S}$ 中集合 A 的列紧性条件) A 在 $\mathscr{S}$ 中是列紧的, 当且仅当对于任何 $n\in\mathbb{N},\exists C_n>0$, 使得对 $\forall\xi=(\xi_1,\xi_2,\cdots,\xi_n,\cdots)\in A$ 的点的第 n 个坐标的数集是有界的, 即 $|\xi_n|\leqslant C_n(n=1,2,\cdots)$.

证 *必要性* 因为 A 在 $\mathscr{S}$ 中是列紧的, 任意一个无穷点列 $\{\xi^{(m)}\}\in A$ 可以取出收敛子序列 $\{\xi^{(m_k)}\}$. 因为 $\mathscr{S}$ 中的收敛与按坐标收敛等价, 所以点列 $\{\xi^{(m)}\}$ 中的每一个点(固定 m)的坐标序列 $\{\xi_n^{(m)}\}(n=1,2,\cdots)$ 也可以从其任意无穷子集中取出收敛子序列, 而坐标序列构成数集, 要从其任意无穷子集中取出收敛子序列显然应该要求它们有界.

充分性 为了证明充分性, 根据例 1, 只要构造 A 的列紧的 ε 网. $\forall\,\varepsilon>0$, 取定一个 n 充分大, 使得 $\frac{1}{2^n}<\varepsilon$. 考虑形如 $h_n=(\underbrace{\xi_1,\xi_2,\cdots,\xi_n}_{n\text{个}},0,$

$0,\cdots)$的点的集合 H,其中 $x=(\xi_1,\xi_2,\cdots,\xi_n,\xi_{n+1},\cdots)\in A$. 因为

$$\rho(x,h_n)=\sum_{k=n+1}^{\infty}\frac{1}{2^k}\frac{|\xi_k|}{1+|\xi_k|}\leqslant\sum_{k=n+1}^{\infty}\frac{1}{2^k}=\frac{1}{2^n}<\varepsilon,$$

所以 H 是 A 的 ε 网.

再证 H 在 $\mathscr{S}$ 中是列紧的. 事实上,可以将 H 看做是元素为$(\xi_1,\xi_2,\cdots,\xi_n)$的 n 维空间中的子集,由假设 $|\xi_k|\leqslant C_k(k=1,2,\cdots,n)$,即每个坐标都是有界的,所以 H 可看做是 n 维空间中的有界集,从而是列紧的.

例 8 设$(\mathscr{X},\rho)$是距离空间,M 是 $\mathscr{X}$ 中的列紧集,若映射 f: $\mathscr{X}\to M$ 满足

$$\rho(f(x),f(y))<\rho(x,y)\quad(\forall\ x,y\in\mathscr{X},x\neq y),$$

求证 f 在 $\mathscr{X}$ 上存在唯一的不动点.

证 记 $d=\inf\{\rho(x,f(x))\mid x\in\overline{M}\}$. 先证存在 $x_0\in\overline{M}$,使得

$$\rho(x_0,f(x_0))=d. \tag{1}$$

这从下确界的定义出发. $\forall n\in\mathbb{N},\exists\ x_n\in M$,使得

$$d\leqslant\rho(x_n,f(x_n))<d+\frac{1}{n}.$$

又因为 M 列紧,故存在 $x_{n_k}\to x_0$. 将上面不等式中的 n 改为 n_k,即

$$d\leqslant\rho(x_{n_k},f(x_{n_k}))<d+\frac{1}{n_k},$$

并令 $k\to\infty$,(1)式得证.

再证 $d=0$. 用反证法. 如果 $d>0$,则有 $d\leqslant\rho(f(x_0),f(f(x_0)))<\rho(x_0,f(x_0))=d$, 矛盾.

例 9 设(M,ρ)是一个紧距离空间,又 $E\subset C(M)$,E 中函数一致有界并满足:

$$|x(t_1)-x(t_2)|\leqslant c\rho(t_1,t_2)^{\alpha},$$

$\forall x\in E,t_1,t_2\in M$,其中 $0<\alpha\leqslant1,c>0$. 求证 E 在 $C(M)$中是列紧集.

证 $\forall\varepsilon>0$,取 $\delta=\left(\frac{\varepsilon}{c}\right)^{\frac{1}{\alpha}}$,当 $\rho(t_1,t_2)<\delta$ 时,

$$|x(t_1)-x(t_2)|\leqslant c\rho(t_1,t_2)^{\alpha}\overset{\text{注}}{<}\varepsilon,$$

所以 E 是等度连续的,因此 E 是列紧集.

注 $c\rho(t_1,t_2)^\alpha<\varepsilon\Leftrightarrow\rho(t_1,t_2)^\alpha<\dfrac{\varepsilon}{c}\Leftrightarrow\rho(t_1,t_2)<\left(\dfrac{\varepsilon}{c}\right)^{\frac{1}{\alpha}}=\delta.$

§4 线性赋范空间

基本内容

线性空间与线性赋范空间

上一节我们在距离空间上讨论了映射的不动点问题.然而距离空间只有拓扑结构,对于许多分析问题只考虑拓扑结构不考虑代数结构是不够用的,因为在分析中通常遇到的函数空间,不但要考查收敛而且要考虑到元素间的代数运算.

定义 1 设 $\mathscr{X}$ 是一个非空集,$\mathbb{K}$ 是复(或实)数域.如果下列条件满足,则称 $\mathscr{X}$ 为一**复(或实)线性空间**.

(1) $\mathscr{X}$ 是一加法交换群,即对 $\forall x,y\in\mathscr{X}$,$\exists u\in\mathscr{X}$,记做 $u=x+y$,称为 x,y 之**和**,适合

交换律 $x+y=y+x$;

结合律 $(x+y)+z=x+(y+z)$;

存在唯一零元素 $\exists$ 唯一零元素 $\theta\in\mathscr{X}$,对 $\forall x\in\mathscr{X}$,

$$x+\theta=\theta+x;$$

任一元素存在唯一负元素 $\forall x\in\mathscr{X}$,$\exists$ 唯一 $x'\in\mathscr{X}$,使得

$$x+x'=\theta\quad(x'=-x).$$

(2) 定义了数域 $\mathbb{K}$ 中的数 α 与 $x\in\mathscr{X}$ 的数乘运算,即

$$\forall\ (\alpha,x)\in\mathbb{K}\times\mathscr{X},\quad\exists\ u\in\mathscr{X},\quad\text{记做 } u=\alpha x$$

称为 x 对 α 的**数乘**,适合

结合律 $(\alpha\beta)x=\alpha(\beta x)$;

存在唯一单位元素"1",$1\in\mathscr{X}$,使得 $1\cdot x=x$;

分配律

$$(\alpha+\beta)x=\alpha x+\beta x\quad(\forall\ \alpha,\beta\in\mathbb{K},\forall\ x\in\mathscr{X}),$$

$$\alpha(x+y)=\alpha x+\alpha y\quad(\forall\ x,y\in\mathscr{X},\forall\ \alpha\in\mathbb{K}).$$

线性空间的元素又称为**向量**,因而线性空间又称为**向量空间**.

下述概念是线性空间的基本概念.

线性同构 设 $\mathscr{X}$, $\mathscr{X}_1$ 都是线性空间，$T: \mathscr{X} \to \mathscr{X}_1$ 称为一个线性同构，是指

(1) 它既是单射又是满射，即它是一对一的，并且是在上的；

(2) $T(\alpha x+\beta y)=\alpha Tx+\beta Ty\ (\forall x,y\in\mathscr{X}, \forall\alpha,\beta\in\mathbb{K})$.

线性子空间 设 $E\subset\mathscr{X}$，若 E 依 $\mathscr{X}$ 的加法与数乘还构成一个线性空间，则称 E 是 $\mathscr{X}$ 的一个线性子空间.

$\mathscr{X}$ 及$\{\theta\}$都是 $\mathscr{X}$ 的线性子空间，我们称它们为平凡的子空间，而称其他的子空间为真子空间.

线性流形 设 $E\subset\mathscr{X}$，若 $\exists x_0\in\mathscr{X}$ 及线性子空间 $E_0\subset\mathscr{X}$，使得

$$E = E_0 + x_0 \xlongequal{\text{def}} \{x + x_0 \mid x \in E_0\},$$

则称 E 为线性流形. 简单地说，线性流形就是子空间对某个向量的平移.

线性相关 一组向量 $x_1,x_2,\cdots,x_n\in\mathscr{X}$ 称为是线性相关的，是指 $\exists$ 不全为零的 $\lambda_1,\lambda_2,\cdots,\lambda_n\in\mathbb{K}$，使得

$$\lambda_1x_1 + \lambda_2x_2 + \cdots + \lambda_nx_n = 0;$$

否则称为是线性无关的.

线性基 若 A 是 $\mathscr{X}$ 中的一个极大线性无关向量组，即 A 中的向量是线性无关的，而且任意的 $x\in\mathscr{X}$ 都是 A 中的向量的线性组合，则称 A 是 $\mathscr{X}$ 的一组线性基.

维数 线性空间中的线性基的元素个数(势)，称为维数.

线性包 设 Λ 是一个指标集，$\{x_\lambda \mid \lambda\in\Lambda\}$是 $\mathscr{X}$ 中的向量族，一切由$\{x_\lambda \mid \lambda\in\Lambda\}$的有穷线性组合组成的集合

$$\{y = \alpha_1x_{\lambda_1} + \cdots + \alpha_nx_{\lambda_n} \mid \lambda_i \in \Lambda, \alpha_i \in \mathbb{K}, i = 1,2,\cdots,n\}$$

称为$\{x_\lambda \mid \lambda\in\Lambda\}$的线性包. 这线性包是一个线性子空间，不难证明它是包含$\{x_\lambda \mid \lambda\in\Lambda\}$的一切线性子空间的交. 因此称线性包为$\{x_\lambda \mid \lambda\in\Lambda\}$张成的线性子空间，记为 $\operatorname{span}\{x_\lambda \mid \lambda\in\Lambda\}$.

线性和与直接和 设 E_1,E_2 是 $\mathscr{X}$ 的子空间，我们称集合$\{x+y \mid x\in E_1, y\in E_2\}$为 E_1 与 E_2 的线性和，记为 E_1+E_2.

对于任意有限个子空间，定义依此类推.

又若(E_1,E_2)中的任意一对非零向量都是线性无关的，则称线性

和 E_1+E_2 为直接和，记做 $E_1\oplus E_2$. 这时 $E_1\cap E_2=\{\theta\}$，对 $\forall x\in E_1\oplus E_2$，有唯一的分解：$x=x_1+x_2(x_i\in E_i, i=1,2)$.

定义 2 设 $\mathscr{X}$ 是复(或实)线性空间，对于 $\mathscr{X}$ 中每个元素 x，按照一定法则与一非负实数 $\|x\|$ 相对应，满足：

(1) $\|x\|\geqslant 0$，且 $\|x\|=0\Longleftrightarrow x=0$(正定性)；

(2) $\|x+y\|\leqslant\|x\|+\|y\|(\forall x,y\in\mathscr{X})$(三角不等式)；

(3) $\|\alpha x\|=|\alpha|\|x\|(\alpha\in\mathbb{K}, x\in\mathscr{X})$(齐次性).

$\mathbb{K}$ 是复(或实)数域，称 $\mathscr{X}$ 是**复(或实)线性赋范空间**，$\|x\|$ 为**元素** x 的**模或范数**.

在以后的讨论中一般均指复线性赋范空间，并简称为线性赋范空间，并称其为 B^* 空间. 对于 $x,y\in\mathscr{X}$，定义距离

$$\rho(x,y)=\|x-y\|.$$

容易证明，$\rho(x,y)$ 满足距离三公理，因而 $(\mathscr{X},\rho)$ 是一个距离空间. 以后约定凡讲到线性赋范空间时总认为它是距离空间，且距离由 $\rho(x,y)=\|x-y\|$ 来定义.

有了距离，便可以引入收敛性概念. 称序列 $x_n\in\mathscr{X}$ **收敛于** x，是指

$$\lim_{n\to\infty}\|x_n-x\|=0.$$

这种收敛常称为**依范数收敛**，记做 $\lim\limits_{n\to\infty}x_n=x$.

有了距离，便可引入以 x 为中心、r 为半径的球邻域

$$U_r(x)=\{y\in\mathscr{X}\mid\|y-x\|<r\},$$

于是欧氏空间 $\mathbb{R}^n$ 中开集、闭集、聚点以及稠密性等概念都可以搬到线性赋范空间中来.

定义 3 完备的线性赋范空间叫做 **Banach 空间**，简称为 ***B* 空间**.

几个重要的 Banach 空间

1. 复欧氏空间 $\mathbb{C}^n$. 设 $x=(x_1,x_2,\cdots,x_n)\in\mathbb{C}^n$，引进范数

$$\|x\|=\Big(\sum_{i=1}^{n}|x_i|^2\Big)^{\frac{1}{2}},$$

$\mathbb{C}^n$ 是一个 Banach 空间.

2. 空间 $C(M)$(M 是一个紧距离空间). 显然

$$\|f\|=\max_{x\in M}|f(x)|$$

是一个范数，$C(M)$是一个 B 空间.

3. $L^p(\Omega,\mu)(1\leqslant p<\infty)$空间. 设$(\Omega,\mathscr{B},\mu)$是一个测度空间，$f$ 是 Ω 上的可测函数，而且$|f(x)|^p$ 在 Ω 上 μ 可积. 这种函数 f 的全体叫做$(\Omega,\mathscr{B},\mu)$上的 p 次可积函数空间，记做 $L^p(\Omega,\mu)$，$L^p(\Omega,\mu)$按通常的加法与数乘规定运算，并且把几乎处处相等的两个函数看成是同一个向量. 经过这样处理过的空间 $L^p(\Omega,\mu)$仍是一个线性空间. 定义

$$\|u\|=\left(\int_{\Omega}|u(x)|^p\mathrm{d}x\right)^{\frac{1}{p}},$$

那么$\|\cdot\|$是一个范数. $L^p(\Omega,\mu)$是一个 B 空间.

它有两个重要特殊情形：

(1) Ω 是 $\mathbb{R}^n$ 中一个 Lebesgue 可测集，$\mathrm{d}\mu$ 是 Lebesgue 测度时，就是 $L^2(\Omega)$.

(2) 当 $\Omega=\mathbb{N}$ 时，μ 是等分布测度：$\mu(\{n\})=1(\forall n\in\mathbb{N})$. 这时候 $L^p(\Omega,\mu)$由满足$\sum\limits_{n=1}^{\infty}|f_n|^p<\infty$的序列 $f=\{f_n\}_{n=1}^{\infty}$组成，即 l^p.

4. Sobolev 空间 $H^{m,p}(\Omega)$. 设 Ω 是 $\mathbb{R}^n$ 中有界连通开区域，$m\in\mathbb{N}$，$1\leqslant p<\infty$，对于 $C^m(\overline{\Omega})$中的元 u，定义

$$\|u\|_{m,p}=\left(\sum_{|\alpha|\leqslant m}\int_{\Omega}|\partial^{\alpha}u(x)|^p\mathrm{d}x\right)^{\frac{1}{p}}.$$

不难验证$\|\cdot\|_{m,p}$是范数，但 $C^m(\overline{\Omega})$依$\|\cdot\|_{m,p}$不是完备的.

任意不完备的线性赋范空间 $\mathscr{X}$，可以把它完备化，即确定一个完备的线性赋范空间 $\widetilde{\mathscr{X}}$，$\mathscr{X}$ 可以连续地嵌入 $\widetilde{\mathscr{X}}$ 成为其稠密的子空间. 将 $C^m(\Omega)$的子集

$$S\xlongequal{\text{def}}\{u\in C^m(\Omega)\mid \|u\|_{m,p}<\infty\}$$

按照模$\|u\|_{m,p}$完备化，得到的完备化空间称为 Sobolev 空间，记做 $H^{m,p}(\Omega)$. 它在偏微分方程论中起着非常基本的重要作用. 特别当 $p=2$ 时，$H^{m,2}(\Omega)$简单记成 $H^m(\Omega)$.

引进范数或引进距离是为了研究一种收敛性. 不同的范数有可能导致相同的收敛性. 导致相同收敛性的范数称为互相等价的，确切地说：

定义 4 设$\|\cdot\|_1$与$\|\cdot\|_2$是线性空间上两个不同的范数. 若当$n\to\infty$时,

$$\|x_n\|_2 \to 0 \Longrightarrow \|x_n\|_1 \to 0,$$

则称$\|\cdot\|_2$比$\|\cdot\|_1$**强**. 如果$\|\cdot\|_2$比$\|\cdot\|_1$强而且又$\|\cdot\|_1$比$\|\cdot\|_2$强,就称$\|\cdot\|_1$与$\|\cdot\|_2$**等价**.

命题 5 为了$\|\cdot\|_2$比$\|\cdot\|_1$强,必须且仅须存在常数$c>0$,使得

$$\|x\|_1 \leqslant c\,\|x\|_2, \quad \forall\, x \in \mathscr{X}.$$

推论 6 $\mathscr{X}$ 上的范数$\|\cdot\|_1$与$\|\cdot\|_2$等价的充分必要条件是存在常数$c_1,c_2>0$,使得

$$c_1\,\|x\|_1 \leqslant \|x\|_2 \leqslant c_2\,\|x\|_1, \quad \forall\, x \in \mathscr{X}.$$

定理 7 有穷维线性空间上任意两个范数等价.

本定理表明:具有相同维数的两个有穷维线性赋范空间在代数上是同构的,在拓扑上是同胚的.

有穷维线性赋范空间必是 Banach 空间.

推论 8 B 空间上的任意有穷维子空间必是闭子空间.

定义 9 设$P\colon \mathscr{X}\to\mathbb{R}^1$是线性空间 $\mathscr{X}$ 上的一个函数,若它满足

(1) $P(x+y)\leqslant P(x)+P(y)$ $(\forall\, x,y\in\mathscr{X})$(次可加性);

(2) $P(\lambda x)=\lambda P(x)$ $(\forall\,\lambda>0,\forall\, x\in\mathscr{X})$(正齐次性),

则称 P 为 $\mathscr{X}$ 上的一个**次线性泛函**.

如果 P 还满足 $P(x)\geqslant 0(\forall\, x\in\mathscr{X})$,并且代替(2)的是 $P(\lambda x)=|\lambda|P(x)(\forall\,\lambda\in\mathbb{K},\forall\, x\in\mathscr{X})$,则称 P 是一个**半范数**或**半模**.

次线性泛函的性质:

(1) $P(\theta)=0$. 事实上,从正齐次性,令 $x=\theta,\lambda=2$,即得

$$P(\theta) = 2P(\theta) \Longrightarrow P(\theta) = \theta.$$

(2) $P(x)$是凸函数. 根据次可加性有

$$P(\lambda x + (1-\lambda)y) \leqslant P(\lambda x) + P((1-\lambda)y);$$

再由正齐次性有

$$P(\lambda x) + P((1-\lambda)y) = \lambda P(x) + (1-\lambda)P(y),$$

故有

$$P(\lambda x + (1-\lambda)y) \leqslant \lambda P(x) + (1-\lambda)P(y).$$

(3) $\forall \lambda<0, P(\lambda x)=P(|\lambda|(-x))=|\lambda| P(-x)$.

(4) $|P(x)-P(y)| \leqslant \max\{|P(x-y)|, |P(y-x)|\}$.

定理 10 设 P 是有穷维 B 空间 $\mathscr{X}$ 上的一个次线性泛函，如果 $P(x)\geqslant 0(\forall x\in\mathscr{X})$，并且 $P(x)=0 \Longleftrightarrow x=\theta$，则存在正常数 c_1, c_2，使得

$$c_1\|x\| \leqslant P(x) \leqslant c_2\|x\| \quad (\forall\, x\in\mathscr{X}).$$

应用(最佳逼近问题)

定理 11 设 $\mathscr{X}$ 是一个线性赋范空间，若 $e_1, e_2, \cdots, e_n$ 是 $\mathscr{X}$ 中给定的向量组，则 $\forall x\in\mathscr{X}$，存在$(\lambda_1, \lambda_2, \cdots, \lambda_n)\in\mathbb{K}^n$，使得

$$\left\|x-\sum_{i=1}^{n}\lambda_i e_i\right\| = \min_{\xi\in\mathbb{K}^n}\left\{\left\|x-\sum_{i=1}^{n}\xi_i e_i\right\|\right\},$$

其中 $\xi=(\xi_1, \xi_2, \cdots, \xi_n)$.

定义 12 B^* 空间$(\mathscr{X}, \|\cdot\|)$称为**严格凸的**，是指 $\forall x, y\in\mathscr{X}, x\neq y$ 必有

$$\|x\|=\|y\|=1 \Longrightarrow \|\alpha x+\beta y\|<1 \quad (\forall\, \alpha, \beta>0, \alpha+\beta=1).$$

定理 13 设 $\mathscr{X}$ 是严格凸的 B^* 空间，$(e_1, e_2, \cdots, e_n)$是 $\mathscr{X}$ 上给定的线性无关向量组，则 $\forall x\in\mathscr{X}$，存在着唯一的一组最佳逼近系数 $(\lambda_1, \lambda_2, \cdots, \lambda_n)\in\mathbb{K}^n$，适合

$$\left\|x-\sum_{i=1}^{n}\lambda_i e_i\right\| = \min_{\xi\in\mathbb{K}^n}\left\{\left\|x-\sum_{i=1}^{n}\xi_i e_i\right\|\right\}.$$

有穷维 B^* 空间的刻画

定理 14 线性赋范空间 $\mathscr{X}$ 为有穷维的充分必要条件是 $\mathscr{X}$ 的单位球面是列紧的.

推论 15 为了 B^* 空间 $\mathscr{X}$ 是有穷维的，必须且仅须其任意有界集是列紧的.

引理 16(F. Riesz 引理) 如果 $\mathscr{X}_0$ 是 B 空间 $\mathscr{X}$ 的一个真闭子空间，那么对 $\forall\, 0<\varepsilon<1, \exists\, y\in\mathscr{X}$，使得$\|y\|=1$，并且

$$\|y-x\| \geqslant 1-\varepsilon \quad (\forall\, x\in\mathscr{X}_0).$$

商空间

设 $\mathscr{X}$ 是线性赋范空间，$\mathscr{X}_0$ 是 $\mathscr{X}$ 的闭线性子空间，对于 $x, y\in\mathscr{X}$，若 $x-y\in\mathscr{X}_0$，称 x 与 y 等价. 将 $\mathscr{X}$ 中向量按等价分类. 把每一

个等价类看做一个新的向量，这种向量的全体组成的集合用 $\mathscr{X}/\mathscr{X}_0$ 表示，并称其为**商空间**.

命题 17 （1）若 $[x]\in\mathscr{X}/\mathscr{X}_0$，则 $x\in[x]$ 的充分必要条件是 $[x]=x+X_0$.

（2）若在 $\mathscr{X}/\mathscr{X}_0$ 中引入加法与数乘如下：

$$[x]+[y]\overset{\text{def}}{=\!=\!=}x+y+\mathscr{X}_0,\quad [x],[y]\in\mathscr{X}/\mathscr{X}_0;$$

$$\alpha[x]\overset{\text{def}}{=\!=\!=}\alpha x+\mathscr{X}_0,\quad [x]\in\mathscr{X}/\mathscr{X}_0,\alpha\in\mathbb{K},$$

其中 x 和 y 表示等价类 $[x]$，$[y]$ 的任一元素，又规定范数（见图 1.5）

$$\|[x]\|=\inf\{\|z\|\,|\,z\in[x]\},\quad \forall\ [x]\in\mathscr{X}/\mathscr{X}_0,$$

那么 $(\mathscr{X}/\mathscr{X}_0,\|\cdot\|)$ 是一个线性赋范空间.

（3）若 $[x]\in\mathscr{X}/\mathscr{X}_0$，则 $\forall x\in[x]$，

$$\inf\{\|x-x_0\|\,|\,x_0\in\mathscr{X}_0\}=\|[x]\|.$$

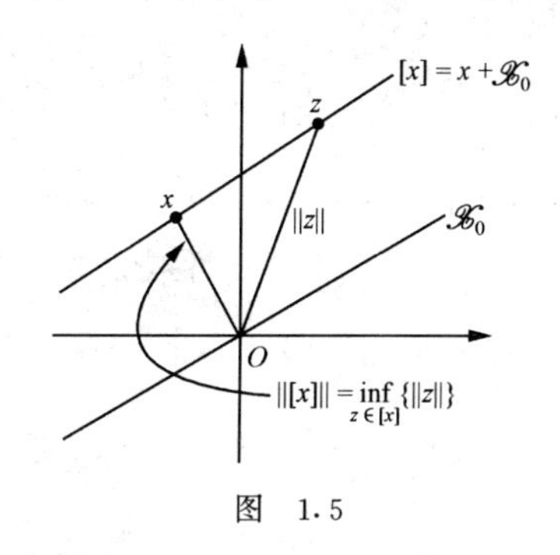

图 1.5

典型例题精解

例 1 用 $C(0,1]$ 表示 $(0,1]$ 上连续且有界的函数 $x(t)$ 全体. 对 $\forall x\in C(0,1]$，令 $\|x\|=\sup\limits_{0<t\leqslant 1}|x(t)|$. 求证：

（1）$\|\cdot\|$ 是 $C(0,1]$ 空间上的范数；

（2）l^∞ 与 $C(0,1]$ 的一个子空间是等距同构的.

解 （1）略.（2）$\forall x\in C(0,1]$，

$$\alpha_x=\left\{x(1),x\left(\frac{1}{2}\right),\cdots,x\left(\frac{1}{n}\right),\cdots\right\}\in l^\infty,$$

$$\|\alpha_x\|_\infty = \sup_{n\geqslant 1}\left|x\left(\frac{1}{n}\right)\right| \leqslant \|x\|.$$

反之, $\forall \alpha=(\xi_1,\xi_2,\cdots,\xi_n,\cdots)\in l^\infty$, 将点列 $(1,\xi_1)$, $\left(\frac{1}{2},\xi_2\right)$, $\cdots$, $\left(\frac{1}{n},\xi_n\right)$, $\cdots$用折线连接起来,得到一个函数 $x_\alpha(t)$:

$$x_\alpha(t)\in C(0,1],\quad \|x_\alpha\|\leqslant \sup_{n\geqslant 1}|\xi_n| = \|\alpha\|_\infty,$$

$$\left.\begin{array}{l}\|\alpha_x\|_\infty\leqslant\|x\|\\ \|x_\alpha\|\leqslant\|\alpha\|_\infty\end{array}\right\}\Longrightarrow \|\alpha\|_\infty = \|x\|.$$

注 折线函数在每一个折线段上的最大值由端点值决定.原因是

$$x(t) = x(a)\frac{b-x}{b-a} + x(b)\frac{x-a}{b-a}\Longrightarrow$$

$$|x(t)|\leqslant|x(a)|\frac{b-x}{b-a}+|x(b)|\frac{x-a}{b-a}\leqslant\max\{|x(a)|,|x(b)|\}.$$

例 2 在 $C^1[-1,1]$中,令

$$\|f\|_1 = \left(\int_{-1}^1(|f(x)|^2+|f'(x)|^2)\mathrm{d}x\right)^{\frac{1}{2}},\quad \forall f\in C^1[-1,1].$$

求证: $(C^1[-1,1],\|\cdot\|_1)$不完备.

分析 为了证明$(C^1[-1,1],\|\cdot\|_1)$不完备,只要在$(C^1[-1,1],\|\cdot\|_1)$中找到不收敛的基本列. $f(x)=|x|=\sqrt{x^2}$是不属于 $C^1[-1,1]$的最简单函数之一. $\left\{f_n(x)=\sqrt{x^2+\frac{1}{n^2}}(-1\leqslant x\leqslant 1)\right\}_1^\infty$ 是点点收敛到$f(x)=|x|$的最简单函数列之一.因而我们从考虑$\left\{f_n(x)=\sqrt{x^2+\frac{1}{n^2}}(-1\leqslant x\leqslant 1)\right\}_1^\infty$入手.

证 考虑 $C^1[-1,1]$中的函数列:

$$\left\{f_n(x)=\sqrt{x^2+\frac{1}{n^2}}\quad(-1\leqslant x\leqslant 1)\right\}_1^\infty.$$

第一步 证$\{f_n(x)\}_1^\infty$ 按范数$\|\cdot\|_1$ 是基本列.

事实上, $f_n'(x)=\dfrac{x}{\sqrt{x^2+\frac{1}{n^2}}}$,不妨设 $m>n$,则有

$$\|f_m(x)-f_n(x)\|_1^2=2\int_0^1\left[\left(\sqrt{x^2+\frac{1}{m^2}}-\sqrt{x^2+\frac{1}{n^2}}\right)^2\right.$$

$$\left.+x^2\left(\frac{1}{\sqrt{x^2+\frac{1}{m^2}}}-\frac{1}{\sqrt{x^2+\frac{1}{n^2}}}\right)^2\right]\mathrm{d}x$$

$$=I_1+I_2,$$

其中

$$I_1=2\int_0^1\left(\sqrt{x^2+\frac{1}{m^2}}-\sqrt{x^2+\frac{1}{n^2}}\right)^2\mathrm{d}x,$$

又因为

$$\left(\sqrt{x^2+\frac{1}{m^2}}-\sqrt{x^2+\frac{1}{n^2}}\right)^2$$

$$=2x^2-2\sqrt{x^2+\frac{1}{m^2}}\sqrt{x^2+\frac{1}{n^2}}+\frac{1}{n^2}+\frac{1}{m^2}$$

$$\leqslant\frac{1}{n^2}+\frac{1}{m^2}\leqslant\frac{2}{n^2},$$

所以

$$I_1\leqslant\frac{4}{n^2}\to 0\quad(n\to\infty);$$

而

$$I_2=2\int_0^1 x^2\left(\frac{1}{\sqrt{x^2+\frac{1}{m^2}}}-\frac{1}{\sqrt{x^2+\frac{1}{n^2}}}\right)^2\mathrm{d}x$$

$$=2\int_0^1 x^2\frac{\left(\sqrt{x^2+\frac{1}{n^2}}-\sqrt{x^2+\frac{1}{m^2}}\right)^2}{\left(x^2+\frac{1}{m^2}\right)\left(x^2+\frac{1}{n^2}\right)}\mathrm{d}x,$$

注意到 $\forall x\geqslant 0,\dfrac{x^2}{x^2+\frac{1}{m^2}}\leqslant 1$,

$$\left(\sqrt{x^2+\frac{1}{n^2}}-\sqrt{x^2+\frac{1}{m^2}}\right)^2=\frac{\left(\frac{1}{n^2}-\frac{1}{m^2}\right)^2}{\left(\sqrt{x^2+\frac{1}{n^2}}+\sqrt{x^2+\frac{1}{m^2}}\right)^2}$$

$$\leqslant\frac{\frac{1}{n^4}}{x^2+\frac{1}{n^2}},$$

我们有

$$I_2\leqslant\frac{2}{n^4}\int_0^1\frac{1}{\left(x^2+\frac{1}{n^2}\right)^2}\mathrm{d}x$$

$$=\frac{1}{n^4}\left[\frac{n^4x}{1+x^2n^2}+n^3\arctan nx\right]\Bigg|_{x=0}^{x=1}$$

$$=\frac{1}{n^4}\left(\frac{n^4}{n^2+1}+n^3\arctan n\right)\to 0\quad(n\to\infty).$$

于是

$$\|f_m(x)-f_n(x)\|_1^2\to 0\quad(m,n\to\infty).$$

第二步　证

$$f_n(x)=\sqrt{x^2+\frac{1}{n^2}}\quad(-1\leqslant x\leqslant 1)$$

在$(C^1[-1,1],\|\cdot\|_1)$中不收敛. 这只需证$\{f_n(x)\}_1^\infty$按范数$\|\cdot\|_1$收敛的极限元素不在$C^1[-1,1]$中.

事实上,记$f(x)=|x|$. 因为

$$\|f_n(x)-f(x)\|_1^2=\int_{-1}^1(|f_n(x)-f(x)|^2+|f_n'(x)-f'(x)|^2)\mathrm{d}x$$

$$=2\int_0^1\left(\sqrt{x^2+\frac{1}{n^2}}-x\right)^2+2\int_0^1\left(1-\frac{x}{\sqrt{x^2+\frac{1}{n^2}}}\right)^2\mathrm{d}x$$

$$=2\left(\frac{8n^3+6n^2+3n+2}{3n^3}-\frac{2}{n}\sqrt{n^2+1}\right.$$

$$\left.-\frac{2}{3}\left(1+\frac{1}{n^2}\right)^{\frac{3}{2}}-\frac{1}{n}\arctan n\right),$$

所以 $\lim\limits_{n\to\infty}\|f_n(x)-f(x)\|_1^2=0$，即有 $f_n(x)\xrightarrow{\|\cdot\|_1}|x|$，换句话说，$\{f_n(x)\}_1^\infty$ 按范数 $\|\cdot\|_1$ 收敛的极限元素就是 $|x|$，但是 $|x|\notin C^1[-1,1]$. 这意味着，$\{f_n(x)\}_1^\infty$ 在 $(C^1[-1,1],\|\cdot\|_1)$ 中不收敛.

综合以上两步知，在 $(C^1[-1,1],\|\cdot\|_1)$ 中存在不收敛的基本列 $\left\{\sqrt{x^2+\frac{1}{n^2}}\right\}_1^\infty$，从而 $(C^1[-1,1],\|\cdot\|_1)$ 不完备.

例 3 在 $C[0,1]$ 中，对每个 $x\in C[0,1]$，令

$$\|x\|_1=\left(\int_0^1|x(t)|^2\mathrm{d}t\right)^{\frac{1}{2}},\quad \|x\|_2=\left(\int_0^1(1+t)|x(t)|^2\mathrm{d}t\right)^{\frac{1}{2}}.$$

求证 $\|\cdot\|_1$ 和 $\|\cdot\|_2$ 是 $C[0,1]$ 中两个等价范数.

证 显然 $\|x\|_1\leqslant\|x\|_2$. 考虑

$$\begin{aligned}\|x\|_2^2&=\int_0^1(1+t)|x(t)|^2\mathrm{d}t\\&=\int_0^1|x(t)|^2\mathrm{d}t+\int_0^1 t\cdot|x(t)|^2\mathrm{d}t\\&\leqslant 2\int_0^1|x(t)|^2\mathrm{d}t=2\|x\|_1^2\\&\Longrightarrow\|x\|_2\leqslant\sqrt{2}\,\|x\|_1.\end{aligned}$$

例 4 设 $BC[0,\infty)$ 表示 $[0,\infty)$ 上连续且有界的函数 $f(x)$ 全体，对于每个 $f\in BC[0,\infty)$ 及 $a>0$，定义

$$\|f\|_a=\left(\int_0^\infty \mathrm{e}^{-ax}|f(x)|^2\mathrm{d}x\right)^{\frac{1}{2}}.$$

(1) 求证 $\|\cdot\|_a$ 是 $BC[0,\infty)$ 上的范数；

(2) 若 $a,b>0,a\neq b$，求证 $\|\cdot\|_a,\|\cdot\|_b$ 作为 $BC[0,\infty)$ 上的范数是不等价的.

证 不妨假设 $b>a>0$，显然有 $\|f\|_b\leqslant\|f\|_a$，由此可见，为了证明不等价性，只要证不存在 $c>0$，使得

$$\|f\|_a\leqslant c\,\|f\|_b\quad(\forall\ f\in BC[0,\infty)).$$

只需证 $\exists f_n\in BC[0,\infty)$，使得 $\dfrac{\|f_n\|_a^2}{\|f_n\|_b^2}\to\infty$. 考虑(见图 1.6)

$$g_n(x) \xlongequal{\text{def}} \begin{cases} e^{ax}, & 0 \leqslant x \leqslant n, \\ e^{an}(n+1-x), & n \leqslant x \leqslant n+1, \\ 0, & x \geqslant n+1, \end{cases}$$

$$f_n(x) \xlongequal{\text{def}} \sqrt{g_n(x)},$$

$$\|f_n\|_a^2 \geqslant \int_0^n e^{-ax} \cdot e^{ax} dx = n,$$

$$\|f_n\|_b^2 \leqslant \int_0^\infty e^{-bx} \cdot e^{ax} dx = \int_0^\infty e^{-(b-a)x} dx = \frac{1}{b-a},$$

$$\frac{\|f_n\|_a^2}{\|f_n\|_b^2} \geqslant \frac{n}{b-a} \to \infty \quad (n \to \infty).$$

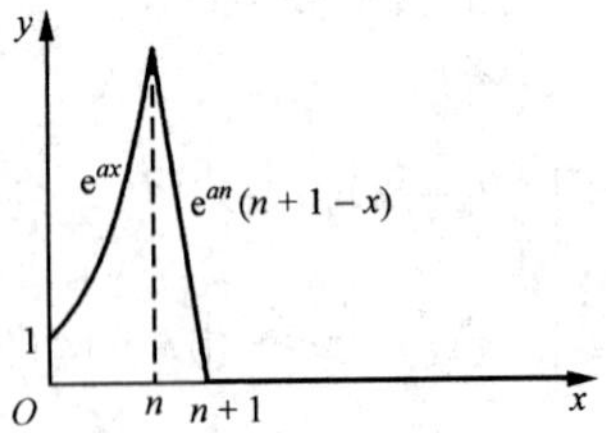

图 1.6

例 5 设 $\mathscr{X}_1, \mathscr{X}_2$ 是两个线性赋范空间,称

$$\mathscr{X} = \mathscr{X}_1 \times \mathscr{X}_2 = \{(x_1, x_2) \mid x_1 \in \mathscr{X}_1, x_2 \in \mathscr{X}_2\}$$

为 $\mathscr{X}_1$ 与 $\mathscr{X}_2$ 的**笛卡儿空间**. 规定线性运算如下:

$$\alpha(x_1, x_2) + \beta(y_1, y_2) = (\alpha x_1 + \beta y_1, \alpha x_2 + \beta y_2),$$

$$\alpha, \beta \in \mathbb{K}, \quad x_1, y_1 \in \mathscr{X}_1, \quad x_2, y_2 \in \mathscr{X}_2,$$

并赋以范数

$$\|(x_1, x_2)\| = \max(\|x_1\|_1, \|x_2\|_2),$$

其中 $\|\cdot\|_1$ 和 $\|\cdot\|_2$ 分别是 $\mathscr{X}_1$ 和 $\mathscr{X}_2$ 的范数. 求证: 如果 $\mathscr{X}_1, \mathscr{X}_2$ 是 B 空间,那么 $\mathscr{X}$ 也是 B 空间.

证 设 $\{x^{(n)}\}$ 是 $\mathscr{X}$ 中的基本列,其中 $x^{(n)} = (x_1^{(n)}, x_2^{(n)})$,则

$$\|x^{(n)} - x^{(m)}\| \to 0 \quad (n, m \to \infty)$$

$$\Longrightarrow \begin{cases} \|x_1^{(n)} - x_1^{(m)}\|_1 \to 0 & (n, m \to \infty), \\ \|x_2^{(n)} - x_2^{(m)}\|_2 \to 0 & (n, m \to \infty). \end{cases}$$

因为 $\mathscr{X}_1$ 是 B 空间，所以 $\exists x_1\in\mathscr{X}_1$ 使得 $x_1^{(n)}\to x_1$；又因为 $\mathscr{X}_2$ 是 B 空间，所以 $\exists x_2\in\mathscr{X}_2$ 使得 $x_2^{(n)}\to x_2$.

将 $x\xlongequal{\text{def}}(x_1,x_2)$. 下证 $x^{(n)}\xrightarrow{\|\cdot\|}x$. 事实上，$\forall\,\varepsilon>0,\exists\,N\in\mathbb{N}$，使得

$$\|x^{(n)}-x^{(m)}\|<\frac{\varepsilon}{2}\quad(\forall\,n,m>N)$$

$$\Longrightarrow\begin{cases}\|x_1^{(n)}-x_1^{(m)}\|_1<\dfrac{\varepsilon}{2}\quad(\forall\,n,m>N),\\[2mm]\|x_2^{(n)}-x_2^{(m)}\|_2<\dfrac{\varepsilon}{2}\quad(\forall\,n,m>N)\end{cases}$$

$$\xRightarrow{m\to\infty}\begin{cases}\|x_1^{(n)}-x_1\|_1\leqslant\dfrac{\varepsilon}{2}\quad(\forall\,n>N),\\[2mm]\|x_2^{(n)}-x_2\|_2\leqslant\dfrac{\varepsilon}{2}\quad(\forall\,n>N),\end{cases}$$

由此有

$$\begin{aligned}\|x^{(n)}-x\|&=\max(\|x_1^{(n)}-x_1\|_1,\|x_2^{(n)}-x_2\|_2)\\&\leqslant\frac{\varepsilon}{2}<\varepsilon\quad(\forall\,n>N).\end{aligned}$$

例 6 设 $\mathscr{X}$ 是 B^* 空间，求证：$\mathscr{X}$ 是 B 空间，必须且仅须对 $\forall\,\{x_n\}\subset\mathscr{X},\sum\limits_{n=1}^{\infty}\|x_n\|<\infty\Longrightarrow\sum\limits_{n=1}^{\infty}x_n$ 收敛.

证 必要性 由 $\left\|\sum\limits_{n=m}^{m+p}x_n\right\|\leqslant\sum\limits_{n=m}^{m+p}\|x_n\|$ 知显然.

充分性 设 $\{x_n\}$ 是基本列，由 §2 例 2 只要证 $\{x_n\}$ 存在一串收敛子列.

事实上，对 $\forall\,k\in\mathbb{N}$，取 $\varepsilon_k=\dfrac{1}{2^k}$，因为 $\{x_n\}$ 是基本列，所以 $\exists\,N_k$，使得 $\forall\,n,m>N_k$，有 $\|x_n-x_m\|<\dfrac{1}{2^k}$，于是 $\exists\,n_k$，当 $n_{k+1}>n_k>N_k$ 时，使得

$$\|x_{n_k}-x_{n_{k+1}}\|<\frac{1}{2^k}.$$

取 $y_k=x_{n_k}(k=1,2,\cdots)$，改写

$$y_k=y_1+\sum_{i=1}^{k}(y_{i+1}-y_i),$$

因为

$$\sum_{i=1}^{\infty}\|y_{i+1}-y_i\|<\sum_{i=1}^{\infty}\frac{1}{2^k}=1,$$

由条件假设，$\sum\limits_{i=1}^{\infty}(y_{i+1}-y_i)$ 收敛，即$\{y_k\}$收敛，也就是$\{x_{n_k}\}$收敛，亦即$\{x_n\}$存在一串收敛子列.

例 7 在 $\mathbb{R}^2$ 中，对 $\forall x=(x_1,x_2)\in\mathbb{R}^2$，定义范数$\|x\|=\max(|x_1|,|x_2|)$，并设 $x_0=(0,1)$，$e_1=(1,0)$. 求 $a\in\mathbb{R}^1$，使之适合

$$\|x_0-ae_1\|=\min_{\lambda\in\mathbb{R}^1}\|x_0-\lambda e_1\|,$$

并问这样的 a 是否唯一？请对结果作出几何解释.

解
$$\begin{aligned}\|x_0-ae_1\|&=\|(-a,1)\|=\max\{|a|,1\}\\&=\begin{cases}|a|, & |a|>1,\\ 1, & |a|\leqslant 1,\end{cases}\end{aligned}$$

$\min\limits_{a\in\mathbb{R}^1}\|x_0-ae_1\|=1$，最佳逼近元$\{ae_1\}_{|a|\leqslant 1}$不唯一(图 1.7). $(\mathbb{R}^2,\|\cdot\|)$非严格凸，如图 1.7 所示，图中的正方形围线是$(\mathbb{R}^2,\|\cdot\|)$的单位球面，当 x,y 位于正方形围线的任一边上时，显然有

$$\|x\|=\|y\|=\left\|\frac{x+y}{2}\right\|=1.$$

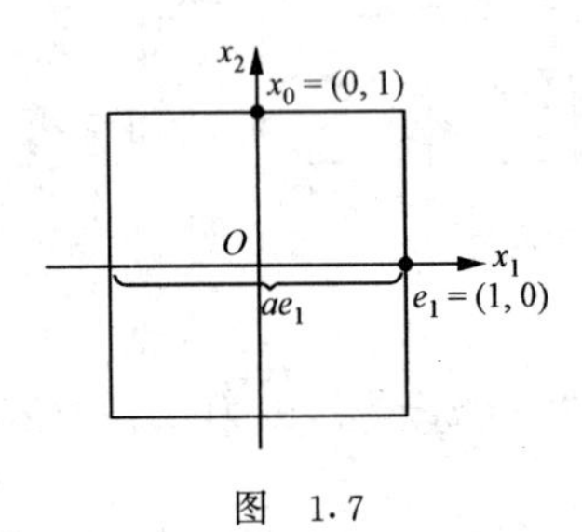

图 1.7

例 8 设 $\mathscr{X}$ 是线性赋范空间，函数 φ: $\mathscr{X}\to\mathbb{R}^1$ 称为凸的，如果不等式

$$\varphi(\lambda x+(1-\lambda)y)\leqslant\lambda\varphi(x)+(1-\lambda)\varphi(y)$$
$$(\forall\, x,y\in\mathscr{X},0\leqslant\lambda\leqslant 1)$$

成立. 求证凸函数的局部极小值必然是全空间最小值.

证 用反证法. 设 x_0 是局部极小点, 则

$$\exists\, x_1 \in U(x_0), 使得\ \varphi(x_1) \geqslant \varphi(x_0).$$

如果 $\exists\, x_2 \in \mathscr{X}$, 使得 $\varphi(x_2) < \varphi(x_0)$, 那么

$$\begin{aligned}\varphi(x_1) &\leqslant \lambda\varphi(x_0) + (1-\lambda)\varphi(x_2) \\ &< \lambda\varphi(x_0) + (1-\lambda)\varphi(x_0) = \varphi(x_0).\end{aligned}$$

这与 $\varphi(x_1) \geqslant \varphi(x_0)$ 产生矛盾. 故结论得证.

例 9 设 $(\mathscr{X}, \|\cdot\|)$ 是一线性赋范空间, M 是 $\mathscr{X}$ 的有限维子空间, $e_1, e_2, \cdots, e_n$ 是 M 的一组基. 给定 $g \in \mathscr{X}$, 引进函数 F: $\mathbb{K}^n \to \mathbb{R}^1$, 规定

$$F(c) = F(c_1, c_2, \cdots, c_n) = \left\| \sum_{k=1}^{n} c_k e_k - g \right\|.$$

(1) 求证 F 是一个凸函数;

(2) 若 $F(c)$ 的最小值点是 $c = (c_1, c_2, \cdots, c_n)$, $f \xlongequal{\text{def}} \sum\limits_{k=1}^{n} c_k e_k$, 给出 g 在 M 中的最佳逼近元.

证 (1) 根据凸函数的定义, 考虑

$$\begin{aligned}F(\lambda c + (1-\lambda)c') &= \left\| \sum_{k=1}^{n} (\lambda c_k + (1-\lambda)c'_k)e_k - (\lambda + (1-\lambda))g \right\| \\ &= \left\| \lambda\Big(\sum_{k=1}^{n} c_k e_k - g \Big) + (1-\lambda)\Big(\sum_{k=1}^{n} c'_k e_k - g \Big) \right\| \\ &\leqslant \lambda \left\| \sum_{k=1}^{n} c_k e_k - g \right\| + (1-\lambda) \left\| \sum_{k=1}^{n} c'_k e_k - g \right\| \\ &= \lambda F(c) + (1-\lambda)F(c').\end{aligned}$$

(2) 对 $\forall\, \hat{x} \in M$ 一一对应有 $\hat{c} = (\hat{c}_1, \hat{c}_2, \cdots, \hat{c}_n) \in \mathbb{K}^n$, 使 $\hat{x} = \sum\limits_{k=1}^{n} \hat{c}_k e_k$,

$$\|\hat{x} - g\| = \min_{x \in M} \|x - g\| = \min_{(c_1, c_2, \cdots, c_n) \in \mathbb{K}^n} F(c) = F(\hat{c}).$$

例 10 设 $\mathscr{X}$ 是 B^* 空间, $\mathscr{X}_0$ 是 $\mathscr{X}$ 的线性子空间, 假定 $\exists\, c \in (0,1)$, 使得

$$\inf_{x \in \mathscr{X}_0} \|y - x\| \leqslant c\, \|y\| \quad (\forall\ y \in \mathscr{X}).$$

求证: $\mathscr{X}_0$ 在 $\mathscr{X}$ 中稠密.

证 考虑 $\forall\, y \in \mathscr{X}$,

$$\rho(y,\mathscr{X}_0)=\inf_{x\in\mathscr{X}_0}\|y-x\|\leqslant c\,\|y\|\xlongequal{\|y\|=1}c,\quad c\in(0,1),$$

$$\rho(y,\overline{\mathscr{X}_0})=\inf_{x\in\overline{\mathscr{X}_0}}\|y-x\|\overset{\mathscr{X}_0\subset\overline{\mathscr{X}_0}}{\leqslant}\inf_{x\in\mathscr{X}_0}\|y-x\|\Longrightarrow\rho(y,\overline{\mathscr{X}_0})\leqslant c.$$

用反证法. 若$\overline{\mathscr{X}_0}\subsetneqq\mathscr{X}$,由 Riesz 引理,对 $\forall\varepsilon>0,\exists y\in\overline{\mathscr{X}_0}$,使得$\|y\|=1$,并且 $\rho(y,\overline{\mathscr{X}_0})>1-\varepsilon$. 于是取 $\varepsilon=\dfrac{1-c}{2}>0$,便有 $\rho(y,\overline{\mathscr{X}_0})>\dfrac{1+c}{2}>\dfrac{c+c}{2}=c$,矛盾.

例 11 设 C_0 表示以 0 为极限的数列全体,并在 C_0 中赋以范数 $\|x\|=\sup\limits_{n\geqslant1}|\xi_n|(\forall x=(\xi_1,\xi_2,\cdots,\xi_n)\in C_0)$. 又设

$$M\xlongequal{\text{def}}\left\{x=\{\xi_n\}_{n=1}^{\infty}\in C_0\,\middle|\,\sum_{n=1}^{\infty}\frac{\xi_n}{2^n}=0\right\}.$$

(1) 求证: M 是 C_0 的闭线性子空间;

(2) 设 $x_0=(2,0,\cdots,0,\cdots)$,求证: $\inf\limits_{z\in M}\|x_0-z\|=1$,但是 $\forall y\in M$,

$$\|x_0-y\|>1.$$

证 (1) 设 $x^{(n)}=(\xi_1^{(n)},\xi_2^{(n)},\cdots,\xi_k^{(n)},\cdots)\in M$, $x=(\xi_1,\xi_2,\cdots,\xi_k,\cdots)$,则

$$\begin{aligned}x^{(n)}\to x&\Longrightarrow\lim_{n\to\infty}\sup_{k\geqslant1}|\xi_k^{(n)}-\xi_k|=0\\&\Longrightarrow\forall\ \varepsilon>0,\sup_{k\geqslant1}|\xi_k^{(n)}-\xi_k|<\varepsilon\quad(n\geqslant N).\end{aligned}$$

$$\sum_{k=1}^{\infty}\frac{\xi_k}{2^k}=\sum_{k=1}^{\infty}\frac{\xi_k-\xi_k^{(N)}}{2^k}+\underbrace{\sum_{k=1}^{\infty}\frac{\xi_k^{(N)}}{2^k}}_{\substack{\|\\0}}$$

$$\Longrightarrow\left\|\sum_{k=1}^{\infty}\frac{\xi_k}{2^k}\right\|=\left\|\sum_{k=1}^{\infty}\frac{\xi_k-\xi_k^{(N)}}{2^k}\right\|<\varepsilon\Longrightarrow\sum_{k=1}^{\infty}\frac{\xi_k}{2^k}=0,$$

故 $x=(\xi_1,\xi_2,\cdots,\xi_k,\cdots)\in M$.

(2) 设 $x_0=(2,0,\cdots,0,\cdots),\forall m\in\mathbb{N}$,

$$x^{(m)}\xlongequal{\text{def}}\Big(1-\underbrace{\frac{1}{2^{m-1}},-1,\cdots,-1}_{m\text{个}},0,0,\cdots\Big)\in M,$$

$$\rho(x_0,x^{(m)})=1+\frac{1}{2^{m-1}}\overset{m\to\infty}{\Longrightarrow}\rho(x_0,M)\leqslant1.$$

$\forall y \in M$，要证 $\|x_0 - y\| > 1$. 用反证法.

设 $\exists y = (\xi_1, \xi_2, \cdots, \xi_k, \cdots) \in M$，使得 $\|x_0 - y\| \leqslant 1$，则

$$x_0 - y = (2 - \xi_1, -\xi_2, \cdots, -\xi_k, \cdots),$$

$$\|x_0 - y\| \leqslant 1 \Longrightarrow \begin{cases} |\xi_k| \leqslant 1, & k \geqslant 2, \\ 2 - \xi_1 \leqslant 1. \end{cases}$$

又由

$$|\xi_k| \leqslant 1 (k \geqslant 2) \Longrightarrow \left| \sum_{k=2}^{\infty} \frac{\xi_k}{2^k} \right| \leqslant \sum_{k=2}^{\infty} \frac{|\xi_k|}{2^k} \overset{\text{注1}}{<} \sum_{k=2}^{\infty} \frac{1}{2^k} = \frac{1}{2}.$$

又由 M 的定义，

$$\frac{\xi_1}{2} = -\sum_{k=2}^{\infty} \frac{\xi_k}{2^k} \Longrightarrow \left| \frac{\xi_1}{2} \right| = \left| \sum_{k=2}^{\infty} \frac{\xi_k}{2^k} \right| < \frac{1}{2} \Longrightarrow |\xi_1| < 1.$$

这与 $2 - \xi_1 \leqslant 1$ 矛盾. 所以 $\forall y \in M$，$\|x_0 - y\| > 1$. 两边取下确界，得到

$$\rho(x_0, M) \geqslant 1,$$

$$\left.\begin{array}{l} \rho(x_0, M) \leqslant 1 \\ \rho(x_0, M) \geqslant 1 \end{array}\right\} \Longrightarrow \rho(x_0, M) = 1.$$

注 1 对 $\{|\xi_k|\}_{k=2}^{\infty}$，因为 $|\xi_k| \to 0$，所以当 k 足够大时，$|\xi_k| < 1$.

注 2 本题提供一个例子说明：对于无穷维闭线性子空间 M 来说，给定其外一点 x_0，未必能在其上找到一点 y 适合 $\|x_0 - y\| = \rho(x_0, M)$. 换句话说，给定 M 外一点 x_0，未必能在 M 上找到最佳逼近元.

例 12 设 $\mathscr{X}$ 是 B^* 空间，M 是 $\mathscr{X}$ 的有限维真子空间，求证：$\exists y \in \mathscr{X}$，$\|y\| = 1$，使得 $\|y - x\| \geqslant 1 (\forall x \in M)$.

证 $\forall y_0 \in \mathscr{X} \backslash M$，$d \overset{\text{def}}{=\!=} \inf\limits_{x \in M} \|y_0 - x\| > 0$，由此得 $\forall n \in \mathbb{N}$，$\exists x_n \in M$，使得

$$d \leqslant \|y_0 - x_n\| < d + \frac{1}{n},$$

$$\|x_n\| \leqslant \|y_0 - x_n\| + \|y_0\| \leqslant \|y_0\| + d + 1,$$

即 $\{x_n\}$ 有界. 又 M 是有穷维的，所以 $\{x_n\}$ 有收敛子列，不妨就是整个序列. 设 $x_n \to x_0 \in M$，

$$d \leqslant \|y_0 - x_n\| < d + \frac{1}{n} \Longrightarrow \|y_0 - x_0\| = d,$$

$y \xlongequal{\text{def}} \dfrac{y_0 - x_0}{d}$,则$\|y\|=1$. 对 $\forall x\in M$,

$$\|y-x\| = \left\|\frac{y_0-x_0}{d}-x\right\| = \frac{1}{d}\|y_0 - \overbrace{(x_0+dx)}^{\in M}\| \geqslant \frac{d}{d}$$
$$= 1 \quad (\forall\, x \in M).$$

例 13 (1) 定义映射 φ: $\mathscr{X}\to\mathscr{X}/\mathscr{X}_0$ 为

$$\varphi(x) = [x],$$

求证:φ是线性连续映射;

(2) $\forall[x]\in\mathscr{X}/\mathscr{X}_0$,求证:$\exists x\in\mathscr{X}$,使得 $\varphi(x)=[x]$,并且$\|x\|\leqslant 2\|[x]\|$;

(3) 设 $\mathscr{X}$ 是 Banach 空间,求证 $\mathscr{X}/\mathscr{X}_0$ 也是 Banach 空间.

证 (1) 已知 $\varphi(x)=[x]$: $\mathscr{X}\to\mathscr{X}/\mathscr{X}_0$,因为

$$\|\varphi(x)\| = \|[x]\| = \inf_{x\in[x]}\|x\| \leqslant \|x\|,$$

所以 φ 连续.

(2) $\forall[x]\in\mathscr{X}/\mathscr{X}_0$,$[x]\neq[\theta]$,因为 $\inf\limits_{z\in[x]}\|z\| = \|[x]\|$,根据定义,下确界是最大下界,所以 $2\|[x]\|>0$ 非下界. 于是存在 $z\in[x]$,使 $\varphi(z)=[x]$,且$\|z\|\leqslant 2\|[x]\|$.

(3) 只要证明 $\mathscr{X}/\mathscr{X}_0$ 中的基本列都是收敛列. 事实上,设$\{[x_n]\}$是 $\mathscr{X}/\mathscr{X}_0$ 的基本列,不妨设 $\sum\limits_{n=1}^{\infty}\|[x_{n+1}]-[x_n]\|$收敛. 由(2),

$$\exists\ y_n\in[x_{n+1}-x_n],\quad \|y_n\|\leqslant 2\|[x_{n+1}]-[x_n]\|.$$

补充$[x_0]=[\theta]$,并根据例 6,

$$\sum_{n=0}^{\infty}\|y_n\|\text{收敛}\Longrightarrow\sum_{n=0}^{\infty}y_n\ \text{收敛},$$

令 $x=\sum\limits_{n=0}^{\infty}y_n$,则有 $x\in\mathscr{X}$,并且

$$\begin{array}{ccc} [x] & & \lim\limits_{n\to\infty}[x_n] \\ \| & & \| \\ \varphi(x) = \sum\limits_{n=0}^{\infty}\varphi(y_n) & = & \sum\limits_{n=0}^{\infty}[x_{n+1}-x_n] \end{array}$$

从此 U 形等式串的两端即知$\{[x_n]\}$是收敛列，并且

$$\lim_{n\to\infty}[x_n]=[x].$$

例 14 设$\mathscr{X}=C[0,1]$，$\mathscr{X}_0=\{f\in\mathscr{X}\mid f(0)=0\}$，求证：$\mathscr{X}/\mathscr{X}_0$与$\mathbb{K}$等距同构.

证 先看一个特殊情况，如果$\mathbb{K}=\mathbb{R}^1$，$\mathscr{X}=C[0,1]$，那么$\mathscr{X}_0=\{f\in\mathscr{X}\mid f(0)=0\}$就是过原点$(0,0)$的区间$[0,1]$上的全体连续曲线. $\mathscr{X}=C[0,1]$可以看成

$$C[0,1]=\bigcup_{y\in\mathbb{R}^1}X_y,\quad X_y\xlongequal{\text{def}}\{f\in\mathscr{X}\mid f(0)=y\}.$$

换句话说，对$\forall y\in\mathbb{R}^1$，X_y便是过点$(0,y)$的$[0,1]$上的全体连续曲线. 再换句话说，X_y可以看成$\mathscr{X}_0$将出发点从$(0,0)$平移到$(0,y)$产生的. 进一步，用抽象的语言说，就是每个X_y元素对应着$\mathscr{X}/\mathscr{X}_0$的元素.

现在，对$\forall[f]\in\mathscr{X}/\mathscr{X}_0$，$\forall f\in[f]$，设$f_0=f(0)\in\mathbb{K}$. 引进映射

$$T:\mathscr{X}/\mathscr{X}_0\to\mathbb{K},\quad T[f]=f_0.$$

下证T是$\mathscr{X}/\mathscr{X}_0\to\mathbb{K}$的同构映射，即

$$|T[f]|=\|[f]\|.$$

事实上，一方面，注意到$f(x)\equiv f_0\in[f]$，便有

$$\|[f]\|=\inf_{f\in[f]}\|f\|\leqslant|f_0|;$$

另一方面，对$\forall\varepsilon>0$，$\exists f_1\in[f]$，使得

$$\|[f]\|+\varepsilon>\|f_1\|=\max_{t\in[0,1]}|f_1(t)|\geqslant|f_1(0)|=|f_0|.$$

再让$\varepsilon\to0$，即得

$$\|[f]\|\geqslant|f_0|.$$

综合以上两个方面得证$\|[f]\|=|f_0|$，即$|T[f]|=|f_0|$.

例 15 设C_∞表示只有有限项不为零的数列全体；C_0表示以 0 为极限的数列全体，并在C_0中赋以范数

$$\|x\|=\sup_{n\geqslant1}|x_n|,\quad\forall x=(x_1,x_2,\cdots,x_n,\cdots)\in C_0.$$

又设集合$A\subset C_\infty$，A中每个数列的各项总和为零. 求证：A在C_0中稠密.

证 设$x=(x_1,x_2,\cdots,x_n,\cdots)\in C_0$，则对$\forall\varepsilon>0$，$\exists m\in\mathbb{N}$，使得

$$|x_n|<\varepsilon/2,\quad\forall n\geqslant m.\tag{1}$$

令 $x^{(m)} \xlongequal{\text{def}} (x_1,x_2,\cdots,x_m,0,0,\cdots)$，则 $x^{(m)}\in C_\infty$，并由(1)式有

$$\|x - x^{(m)}\| = \sup_{n\geqslant m}|x_n| < \varepsilon/2. \tag{2}$$

令 $t=x_1+x_2+\cdots+x_m$，并取 $q\in\mathbb{N}$ 足够大，使得 $|t|/q<\varepsilon/2$. 进一步，取

$$y = \Big(x_1,x_2,\cdots,x_m,\underbrace{\frac{-t}{q},\frac{-t}{q},\cdots,\frac{-t}{q}}_{q\text{个}},0,0,\cdots\Big),$$

则有 $y\in A$，并且

$$\|x^{(m)} - y\| = \frac{|t|}{q} < \frac{\varepsilon}{2}. \tag{3}$$

联合(2)，(3)式我们有

$$\|x-y\| = \|x-x^{(m)}\| + \|x^{(m)}-y\| < \varepsilon/2 + \varepsilon/2 = \varepsilon.$$

由此可见，A 在 C_0 中稠密.

例 16 设集合

$$A = \{x\in C_0 \mid \|x\|\leqslant 1, x\text{ 的每一个坐标都是非负的}\},$$

其中 C_0 的定义见例 15. 又设 $d(A)=\sup\limits_{x,y\in A}\|x-y\|$，即 $d(A)$ 表示集合 A 的直径. 求证：

(1) $d(A)=1$；

(2) 对任意固定的 $x\in A$，有

$$\sup_{a\in A}\|x-a\| = d(A).$$

证 (1) 一方面，对 $\forall x=(x_1,x_2,\cdots,x_n,\cdots)\in A$，$y=(y_1,y_2,\cdots,y_n,\cdots)\in A$，因为 $\|x\|\leqslant 1$，$x_n\geqslant 0$，所以

$$0\leqslant x_n\leqslant 1 \quad (n=1,2,\cdots).$$

同理 $0\leqslant y\leqslant 1(n=1,2,\cdots)$. 故有

$$|x_n-y_n|\leqslant 1 \Longrightarrow d(A)\leqslant 1.$$

另一方面，取

$$x=\delta^{(1)}=(1,0,0,\cdots), \quad y=\delta^{(2)}=(0,1,0,0,\cdots),$$

则有 $x,y\in A$，并且 $\|x-y\|=1$. 由此可见，

$$d(A)\geqslant 1.$$

联合以上两个方面，得到 $d(A)=1$.

(2) 对任意固定的 $x=(x_1,x_2,\cdots,x_n,\cdots)\in A$，一方面，因为

$$\sup_{a\in A}\|x-a\|\leqslant\sup_{x,a\in A}\|x-a\|=d(A)=1,$$

所以 $\sup\limits_{a\in A}\|x-a\|\leqslant 1$.

另一方面,对任意给定的 $n\in\mathbb{N}$,$\exists\, k_n$,使得

$$|x_{k_n}|\leqslant\frac{1}{n},\quad n=1,2,\cdots,$$

则有

$$|x_{k_n}-1|\geqslant 1-|x_{k_n}|\geqslant 1-\frac{1}{n},\quad n=1,2,\cdots.$$

令

$$\delta^{(k_n)}\xlongequal{\text{def}}(\overbrace{0,\cdots,0,1}^{k_n\text{个}},0,0,\cdots)\in A,$$

则有

$$x-\delta^{(k_n)}=(x_1,x_2,\cdots,x_{k_n}-1,x_{k_n},x_{k_n+1},\cdots),$$

$$\begin{aligned}\|x-\delta^{(k_n)}\|&=\sup\{x_1,x_2,\cdots,|x_{k_n}-1|,x_{k_n},x_{k_n+1},\cdots\}\\&\geqslant|x_{k_n}-1|\geqslant 1-\frac{1}{n},\quad n=1,2,\cdots.\end{aligned}$$

故有

$$\sup_{a\in A}\|x-a\|\geqslant\|x-\delta^{(k_n)}\|\geqslant 1-\frac{1}{n}.$$

两边令 $n\to\infty$,即得 $\sup\limits_{a\in A}\|x-a\|\geqslant 1$.

联合以上两个方面,得到 $\sup\limits_{a\in A}\|x-a\|=1=d(A)$.

§5 凸集与不动点

基本内容

定义与基本性质

一般线性空间中的凸集概念是从平面凸集的特征性质中抽象出来的. 这性质是: 若 E 是一个平面凸集,则对于 E 中任意两点 x,y,连接这两点的线段也在 E 内,即

$$\lambda x+(1-\lambda)y\in E\quad(\forall\, x,y\in E,\forall\, 0\leqslant\lambda\leqslant 1).$$

这个性质并不要求空间具有拓扑结构,所以这个概念可以扩充到一般的线性空间.

定义 1 设 $\mathscr{X}$ 是线性空间,$E\subset\mathscr{X}$,称 E 为一**凸集**,如果

$$\lambda x+(1-\lambda)y\in E\quad(\forall\ x,y\in E,\forall\ 0\leqslant\lambda\leqslant 1).$$

下面命题可从定义直接推出.

命题 2 若$\{E_\lambda\mid\lambda\in\Lambda\}$是线性空间 X 中的一族凸集,则$\bigcap\limits_{\lambda\in\Lambda}E_\lambda$ 也是凸集.

定义 3 设 $\mathscr{X}$ 是线性空间,$A\subset\mathscr{X}$,若$\{E_\lambda\mid\lambda\in\Lambda\}$为 $\mathscr{X}$ 中的包含 A 的一切凸集,那么称$\bigcap\limits_{\lambda\in\Lambda}E_\lambda$ 为 A 的**凸包**,并记做 $\mathrm{co}(A)$.

换句话说,A 的凸包是包含 A 的最小凸集. 又对 $\forall n\in\mathbb{N},x_1,x_2,\cdots,x_n\in A$,称$\sum\limits_{i=1}^{n}\lambda_i x_i$ 为 $x_1,x_2,\cdots,x_n$ 的**凸组合**,是指其中系数满足 $\lambda_i\geqslant 0,\sum\limits_{i=1}^{n}\lambda_i=1$. 图 1.8 给出的是 $n=3$ 时,$\mathrm{co}(x_1,x_2,x_3)$的图形.

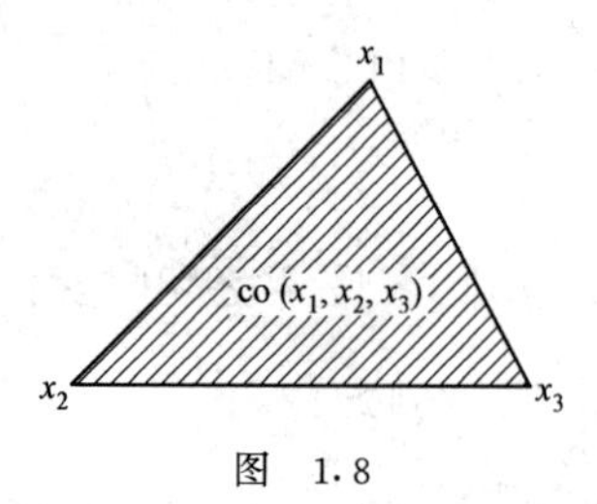

图 1.8

命题 4 设 $\mathscr{X}$ 是线性空间,$A\subset\mathscr{X}$,那么 A 的凸包是 A 中元素任意凸组合的全体,即

$$\mathrm{co}(A)=\left\{\sum_{i=1}^{n}\lambda_i x_i\ \middle|\ \begin{array}{l}\lambda_i\geqslant 0,\sum\limits_{i=1}^{n}\lambda_i=1,\\ x_i\in A,i=1,2,\cdots,n,\forall\ n\in\mathbb{N}\end{array}\right\}.$$

定义 5 设 $\mathscr{X}$ 是线性空间,C 是 $\mathscr{X}$ 上含有 θ 的凸子集,在 $\mathscr{X}$ 上规定一个取值于$[0,\infty]$的函数

$$P(x)=\inf\left\{\lambda>0\ \middle|\ \frac{x}{\lambda}\in C\right\}\quad(\forall\, x\in\mathscr{X})$$

与 C 对应,称函数 $P(x)$为 C 的 **Minkowski 泛函**.

命题 6 设 $\mathscr{X}$ 是线性空间，C 是 $\mathscr{X}$ 上含有 θ 的凸子集. 若 P 为 C 的 Minkowski 泛函，则 P 具有下列性质：

(1) $P(x)\in[0,\infty]$；

(2) $P(\lambda x)=\lambda P(x)$ ($\forall x\in\mathscr{X},\forall\lambda>0$)(正齐次性)；

(3) $P(x+y)\leqslant P(x)+P(y)$ ($\forall x,y\in\mathscr{X}$)(次可加性).

定义 7 线性空间 $\mathscr{X}$ 中，含有 θ 的凸集 C 称为是**吸收的**，是指 $\forall x\in\mathscr{X},\exists\lambda>0$，使得 $\dfrac{x}{\lambda}\in C$；称 C 是**对称的**，是指 $x\in C\Rightarrow -x\in C$.

平面上吸收凸集和对称凸集的图形如图 1.9 所示.

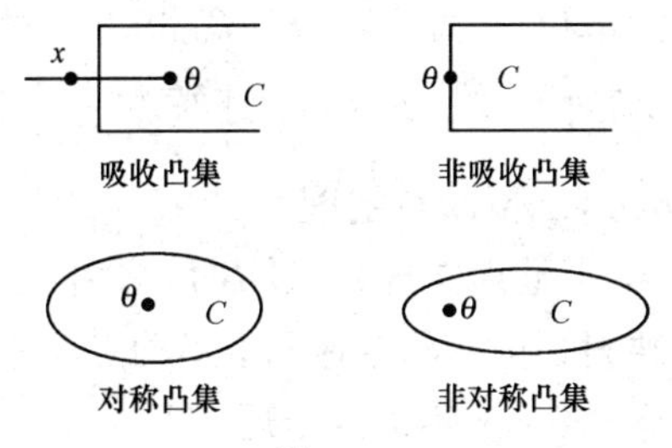

图 1.9

命题 8 为了 C 是吸收凸集，必须且仅须其 Minkowski 泛函 $P(x)$ 是实值函数；为了 C 是对称凸集，必须且仅须 $P(x)$ 是实齐次的，即

$$P(\alpha x)=|\alpha|P(x)\quad(\forall\ \alpha\in\mathbb{R}^1).$$

对于复数域线性空间上的凸集，代替对称性我们引进均衡性的概念.

定义 9 复线性空间 $\mathscr{X}$ 上的一个子集 C 称为是**均衡的**，是指

$$x\in C\Rightarrow\alpha x\in C\quad(\forall\ \alpha\in C,|\alpha|=1).$$

定义 10(半模) 设 $P:\mathscr{X}\to\mathbb{R}^1$ 是线性空间 $\mathscr{X}$ 上的一个函数，$P(x)$ 是一个**半模**是指：

(1) $P(x)\geqslant 0$ ($\forall x\in\mathscr{X}$)；

(2) $P(x+y)\leqslant P(x)+P(y)$ ($\forall x,y\in\mathscr{X}$)；

(3) $P(\alpha x)=|\alpha|P(x)$ ($\forall\alpha\in\mathbb{K},\forall x\in\mathscr{X}$).

命题 11 复线性空间 $\mathscr{X}$ 上的任一个均衡吸收凸集 C，决定了这空间上的一个半模.

命题 12 设 $\mathscr{X}$ 是一个 B^* 空间，C 是含有 θ 点的凸集. 如果 $P(x)$

是 C 的 Minkowski 泛函，那么

(1) 如果 C 是有界的，则 $\exists c_1>0$，使得 $P(x)\geqslant c_1\|x\|(\forall x\in\mathscr{X})$，从而 $P(x)=0\Longleftrightarrow x=\theta$.

(2) 如果 C 是闭的，则 $P(x)$ 下半连续，且有

$$C=\{x\in\mathscr{X}\mid P(x)\leqslant 1\}.$$

(3) 若 C 以 θ 为一内点，那么 C 是吸收的，$\exists c_2>0$，使得 $P(x)\leqslant c_2\|x\|(\forall x\in\mathscr{X})$，并且 $P(x)$ 是一致连续的.

推论 13 若 C 是 $\mathbb{R}^n$ 中的一个紧凸子集，则必 $\exists m\in\mathbb{N}, m\leqslant n$，使得 C 同胚于 $\mathbb{R}^m$ 中的单位球，即 $\exists\varphi: B^m(\theta,1)\to C$，使得

(1) φ 是单射、满射； (2) φ,φ^{-1} 连续.

Brower 与 Schauder 不动点定理

定理 14(Brower 不动点定理) 设 B 是 $\mathbb{R}^n$ 中的闭单位球，又设 $T: B\to B$ 是一个连续映射，那么 T 必有一个不动点 $x\in B$.

联合推论 13 与 Brower 不动点定理，有

推论 15 设 C 是 $\mathbb{R}^n$ 中的一个紧凸子集，$T: C\to C$ 是连续的，则 T 必有一个在 C 上的不动点.

定理 16(Schauder 不动点定理) 设 C 是 B^* 空间中的一个闭凸子集，$T: C\to C$ 连续，且 $T(C)$ 列紧，则 T 在 C 上至少有一个不动点.

定义 17 设 $\mathscr{X}$ 是 B^* 空间，E 是 $\mathscr{X}$ 的一个子集，映射 $T: E\to\mathscr{X}$，称它是**紧的**，是指它是连续的并且映 E 中的任意有界集为 X 中的列紧集.

推论 18 设 C 是 B^* 空间中的一个闭凸子集，$T: C\to C$ 是紧的，则 T 在 C 上至少有一个不动点.

典型例题精解

例 1 设 $\mathscr{X}$ 是一个 B^* 空间，C 是以 θ 为内点的真凸子集，$P(x)$ 是由 C 产生的 Minkowski 泛函，那么

(1) $x\in\mathring{C}\Longleftrightarrow P(x)<1$；

(2) $\overline{\mathring{C}}=\overline{C}$.

证 (1) $x\in\mathring{C} \Rightarrow \exists\,\varepsilon>0$,使得 $x+\varepsilon x\in C$

$$\Rightarrow \frac{x}{\frac{1}{1+\varepsilon}}\in C \Rightarrow P(x)\leqslant\frac{1}{1+\varepsilon}<1.$$

反之,若 $P(x)<1$,一方面,取 $\varepsilon=1-P(x)$,

$$x=\frac{x}{1}=\frac{x}{P(x)+\varepsilon}\in C;$$

另一方面,由 $P(x)$连续性,$\exists\,\delta>0$,使得

$$P(x')<1 \quad (\forall\, x'\in B(x,\delta)) \Rightarrow x'\in C,$$

故有 $x\in\mathring{C}$.

(2) 一方面,$\mathring{C}\subset C \Rightarrow \overline{\mathring{C}}\subset\overline{C}$;另一方面,由

$$\mathring{C}=\{x\,|\,P(x)<1\}$$

$$\Rightarrow \overline{\mathring{C}}=\overline{\{x\,|\,P(x)<1\}}=\{x\,|\,P(x)\leqslant 1\}\supset\overline{C}.$$

例 2 (1) 若 F 是有限集,求证:co(F)是列紧集;

(2) 若集合 A 是列紧集,求证:co(A)是列紧集.

证 (1) 设 $F=\{z_1,z_2,\cdots,z_m\}$,考虑

$$\mathrm{co}(F)=\left\{\sum_{i=1}^{m}\lambda_i z_i\,\middle|\,z_i\in F,\sum_{i=1}^{m}\lambda_i=1,\lambda_i\geqslant 0\right\}.$$

对 $\forall\varepsilon>0$,将区间[0,1]作足够多等分,使得分点间的间距小于 $\frac{\varepsilon}{\sum_{i=1}^{m}\|z_i\|}$,若由这些分点组成的集合记做 E,那么 E 便是区间[0,1]的有穷 $\frac{\varepsilon}{\sum_{i=1}^{m}\|z_i\|}$ 网.

事实上,$\forall\, y\in\mathrm{co}(F)$,$\exists\, z_i\in F$,$\lambda_i\in[0,1]$,$\sum_{i=1}^{m}\lambda_i=1$,使得

$$y=\sum_{i=1}^{m}\lambda_i z_i,$$

于是

$$\exists\,\lambda_i^{(\varepsilon)}\in E,\quad |\lambda_i-\lambda_i^{(\varepsilon)}|<\frac{\varepsilon}{\sum_{i=1}^{m}\|z_i\|}.$$

令 $y^{(\varepsilon)}=\sum_{i=1}^{m}\lambda_i^{(\varepsilon)}z_i$，则有

$$\begin{array}{ccc} \|y^{(\varepsilon)}-y\| & & \varepsilon \\ \| & & \vee \\ \left\|\sum_{i=1}^{m}\lambda_i^{(\varepsilon)}z_i-\sum_{i=1}^{m}\lambda_i z_i\right\| & \leqslant & \sum_{i=1}^{m}|\lambda_i-\lambda_i^{(\varepsilon)}|\,\|z_i\| \end{array}$$

从此 U 形等式-不等式串的两端即知

$$\|y^{(\varepsilon)}-y\|<\varepsilon.$$

由此可见，$\mathrm{co}(F)$是列紧集.

(2) 因为 $\forall\varepsilon>0$，$\exists A$ 的有穷 ε 网 N_ε，N_ε 是有限集，根据第一小题，$\mathrm{co}(N_\varepsilon)$是列紧的. 下证 $\mathrm{co}(N_\varepsilon)$是 $\mathrm{co}(A)$的列紧 ε 网，即要证

$$\mathrm{co}(A)\subset\bigcup_{y\in\mathrm{co}(N_\varepsilon)}B(y,\varepsilon).$$

事实上，对 $\forall x\in\mathrm{co}(A)$，$\exists x_i\in A$，$\lambda_i\geqslant0$，$\sum_{1}^{m}\lambda_i=1$，使得

$$x=\sum_{1}^{m}\lambda_i x_i.$$

现在，对每个 x_i，因为 $\mathrm{co}(N_\varepsilon)$是 $\mathrm{co}(A)$的 ε 网，所以 $\exists y_i\in N_\varepsilon$，使得

$$\|x_i-y_i\|<\varepsilon\quad(i=1,2,\cdots,m).$$

进一步，"移花接木"，将 x 的配置在$\{x_i\}$上的凸组合系数$\{\lambda_i\}$配置在$\{y_i\}$上，构造一个新元素：

$$y\xlongequal{\text{def}}\sum_{1}^{m}\lambda_i y_i,$$

则有 $y\in\mathrm{co}(N_\varepsilon)$，并有

$$\begin{array}{ccc} \|x-y\| & & \varepsilon \\ \| & & \vee \\ \left\|\sum_{1}^{m}\lambda_i x_i-\sum_{1}^{m}\lambda_i y_i\right\| & \leqslant & \sum_{1}^{m}\lambda_i\,\|x_i-y_i\| \end{array}$$

从此 U 形等式-不等式串的两端即知$\|x-y\|<\varepsilon$. 于是

$$\mathrm{co}(A)\subset\bigcup_{y\in\mathrm{co}(N_\varepsilon)}B(y,\varepsilon).$$

例 3 设 C 是 B^* 空间 $\mathscr{X}$ 中的一个紧凸集，映射

$$T: C \to C$$

连续. 求证 T 在 C 上有一个不动点.

分析 对照定理 16(Schauder 不动点定理)的条件和结论,本题只要证 $T(C)$列紧.

证 第一步 从已知 $T: C \to C$ 连续,C 是紧集,推出 T 一致连续,即对 $\forall \varepsilon > 0, \exists \delta > 0$,使得

$$\|Tx - Tx\| < \varepsilon, \quad \forall x, x' \in C, \|x - x\| < \delta.$$

用反证法. 如果不然,$\exists \varepsilon_0 > 0, \forall n \in \mathbb{N}, \exists x_n, x_n' \in C$,使得

$$\|x_n - x_n'\| < \frac{1}{n}, \quad 但是 \quad \|Tx_n - Tx_n'\| \geqslant \varepsilon_0.$$

因为 C 是紧集,所以存在$\{n_k\}$,使得 $x_{n_k} \to x_0 \in C$. 因为$\|x_{n_k} - x_{n_k}'\| < \dfrac{1}{n_k} \leqslant \dfrac{1}{k} \to 0$,故有 $x_{n_k}' \to x_0$. 又 T 连续,从而

$$Tx_{n_k} \to Tx_0, \quad Tx_{n_k}' \to Tx_0 \quad (k \to \infty).$$

于是 $\|Tx_{n_k} - Tx_{n_k}'\| \to 0 (k \to \infty)$. 这与$\|Tx_{n_k} - Tx_{n_k}'\| \geqslant \varepsilon_0$ 矛盾.

第二步 为了证 $T(C)$列紧,只要证对 $\forall \varepsilon > 0, T(C)$存在有限 ε 网.

首先,根据第一步的证明,对 $\forall \varepsilon > 0, \exists \delta > 0$,使得

$$\|Tx - Tx'\| < \varepsilon, \quad \forall x, x' \in C, \|x - x'\| < \delta.$$

其次,因为 C 是紧集,对此 $\delta > 0$ 存在有限 δ 网:

$$\{x_1, \cdots, x_n\}.$$

最后,证$\{Tx_1, \cdots, Tx_n\}$为 $T(C)$的有限 ε 网. 事实上,$\forall y \in T(C)$,$\exists x \in C$,使得 $y = Tx$. 设$\|x_i - x\| < \delta (1 \leqslant i \leqslant n)$,则有$\|Tx_i - Tx\| < \varepsilon$. 证毕.

例 4 设 C 是 B 空间 $\mathscr{X}$ 中的一个有界闭凸集,映射 $T_i: C \to \mathscr{X} (i = 1, 2)$适合

(1) $\forall x, y \in C \Rightarrow T_1 x + T_2 y \in C$;

(2) T_1 是一个压缩映射,T_2 是一个紧映射.

求证: $T_1 + T_2$ 在 C 上至少有一个不动点.

分析 为了 $\exists x$,使 $x = (T_1 + T_2) x$,

只要　　　　$\exists x$,使$(I-T_1)x=T_2x$,

只要　　　　$\exists x$,使 $x=(I-T_1)^{-1}T_2x$,

只要　　　　$T=(I-T_1)^{-1}T_2\colon C\to C$ 是紧映射.

证　设

$$\|T_1(y_2-y_1)\|\leqslant\alpha\|y_2-y_1\|\quad(0<\alpha<1).$$

第一步　对 $\forall z\in T_2(C)$,由条件(1),有 $T_1y+z\colon C\to C$.

因为 T_1 是一个压缩映射,所以存在唯一不动点 $y\in C$,使得

$$T_1y+z=y.$$

第二步　再对

$$\forall\ z_0\in\overline{T_2(C)},\quad\exists\ z_n\in T_2(C),\quad z_n\to z_0\ \ (n\to\infty).$$

应用第一步的结果,$\forall n\in\mathbb{N}$,$\exists\, y_n\in C$,使得

$$T_1y_n+z_n=y_n.\tag{1}$$

下面证明$\{y_n\}$是基本列. 事实上,

$$\begin{aligned}\|y_n-y_m\|&\leqslant\|T_1y_n-T_1y_m\|+\|z_n-z_m\|\\&\leqslant\alpha\|y_n-y_m\|+\|z_n-z_m\|.\end{aligned}$$

由此推出

$$\|y_n-y_m\|\leqslant\frac{1}{1-\alpha}\|z_n-z_m\|,$$

从而$\{y_n\}$是基本列. 又 C 是闭集,所以 $\exists\, y_0\in C$,使得 $y_n\to y_0$. 于是由 T_1 的连续性,对(1)式两边令 $n\to\infty$,取极限,即知 $T_1y_0+z_0=y_0$.

综合第一、第二两步结果,对 $\forall z\in\overline{T_2(C)}$,$\exists\, y\in C$,使得 $T_1y+z=y$,即 $z=(I-T_1)y$ 或 $y=(I-T_1)^{-1}z$ 在 $\overline{T_2(C)}$上有定义.

第三步

$$\begin{array}{ccc}\|z_2-z_1\| & & (1-\alpha)\|y_2-y_1\|\\ \| & & \wedge\!\!\backslash\!\backslash\\ \|y_2-y_1-T_1(y_2-y_1)\| & \geqslant & \|y_2-y_1\|-\|T_1(y_2-y_1)\|\end{array}$$

从此 U 形等式-不等式串的两端即知

$$\|y_2-y_1\|\leqslant\frac{1}{1-\alpha}\|z_2-z_1\|,$$

故有

$$\|(I-T_1)^{-1}z_2-(I-T_1)^{-1}z_1\|\leqslant\frac{1}{1-\alpha}\|z_2-z_1\|,$$

即$(I-T_1)^{-1}$连续. 令

$$T=\underbrace{(I-T_1)^{-1}}_{\text{连续}}\underbrace{T_2}_{\text{紧}},$$

则 $T: C\to C$ 紧,又 C 是有界闭集. 由推论 18,T 在 C 上必有不动点 $x\in C$. 则有 $x=Tx$,即 $T_1x+T_2x=x$. 也就是 T_1+T_2 在 C 上必有不动点.

例 5 设 A 是 $n\times n$ 矩阵,其元素 $a_{ij}>0(1\leqslant i,j\leqslant n)$. 求证: 存在 $\lambda>0$ 及各分量非负但不全为零的向量 $x\in\mathbb{R}^n$,使得 $Ax=\lambda x$.

证 在 $\mathbb{R}^n$ 上考查子集

$$C\xlongequal{\text{def}}\left\{(x_1,\cdots,x_n)^{\mathrm{T}}\in\mathbb{R}^n\,\middle|\,\sum_{i=1}^n x_i=1,x_i\geqslant 0(1\leqslant i\leqslant n)\right\},$$

并作映射 $Bx\xlongequal{\text{def}}\dfrac{Ax}{\sum\limits_{j=1}^n(Ax)_j}$,其中$(Ax)_j$ 表示列向量 Ax 的第 j 个分量. 显然 C 是紧凸集,且 $B: C\to C$,从而 $\exists\, x\in C$,使得 $Bx=x$,即 $Ax=\lambda x$,其中 $\lambda\xlongequal{\text{def}}\sum\limits_{j=1}^n(Ax)_j$. 显然 $\lambda\geqslant 0$. 但是

$$\begin{aligned}\lambda=0&\Longrightarrow(Ax)_j=0(j=1,2,\cdots,n)\\&\Longrightarrow Ax=0\Longrightarrow x=Bx=0,\end{aligned}$$

这与 $x\in C$ 矛盾,故 $\lambda>0$.

例 6 设 $k(x,y)$是$[0,1]\times[0,1]$上的正值连续函数,

$$(Tu)(x)=\int_0^1 k(x,y)u(y)\mathrm{d}y\quad(\forall\, u\in C[0,1]).$$

求证: 存在 $\lambda>0$ 及非负但不恒为零的连续函数 u,满足 $Tu=\lambda u$.

证 设 $0<m\leqslant k(x,y)\leqslant M$. 在 $C[0,1]$上考查子集

$$C\xlongequal{\text{def}}\left\{u\in C[0,1]\,\middle|\,\int_0^1 u(x)\mathrm{d}x=1,u(x)\geqslant 0\right\},$$

及映射 S:

$$(Su)(x)\xlongequal{\text{def}}\frac{\int_0^1 k(x,y)u(y)\mathrm{d}y}{\int_0^1\mathrm{d}t\int_0^1 k(t,y)u(y)\mathrm{d}y},\quad\forall\, u\in C.$$

显然 C 是闭凸集，且 $S: C \to C$ 连续.

进一步，为了证明 $S(C)$ 列紧，需要证明：

(1) $S(C)$ 一致有界. 事实上，

$$|S(u)(x)| \leqslant \frac{M\int_0^1 u(y)\mathrm{d}y}{m\int_0^1 u(y)\mathrm{d}y} = \frac{M}{m}.$$

(2) $S(C)$ 等度连续. 事实上，

$$\int_0^1 \mathrm{d}x \int_0^1 k(x,y)u(y)\mathrm{d}y \geqslant \int_0^1 \mathrm{d}x \int_0^1 m \cdot u(y)\mathrm{d}y = m > 0.$$

又因为 $k(x,y)$ 是 $[0,1]\times[0,1]$ 上的连续函数，所以在 $[0,1]\times[0,1]$ 上一致连续，故对 $\forall \varepsilon>0, \exists \delta>0$，使得

$$|k(x,y) - k(x',y)| < m\varepsilon, \quad \text{当 } |x - x'| < \delta \text{ 时}.$$

因此，对 $\forall \varepsilon>0, \exists \delta>0$，使得 $\forall x, x' \in [0,1]$，只要 $|x-x'|<\delta$，便有

$$\begin{aligned} &|(Su)(x) - (Su)(x')| \\ &= \left| \frac{\int_0^1 k(x,y)u(y)\mathrm{d}y}{\int_0^1 \mathrm{d}t \int_0^1 k(t,y)u(y)\mathrm{d}y} - \frac{\int_0^1 k(x',y)u(y)\mathrm{d}y}{\int_0^1 \mathrm{d}t \int_0^1 k(t,y)u(y)\mathrm{d}y} \right| \\ &\leqslant \frac{1}{m}\int_0^1 |k(x,y) - k(x',y)|u(y)\mathrm{d}y < \varepsilon. \end{aligned}$$

联合(1)，(2)，根据本章§3 定理 13(Arzela-Ascoli 定理)即知 $S(C)$ 列紧，从而由本节推论 18，$\exists u \in C$，使得 $Su=u$，即

$$Tu = \lambda u, \quad \lambda = \int_0^1 \mathrm{d}t \int_0^1 k(t,y)u(y)\mathrm{d}y > 0.$$

例 7 设 C 是 Banach 空间 $\mathscr{X}$ 中的一个有界闭凸集，$T: C \to C$ 是非膨胀映射，即

$$\|Tx - Ty\| < \|x - y\|, \quad \forall x, y \in C, x \neq y.$$

求证：$\inf\limits_{x \in C} \|x - Tx\| = 0$.

证 任意取定 $z \in C$，对 $\forall \varepsilon \in (0,1)$，令

$$T_\varepsilon x = \varepsilon z + (1-\varepsilon)Tx, \quad \forall x \in C,$$

则因为 C 是凸集，所以 $T_\varepsilon: C \to C$.

进一步，对 $\forall x,y\in C$，由 T 的非膨胀性，有

$$\|T_\varepsilon x - T_\varepsilon y\| = (1-\varepsilon)\,\|Tx - Ty\|,$$

于是 T_ε 是压缩映射，又 C 是 Banach 空间 $\mathscr{X}$ 的闭子集，因此 C 本身是完备的度量空间. 根据本章 §1 定理 8(Banach 不动点定理)，存在唯一的 $x_\varepsilon\in C$，使得

$$x_\varepsilon = T_\varepsilon x_\varepsilon.$$

再因为 C 有界，所以 $\exists M>0$，使得 $\|x\|\leqslant M(\forall x\in C)$，即知

$$\begin{array}{ccc} \|x_\varepsilon - Tx_\varepsilon\| & & 2M\varepsilon \\ \| & & \vee\!\!/ \\ \|\varepsilon z + (1-\varepsilon)Tx_\varepsilon - Tx_\varepsilon\| & = & \varepsilon\,\|z - Tx_\varepsilon\| \end{array}$$

从此 U 形等式-不等式串的两端即知

$$\inf_{x\in C}\|x - Tx\| \leqslant \|x_\varepsilon - Tx_\varepsilon\| \leqslant 2M\varepsilon,$$

令 $\varepsilon\to 0$，即得 $\inf\limits_{x\in C}\|x-Tx\|=0$.

例 8 设 C 是 Banach 空间 $\mathscr{X}$ 中的一个紧凸集，$T: C\to C$ 是非膨胀映射. 求证：T 在 C 中存在唯一不动点.

证 因为条件 C 紧蕴含 C 有界、闭，所以根据上例，即知

$$\inf_{x\in C}\|x - Tx\| = 0.$$

由此，对 $\forall n\in\mathbb{N}$，$\exists x_n\in C$，使得

$$\|x_n - Tx_n\| < \frac{1}{n}. \tag{1}$$

因为 C 是紧集，所以 $\{x_n\}$ 存在收敛子列 $\{x_{n_k}\}$，设

$$x_{n_k}\to x_0.$$

因为 C 闭，所以 $x_0\in C$.

进一步，由 T 的非膨胀性，易知 T 连续，故有

$$Tx_{n_k}\to Tx_0.$$

又由(1)式，有

$$\|x_{n_k} - Tx_{n_k}\| < \frac{1}{n_k},$$

上式两边令 $k\to\infty$，即得 $\|x_0-Tx_0\|=0$，即 $x_0=Tx_0$，换句话说，x_0 是 T 在 C 中的一个不动点.

最后，证 T 在 C 中的不动点是唯一的. 事实上，如果存在 x_1, x_2，并且 $x_1 \neq x_2$，使得 $\begin{cases} Tx_1 = x_1, \\ Tx_2 = x_2, \end{cases}$ 那么，一方面

$$\|Tx_1 - Tx_2\| = \|x_1 - x_2\|;$$

另一方面，由 T 的非膨胀性，有

$$\|Tx_1 - Tx_2\| < \|x_1 - x_2\|.$$

这样便导出

$$\|x_1 - x_2\| < \|x_1 - x_2\|,$$

产生矛盾.

§6 内 积 空 间

基 本 内 容

B^* 空间上虽然有了范数，可以定义收敛，但是缺少一个重要概念——角度，所以还不能说到两个向量相互垂直. 欧氏空间 $\mathbb{R}^n$ 上两个向量的夹角是通过内积来定义的，在无穷维空间上也可引入类似的概念.

定义 1 线性空间 $\mathscr{X}$ 上的一个二元函数 $a(\cdot, \cdot): \mathscr{X} \times \mathscr{X} \to \mathbb{K}$ 称为**共轭双线性函数**，是指

(1) $a(x, \alpha y + \beta z) = \bar{\alpha} a(x, y) + \bar{\beta} a(x, z)$；

(2) $a(\alpha x + \beta y, z) = \alpha a(x, z) + \beta a(y, z)$，

其中 $\forall x, y, z \in \mathscr{X}$，$\forall \alpha, \beta \in \mathbb{K}$. 我们还称由

$$q(x) \xlongequal{\text{def}} a(x, x) \quad (\forall x \in \mathscr{X})$$

定义的函数为 $\mathscr{X}$ 上由 a 诱导的**二次型**.

命题 2 设 a 是 $\mathscr{X}$ 上的共轭双线性函数，q 是由 a 诱导的二次型，那么

$$q(x) \in \mathbb{R}^1 (\forall x \in \mathscr{X}) \Longleftrightarrow a(x, y) = \overline{a(y, x)} (\forall x, y \in \mathscr{X}).$$

定义 3 线性空间 $\mathscr{X}$ 的一个共轭双线性函数

$$(\cdot, \cdot): \mathscr{X} \times \mathscr{X} \to \mathbb{K}$$

称为是一个**内积**，是指它满足：

(1) $(x, y) = \overline{(y, x)}$ $(\forall x, y \in \mathscr{X})$（共轭对称性）；

(2) $(x,x)\geqslant 0(\forall x\in\mathscr{X})$, $(x,x)=0\Longleftrightarrow x=\theta$.

具有内积的线性空间称为**内积空间**,记做$(\mathscr{X},(\cdot,\cdot))$.

注 若在(2)中仅保存非负定条件,即$(x,x)\geqslant 0$,则称$(\cdot,\cdot)$为一个半内积,对应的空间称为半内积空间.

显然,这个内积概念是有穷维欧氏空间上相应概念的推广.

命题 4(Cauchy-Schwartz 不等式) 在内积空间 $(\mathscr{X},(\cdot,\cdot))$ 上,令

$$\|x\|=(x,x)^{\frac{1}{2}}\quad(\forall x\in\mathscr{X}),$$

称为 x 的**范数**,则有

$$|(x,y)|\leqslant\|x\|\|y\|\quad(\forall x,y\in\mathscr{X}),$$

而且其中等号当且仅当 x 与 y 线性相关时成立.

本命题更一般的情形就是

命题 5 设 $\mathscr{X}$ 是线性空间上的共轭双线性函数是由 a 诱导的二次型.若 $q(x)\geqslant 0$ $(\forall x\in\mathscr{X})$,且 $q(x)=0\Longleftrightarrow x=\theta$,那么

$$|a(x,y)|\leqslant[q(x)q(y)]^{\frac{1}{2}}\quad(\forall x,y\in\mathscr{X}),$$

而且其中等号成立当且仅当 x 与 y 线性相关.

证 $\forall x,y\in\mathscr{X},\forall\alpha\in\mathbb{C}$,有

$$0\leqslant q(x-\alpha y)=q(x)-a(y,x)\alpha-a(x,y)\bar{\alpha}+|\alpha|^2q(y).$$

设 $a(y,x)=be^{i\theta},b\geqslant 0$,特别取 $\alpha=e^{-i\theta}\lambda,\lambda\in\mathbb{R}^1$,上述不等式变成

$$0\leqslant q(x)-2b\lambda+\lambda^2q(y).\tag{1}$$

记 $c=q(x),a=q(y),p(\lambda)\xlongequal{\text{def}}c-2b\lambda+a\lambda^2$,则 $p(\lambda)$是二次三项式,对所有 $\lambda\in\mathbb{R}^1$,由(1)式,有 $p(\lambda)\geqslant 0$,故判别式 $4b^2-4ac\leqslant 0$,即

$$0\geqslant b^2-ac=|a(x,y)|^2-q(x)q(y).$$

由此得

$$|a(x,y)|\leqslant[q(x)q(y)]^{\frac{1}{2}}\quad(\forall x,y\in\mathscr{X}).$$

命题 6 内积空间$(\mathscr{X},(\cdot,\cdot))$按$\|x\|=(x,x)^{\frac{1}{2}}(\forall x\in\mathscr{X})$定义范数,是一个 B^* 空间.

命题 7 在内积空间$(\mathscr{X},(\cdot,\cdot))$中,内积$(x,y)$是 $\mathscr{X}\times\mathscr{X}$ 上关于范数$\|\cdot\|$的连续函数.

命题 8 内积空间$(\mathscr{X},(\cdot,\cdot))$是严格凸的 B^*空间.

我们还要问：什么样的 B^* 空间$(\mathscr{X},\|\cdot\|)$可以引入一个内积$(\cdot,\cdot)$，适合$(x,x)^{\frac{1}{2}}=\|x\|(\forall x\in\mathscr{X})$？

命题 9 在 B^* 空间$(\mathscr{X},\|\cdot\|)$中，为了在 X 上可引入一个内积$(\cdot,\cdot)$，必须且仅须范数$\|\cdot\|$满足如下平行四边形等式：

$$\|x+y\|^2+\|x-y\|^2=2(\|x\|^2+\|y\|^2).$$

定义 10 若内积空间$(\mathscr{X},(\cdot,\cdot))$按范数$\|x\|=(x,x)^{\frac{1}{2}}(\forall x\in\mathscr{X})$是完备空间，就称为 **Hilbert 空间**.

下面我们引入在偏微分方程边值问题理论中特别有用的内积空间 $H_0^m(\Omega)$，为此先介绍

引理 11(Poincaré 不等式) 设 $C_0^m(\Omega)$表示有界开区域 $\Omega\subset\mathbb{R}^n$ 上一切 m 次连续可微，并在边界 $\partial\Omega$ 的某邻域内为 0 的函数集合，即

$$C_0^m(\Omega)=\{u\in C^m(\overline{\Omega})\mid |u(x)|_{x\in\widetilde{\partial\Omega}}=0\},$$

其中 $\widetilde{\partial\Omega}$表示 $\partial\Omega$ 的某邻域，那么 $\forall u\in C_0^m(\Omega)$，有

$$\sum_{|\alpha|<m}\int_\Omega|\partial^\alpha u(x)|^2\mathrm{d}x\leqslant C\sum_{|\alpha|=m}\int_\Omega|\partial^\alpha u(x)|^2\mathrm{d}x,$$

其中 C 是仅依赖于区域 Ω 及 m 的常数.

命题 12 在 $C_0^\infty(\Omega)$上，

$$\|u\|_m\overset{\text{def}}{=\!=}\left(\sum_{|\alpha|=m}\int_\Omega|\partial^\alpha u(x)|^2\mathrm{d}x\right)^{\frac{1}{2}},$$

$$\|u\|\overset{\text{def}}{=\!=}\left(\sum_{|\alpha|<m}\int_\Omega|\partial^\alpha u(x)|^2\mathrm{d}x\right)^{\frac{1}{2}}$$

是一对等价模. 记 $C_0^\infty(\Omega)$按$\|\cdot\|_m$ 完备化后的空间记为 $H_0^m(\Omega)$，它是 $H^m(\Omega)$的一个闭子空间.

在内积空间 $\mathscr{X}$ 中，可以引入两个向量夹角的概念，从而可与欧氏空间一样可以定义什么叫正交或垂直. 对于 $x,y\in H$，$\theta\overset{\text{def}}{=\!=}\arccos\dfrac{|(x,y)|}{\|x\|\|y\|}$ 表示 x 与 y 之间的夹角.

定义 13 内积空间 $\mathscr{X}$ 上，$x,y\in\mathscr{X}$，若$(x,y)=0$，就称 x 与 y **正交**，记做 $x\perp y$. 又设 M 是 $\mathscr{X}$ 的非空子集，若 $\forall y\in M$ 均有 $x\perp y$，则称

x 与 M 正交,记做 $x\perp M$. 此外集合 $\{x\in\mathscr{X}\mid x\perp M\}$ 称为 M 的**正交补**,记做 $M^{\perp}$.

由定义可以直接推出

命题 14 设 $\mathscr{X}$ 是内积空间,M 是 $\mathscr{X}$ 的非空子集.

(1) $x\perp y_i(i=1,2)\Longrightarrow x\perp\lambda y_1+\lambda_2 y_2$;

$$x\perp M\Longrightarrow x\perp \operatorname{span}M,$$

其中 $\operatorname{span}M$ 表示 M 的有穷线性组合组成的集合,叫做 M 的**线性包**.

(2) $x=y+z,y\perp z\Longrightarrow\|x\|^2=\|y\|^2+\|z\|^2$;若 $x_1,x_2,\cdots,x_n$ 是 H 中两两正交的元,则

$$\|x_1+x_2+\cdots+x_n\|^2=\|x_1\|^2+\|x_2\|^2+\cdots+\|x_n\|^2.$$

(3) $x\perp y_n,y_n\to y\Longrightarrow x\perp y$.

(4) $M^{\perp}$是 $\mathscr{X}$ 的一个闭线性子空间.

定义 15 设 S 是内积空间 $\mathscr{X}$ 中一个子集合,若 $\forall e,f\in S$ 且 $e\neq f$ 时,有 $e\perp f$,则称 S 是**正交集**;若还有对每个 $e\in S$,$\|e\|=1$,则称 S 为**正交规范集**;又如果 $S^{\perp}=\{\theta\}$,那么称 S 是**完备的**.

命题 16 非零内积空间 $\mathscr{X}$ 中必存在完备正交集.

证 由 $\mathscr{X}$ 是非零的内积空间,$\mathscr{X}$ 中的正交集依集合包含关系构成偏序集族. 每个全序子集有上界,就是这些集之并集. 依 Zorn 引理,这个偏序集族中有极大元,记做 E. 它是完备的正交集,因若不然,则必存在 $x_0\neq\theta,x_0\in E^{\perp}$,令 $E_1=\{x_0\}\cup E$,E_1 是正交集,$E\subsetneqq E_1$,与 E 的极大性矛盾.

定义 17 内积空间 $\mathscr{X}$ 中的正交规范集 $S=\{e_\alpha\mid\alpha\in\Lambda\}$称为 $\mathscr{X}$ 的一个**基**(或封闭的),如果对 $\forall x\in\mathscr{X}$,有

$$x=\sum_{\alpha\in\Lambda}(x,e_\alpha)e_\alpha,$$

其中$\{(x,e_\alpha)\mid\alpha\in\Lambda\}$称为 x 关于基 S 的 **Fourier 系数**.

定理 18(Bessel 不等式) 令 $S=\{e_\alpha\}_{\alpha\in\Lambda}$是内积空间 $\mathscr{X}$ 中的一个正交规范集,则 $\forall x\in\mathscr{X}$,有

$$\sum_{\alpha\in\Lambda}|(x,e_\alpha)|^2\leqslant\|x\|^2,$$

而且

$$\sum_{\alpha\in\Lambda}(x,e_\alpha)e_\alpha\in\mathscr{X},$$

$$\left\|x-\sum_{\alpha\in\Lambda}(x,e_\alpha)e_\alpha\right\|^2=\|x\|^2-\sum_{\alpha\in\Lambda}|(x,e_\alpha)|^2.$$

定理 19 设 $\mathscr{X}$ 是 Hilbert 空间，若 $S=\{e_\alpha|\alpha\in\Lambda\}$ 是 $\mathscr{X}$ 的一个标准正交集，则以下三条命题等价：

(1) S 是 $\mathscr{X}$ 的一个基；

(2) S 是完备的；

(3) Parseval 等式成立，即

$$\|x\|^2=\sum_{\alpha\in\Lambda}|(x,e_\alpha)|^2,\quad\forall\, x\in\mathscr{X}.$$

定义 20 设$(\mathscr{X}_1,(\cdot,\cdot)_1)$，$(\mathscr{X}_2,(\cdot,\cdot)_2)$是两个内积空间，如果存在 $\mathscr{X}_1\to\mathscr{X}_2$ 的一个线性同构 T 满足：

$$(Tx,Ty)_2=(x,y)_1\quad(\forall\, x,y\in\mathscr{X}_1),$$

则称内积空间 $\mathscr{X}_1$ 与 $\mathscr{X}_2$ 是**同构的**.

定理 21 为了 Hilbert 空间 $\mathscr{X}$ 是可分的，必须且仅须它有至多可数的正交规范集 S. 又若 S 的元素个数 $N<\infty$，则 $\mathscr{X}$ 同构于 $\mathbb{K}^n$；若 $N=\infty$，则 $\mathscr{X}$ 同构于 l^2.

定理 22 设 C 是 Hilbert 空间 $\mathscr{X}$ 的闭凸子集，那么在 C 上存在唯一的 $x_0\in C$ 取到最小模.

推论 23 若 C 是 Hilbert 空间 $\mathscr{X}$ 的闭凸子集，那么对 $\forall\, y\in\mathscr{X}$，$\exists$ 唯一的 $x_0\in C$，使得$\|y-x_0\|=\inf\limits_{x\in C}\|x-y\|$.

定理 24 设 C 是内积空间 $\mathscr{X}$ 中的一个闭凸子集，$\forall\, y\in\mathscr{X}$，为了 x_0 是 y 在 C 上的最佳逼近元，必须且仅须它适合

$$\mathrm{Re}(y-x_0,x_0-x)\geqslant 0\quad(\forall\, x\in C).$$

推论 25 设 M 是 Hilbert 空间上的一个闭线性子流形，为了 y 是 x 在 M 上的最佳逼近元，必须且仅须它适合

$$x-y\perp M-\{y\}\stackrel{\text{def}}{=\!=}\{w=z-y|z\in M\}.$$

推论 26(正交分解) 设 M 是 Hilbert 空间 $\mathscr{X}$ 的一个闭线性子空间，那么 $\forall\, x\in\mathscr{X}$，存在下列唯一的正交分解(见图 1.10)

$$x = y + z \quad (x \in M, z \in M^{\perp}).$$

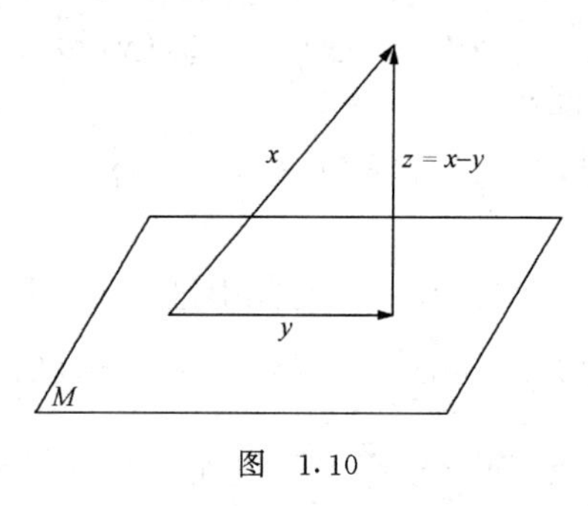

图 1.10

典型例题精解

例 1(极化恒等式) 设 a 是复线性空间 $\mathscr{X}$ 上的共轭双线性函数，$q(x)=a(x,x)$是 a 诱导的二次型. 求证：$\forall x,y\in\mathscr{X}$，有

$$a(x,y) = \frac{1}{4}[q(x+y) - q(x-y) + \mathrm{i}q(x+\mathrm{i}y) - \mathrm{i}q(x-\mathrm{i}y)].$$

证 根据 $q(x)$的定义，有

$$\begin{array}{ccc} q(x+y) & & a(x,x) + a(y,x) + a(x,y) + a(y,y) \\ \| & & \| \\ a(x+y,x+y) & = & a(x+y,x) + a(x+y,y) \end{array}$$

$$\begin{array}{ccc} q(x-y) & & a(x,x) - a(y,x) - a(x,y) + a(y,y) \\ \| & & \| \\ a(x-y,x-y) & = & a(x-y,x) - a(x-y,y) \end{array}$$

将以上两个 U 形等式的两端相减，即知

$$q(x+y) - q(x-y) = 2a(y,x) + 2a(x,y). \tag{1}$$

$$\begin{array}{ccc} q(x+\mathrm{i}y) & & a(x,x) - \mathrm{i}a(x,y) + \mathrm{i}a(y,x) + a(y,y) \\ \| & & \| \\ a(x+\mathrm{i}y,x+\mathrm{i}y) & = & a(x,x+\mathrm{i}y) + a(\mathrm{i}y,x+\mathrm{i}y) \end{array}$$

$$\begin{array}{ccc} q(x-\mathrm{i}y) & & a(x,x) - \mathrm{i}a(y,x) + \mathrm{i}a(x,y) + a(y,y) \\ \| & & \| \\ a(x-\mathrm{i}y,x-\mathrm{i}y) & = & a(x-\mathrm{i}y,x) + a(x-\mathrm{i}y,-\mathrm{i}y) \end{array}$$

将以上两个 U 形等式的两端各乘以 i 后相减，即知

$$\mathrm{i}q(x+\mathrm{i}y)-\mathrm{i}q(x-\mathrm{i}y)=-2a(y,x)+2a(x,y). \tag{2}$$

联合(1),(2)两式即得

$$q(x+y)-q(x-y)+\mathrm{i}q(x+\mathrm{i}y)-\mathrm{i}q(x-\mathrm{i}y)=4a(x,y).$$

由此得结论.

例 2 求证：在 $C[a,b]$ 中不可能引进一种内积 $(\cdot,\cdot)$，使其满足

$$(f,f)^{\frac{1}{2}}=\max_{x\in[a,b]}|f(x)| \quad (\forall f\in C[a,b]). \tag{1}$$

证 取 $f(x)=1, g(x)=\dfrac{x-a}{b-a}$，则 $\|f\|=\|g\|=1$，

$$f(x)+g(x)=1+\frac{x-a}{b-a}, \quad f(x)-g(x)=1-\frac{x-a}{b-a},$$

$$\|f(x)+g(x)\|=2, \quad \|f(x)-g(x)\|=1,$$

$$\|f(x)+g(x)\|^2+\|f(x)-g(x)\|^2=5,$$

$$2(\|f\|^2+\|g\|^2)=4.$$

故

$$\|f(x)+g(x)\|^2+\|f(x)-g(x)\|^2\neq 2(\|f\|^2+\|g\|^2),$$

即平行四边形等式不成立. 根据本节命题 9 知在 $C[a,b]$ 中不可能引进一种内积 $(\cdot,\cdot)$，使其满足(1)式.

例 3 在 $L^2[0,T]$ 中定义泛函

$$f(x)=\left|\int_0^T \mathrm{e}^{-(T-t)}x(t)\mathrm{d}t\right|, \quad \forall x\in L^2[0,T].$$

证明 f 在 $L^2[0,T]$ 的单位球面上达到最大值，并求出此最大值和达到最大值的元素(用 Cauchy-Schwarz 不等式).

证 考虑

$$\left|\int_0^T \mathrm{e}^{-(T-\tau)}x(\tau)\mathrm{d}\tau\right|=\mathrm{e}^{-T}\left|\int_0^T \mathrm{e}^{\tau}x(\tau)\mathrm{d}\tau\right|$$

$$=\mathrm{e}^{-T}|(\mathrm{e}^{\tau},x(\tau))|\leqslant \mathrm{e}^{-T}\sqrt{\int_0^T \mathrm{e}^{2\tau}\mathrm{d}\tau}\cdot\sqrt{\int_0^T |x(\tau)|^2\mathrm{d}\tau}$$

$$=\mathrm{e}^{-T}\sqrt{\int_0^T \mathrm{e}^{2\tau}\mathrm{d}\tau}=\mathrm{e}^{-T}\sqrt{\frac{1}{2}\mathrm{e}^{2T}-\frac{1}{2}}=\sqrt{\frac{1}{2}-\frac{1}{2}\mathrm{e}^{-2T}}.$$

设 $x(\tau)=\lambda\mathrm{e}^{\tau}$，则

$$\int_0^T |x(\tau)|^2 d\tau = \int_0^T \lambda^2 e^{2\tau} d\tau = 1$$

$$\Longrightarrow \lambda^2 = \frac{1}{\int_0^T e^{2\tau} d\tau} = \frac{1}{\frac{1}{2}e^{2T} - \frac{1}{2}} = \frac{2}{e^{2T} - 1}$$

$$\Longrightarrow \lambda = \pm \sqrt{\frac{2}{e^{2T} - 1}}.$$

例 4 设 M,N 是内积空间中的两个子集,求证:

$$M \subset N \Longrightarrow N^{\perp} \subset M^{\perp}.$$

证 $x \in N^{\perp} \Longrightarrow x \perp N \overset{M\subset N}{\Longrightarrow} x \perp M \Longrightarrow x \in M^{\perp}.$

例 5 设 M 是 Hilbert 空间 $\mathscr{X}$ 的子集,求证:

$$(M^{\perp})^{\perp} = \overline{\mathrm{span}M}.$$

证 因为

$$x \in M^{\perp} \Longleftrightarrow x \perp M \Longleftrightarrow x \perp \mathrm{span}M$$
$$\Longleftrightarrow x \perp \overline{\mathrm{span}M} \Longleftrightarrow x \in (\overline{\mathrm{span}M})^{\perp},$$

所以

$$M^{\perp} = (\overline{\mathrm{span}(M)})^{\perp}.$$

要证$(M^{\perp})^{\perp}=\overline{\mathrm{span}(M)}$,即证$[(\overline{\mathrm{span}(M)})^{\perp}]^{\perp}=\overline{\mathrm{span}(M)}$. 问题归结为证明若 M 是闭的,则$(M^{\perp})^{\perp}=M$. 注意到:

$$\forall\, x \in M \Longrightarrow x \perp M^{\perp} \Longrightarrow x \in (M^{\perp})^{\perp} \Longrightarrow M \subset (M^{\perp})^{\perp}.$$

下面证明$(M^{\perp})^{\perp}=M$. 用反证法.

如果不然,$M \subsetneqq (M^{\perp})^{\perp}$. M 是$(M^{\perp})^{\perp}$的真闭子空间,对 $x\in (M^{\perp})^{\perp} \backslash M$,由正交分解,

$$x = y + z,\ y \in M,\quad \begin{matrix} z \perp M \\ \Downarrow \\ z \in M^{\perp}, \end{matrix}$$

$$z \neq \theta,\quad \begin{matrix} y \in M \subset (M^{\perp})^{\perp} \\ \Downarrow \\ z = x - y \in (M^{\perp})^{\perp}. \end{matrix}$$

于是 $z\in M^{\perp}\cap(M^{\perp})^{\perp}$,与 $z\neq\theta$ 矛盾.

例 6 在 $L^2[a,b]$中考查函数集 $S=\{e^{2\pi inx}\}_{n=-\infty}^{\infty}$.

(1) 若$|b-a|\leqslant 1$,求证 $S^{\perp}=\{\theta\}$;

(2) 若$|b-a|>1$,求证$S^{\perp}\neq\{\theta\}$.

证 $\forall n$,$e^{2\pi inx}$的周期是1,当$b-a=1$,$S^{\perp}=\{\theta\}$.

(1) 若$b-a<1$,$u\in L^2[a,b]$,

$$\int_a^b u e^{2\pi inx}dx=0,$$

令

$$\tilde{u}=\begin{cases}u, & x\in[a,b],\\ 0, & x\in[b,a+1],\end{cases}$$

则有

$$\begin{aligned}\int_a^{a+1}\tilde{u}e^{2\pi inx}dx=0 &\Longrightarrow \tilde{u}=0 \quad (x\in[a,a+1])\\ &\Longrightarrow u=0 \quad (x\in[a,b]).\\ &\Longrightarrow S^{\perp}=\{\theta\}.\end{aligned}$$

(2) 若$b-a>1$,这时$\{e^{2\pi inx}\}_{n=-\infty}^{\infty}$是$L^2[b-1,b]$上的一组正交基.因此,$L^2[b-1,b]$上的函数可以由它的 Fourier 系数决定.利用这一点,对$\forall u\in L^2[a,b-1]$,$u\neq\theta$,可将它扩充为$L^2[a,b]$上的函数$v(x)\in S^{\perp}$,而$v(x)\neq\theta$.

事实上,令

$$v=\begin{cases}u(x), & x\in[a,b-1],\\ \tilde{u}(x), & x\in(b-1,b],\end{cases}$$

其中$(b-1,b]$上的函数$\tilde{u}(x)$的 Fourier 系数通过$u(x)$在$[a,b-1]$上的值来计算,即

$$\tilde{u}_n=\int_{b-1}^b \tilde{u}e^{2\pi inx}dx=-\int_a^{b-1}ue^{2\pi inx}dx,$$

于是

$$\tilde{u}=\sum_{n=-\infty}^{\infty}\tilde{u}_n e^{2\pi inx}\in L^2[b-1,b],$$

并且

$$\int_a^b ve^{2\pi inx}dx=\int_a^{b-1}ue^{2\pi inx}dx+\int_{b-1}^b\tilde{u}e^{2\pi inx}dx=0,$$

即$v(x)\in S^{\perp}$.

例 7 设$\{e_n\}$,$\{f_n\}$是 Hilbert 空间$\mathscr{X}$中两个正交规范集,满足条件

$$\sum_{n=1}^{\infty}\|e_n-f_n\|<1.$$

求证：两者中一个完备蕴含另一个完备.

证 设$\{e_n\}$完备，要证$\{f_n\}$完备，用反证法. 如果$\{f_n\}$不完备，则存在$u\in\mathscr{X}$，$u\neq\theta$，使得$(u,f_n)=0(\forall n)$，这导致如下矛盾：

$$\|u\|^2=\sum_{n=1}^{\infty}|(u,e_n)|^2=\sum_{n=1}^{\infty}|(u,e_n-f_n)|^2$$

$$\leqslant\sum_{n=1}^{\infty}\|u\|^2\|e_n-f_n\|^2<\|u\|^2.$$

例 8 M是$\mathscr{X}$的闭线性子空间，$\{e_n\}$与$\{f_n\}$分别是M与$M^{\perp}$的正交规范集. 求证$\{e_n\}\cup\{f_n\}$构成$\mathscr{X}$的正交规范集.

证 $\forall x\in\mathscr{X}$，由正交分解定理，可以分解$x=y+z$，其中$y\in M$，$z\in M^{\perp}$. 依题意，

$$\left.\begin{aligned} y&=\sum_{n=1}^{\infty}(y,e_n)e_n \\ z&=\sum_{m=1}^{\infty}(z,f_m)f_m \end{aligned}\right\}\Longrightarrow x=\sum_{n=1}^{\infty}(y,e_n)e_n+\sum_{m=1}^{\infty}(z,f_m)f_m.$$

由此可见，$\{e_n\}\cup\{f_n\}$构成$\mathscr{X}$的正交规范集.

例 9 设$\mathscr{X}$是 Hilbert 空间，(e_n)是它的正交规范集，求证：

$$\left|\sum_{n=1}^{\infty}(x,e_n)\overline{(y,e_n)}\right|\leqslant\|x\|\|y\|,\quad\forall\ x,y\in\mathscr{X}.$$

证 根据 Cauchy-Schwarz 不等式和 Bessel 不等式，得

$$\left|\sum_{n=1}^{\infty}(x,e_n)\overline{(y,e_n)}\right|\leqslant\left(\sum_{n=1}^{\infty}|(x,e_n)|^2\right)^{\frac{1}{2}}\left(\sum_{n=1}^{\infty}|(y,e_n)|^2\right)^{\frac{1}{2}}$$

$$\leqslant\|x\|\|y\|.$$

例 10（变分不等式） 设$\mathscr{X}$是一个 Hilbert 空间，$a(x,y)$是$\mathscr{X}$上的共轭对称的双线性函数，$\exists M>0,\delta>0$，使得

$$\delta\|x\|^2\leqslant a(x,x)\leqslant M\|x\|^2\quad(\forall\ x\in\mathscr{X}).$$

又设$u_0\in\mathscr{X}$，C是$\mathscr{X}$上的一个闭凸子集. 求证：函数

$$x\mapsto a(x,x)-\mathrm{Re}(u_0,x)$$

在C上达到最小值，并且达到最小值的点x_0唯一，还满足

$$\mathrm{Re}2a(x_0,x-x_0)-\mathrm{Re}(u_0,x-x_0)\geqslant 0\quad(\forall\ x\in C).$$

证 由共轭对称双线性函数的定义知

$$a(x+y,x+y)+a(x-y,x-y)=2(a(x,x)+a(y,y)),$$

令
$$d=\inf_{x\in C}\{a(x,x)-\mathrm{Re}(u_0,x)\},$$
$$J(x)=a(x,x)-\mathrm{Re}(u_0,x),$$

则
$$\exists\ x_n\in C,\quad d\leqslant J(x_n)<d+\frac{1}{n},\tag{1}$$

$$\begin{aligned}\delta\|x_n-x_m\|^2&\leqslant a(x_n-x_m,x_n-x_m)\\&=2a(x_n,x_n)+2a(x_m,x_m)-4a\left(\frac{x_n+x_m}{2},\frac{x_n+x_m}{2}\right)\\&=2J(x_n)+2J(x_m)-4J\left(\frac{x_n+x_m}{2}\right)\\&\leqslant 2\left(d+\frac{1}{n}\right)+2\left(d+\frac{1}{m}\right)-4d\\&=2\left(\frac{1}{n}+\frac{1}{m}\right)\to 0\ (n,m\to\infty),\end{aligned}$$

$\{x_n\}$是收敛列，设 $x_n\to x_0$，由(1)$\overset{n\to\infty}{\Longrightarrow}J(x_0)=d=\inf\limits_{x\in C}J(x)$.

若有两个 $x_0,\widehat{x}_0,x_0\neq\widehat{x}_0$，都满足 $J(x_0)=J(\widehat{x}_0)=d$，则有

$$\begin{aligned}\delta\|x_0-\widehat{x}_0\|^2&\leqslant 2J(x_0)+2J(\widehat{x}_0)-4J\left(\frac{x_0+\widehat{x}_0}{2}\right)\\&\leqslant 4d-4d=0\Longrightarrow x_0=\widehat{x}_0.\end{aligned}$$

令 $\varphi_x(t)\overset{\text{def}}{=\!=}J(x_0+t(x-x_0))$，$t\in[0,1]$，则

$$\begin{aligned}&J(x_0)\leqslant J(x),\quad\forall\ x\in C\\&\Longleftrightarrow\varphi_x(t)\geqslant\varphi_x(0),\quad\forall\ x\in C,\forall\ t\in[0,1]\\&\Longleftrightarrow\varphi_x'(0)\geqslant 0.\end{aligned}$$

考查
$$\begin{aligned}\varphi_x(t)&=a(x_0+t(x-x_0),x_0+t(x-x_0))\\&\quad-\mathrm{Re}(u_0,x_0+t(x-x_0))\\&=a(x_0,x_0)-\mathrm{Re}(u_0,x_0)\\&\quad+t[\mathrm{Re}2a(x_0,x-x_0)-\mathrm{Re}(u_0,x-x_0)]\\&\quad+t^2a(x-x_0,x-x_0).\end{aligned}$$

由上式得

$$\varphi_x'(0)\geqslant 0\Longleftrightarrow\mathrm{Re}2a(x_0,x-x_0)-\mathrm{Re}(u_0,x-x_0)\geqslant 0.$$

第二章　线性算子与线性泛函

§1　线性算子和线性泛函的定义

基 本 内 容

线性算子和线性泛函的定义

算子的概念起源于运算,例如,代数运算

$$x \mapsto Ax \quad (\forall\ x \in \mathbb{R}^n),$$

其中 A 是一个 $n\times n$ 矩阵;求导运算

$$u(x) \mapsto P(\partial_x)u(x),$$

其中 $P(\cdot)$是一个多项式,而 ∂_x 是偏导数运算.

线性算子的概念起源于线性代数中的线性变换.

定义 1　设 $\mathscr{X}$,$\mathscr{Y}$ 是两个线性空间,D 是 $\mathscr{X}$ 的一个线性子空间. $T: D\to Y$ 是一种映射,D 称为 T 的**定义域**,有时记做 $D(T)$. $R(T)=\{Tx\,|\,\forall x\in D\}$称为 T 的**值域**. 如果

$$T(\alpha x+\beta y)=\alpha Tx+\beta Ty \quad (\forall x,y\in D,\forall \alpha,\beta\in\mathbb{K}),$$

那么称 T 是一个**线性算子**.

定义 2　当 $\mathscr{Y}$ 是数域$\mathbb{K}$时,T 称为$\mathbb{K}$域上的**线性泛函**. 特别地,取值于实数(或复数)的线性算子称为**实(或复)线性泛函**.

线性算子的连续性和有界性

算子的连续性概念就是映像的连续性概念.

定义 3　设 $\mathscr{X}$,$\mathscr{Y}$ 是 B^* 空间,线性算子 $T: D(T)\to\mathscr{Y}$,$D(T)\subset\mathscr{X}$. 称 T 在 $x_0\in D(T)$**连续**是指

$$\left.\begin{array}{l} x_n \in D(T) \\ x_n \to x_0 \end{array}\right\} \Longrightarrow Tx_n \to Tx_0.$$

命题 4　T 在定义域上处处连续的充分必要条件是 T 在 $x=\theta$ 处连续.

定义 5 设 $\mathscr{X}$ 和 $\mathscr{Y}$ 是线性赋范空间,T 是 $\mathscr{X}$ 到 $\mathscr{Y}$ 的线性算子,如果有常数 $M>0$,使得

$$\|Tx\|_{\mathscr{Y}} \leqslant M \|x\|_{\mathscr{X}} \quad (\forall\, x \in \mathscr{X}),$$

则称 T 是**有界线性算子**.

命题 6 设 $\mathscr{X}$ 和 $\mathscr{Y}$ 都是线性赋范空间,为了线性算子 T 连续,必须且仅须 T 是有界的,即 T 连续$\Longleftrightarrow T$ 有界.

定义 7 用 $\mathscr{L}(X,Y)$表示一切由 $\mathscr{X}$ 到 $\mathscr{Y}$ 的有界线性算子的全体,并规定

$$\|T\| = \sup_{x\neq\theta} \frac{\|Tx\|}{\|x\|} = \sup_{\|x\|=1} \|Tx\|, \quad \text{其中 } T \in \mathscr{L}(\mathscr{X},\mathscr{Y}).$$

特别用 $\mathscr{L}(\mathscr{X})$表示 $\mathscr{L}(\mathscr{X},\mathscr{X})$及用 $\mathscr{X}^*$ 表示 $\mathscr{L}(\mathscr{X},\mathbb{K})$,即 $\mathscr{X}^*$ 表示 $\mathscr{X}$ 上的有界线性泛函的全体.

若在 $\mathscr{L}(\mathscr{X},\mathscr{Y})$上规定线性运算

$$(a_1T_1 + a_2T_2)x = a_1T_1x + a_2T_2x, \quad \forall\, x \in \mathscr{X},$$

其中 $a_1,a_2\in \mathbb{K},T_1,T_2\in\mathscr{L}(\mathscr{X},\mathscr{Y})$,则 $\mathscr{L}(\mathscr{X},\mathscr{Y})$是一个线性空间.

定理 8 当 $\mathscr{X}$ 是 B^* 空间,$\mathscr{Y}$ 是 B 空间时,$\mathscr{L}(\mathscr{X},\mathscr{Y})$按$\|\cdot\|$构成一个 Banach 空间.

定义 9(Hilbert 空间 $\mathscr{X}$ 上的正交投影算子) 设 M 是 $\mathscr{X}$ 的闭线性子空间,依正交分解定理,$\forall\, x\in\mathscr{X}$,存在唯一的 $y\in M,z\in M^{\perp}$,使得

$$x = y + z.$$

对应 $P: x\mapsto y$ 称做 $\mathscr{X}$ 到 M 的**正交投影算子**.

命题 10 设 M 是 $\mathscr{X}$ 的闭线性子空间,$\mathscr{X}$ 到 M 的正交投影算子 P 是连续线性算子,而且当 M 非零时,$\|P\|=1$.

典型例题精解

例 1 求证:$T\in\mathscr{L}(\mathscr{X},\mathscr{Y})$的充要条件是 T 为线性算子并将 $\mathscr{X}$ 中的有界集映为 $\mathscr{Y}$ 中的有界集.

证 必要性显然. 下证充分性. $\|x\|\leqslant 1$ 是 $\mathscr{X}$ 中的有界集,依题意,$\exists\, M>0$,使得

$$\|Tx\| \leqslant M \quad (\forall\, x, \|x\| \leqslant 1).$$

于是对 $\forall\, x\in\mathscr{X},x\neq\theta$,有$\left\|T\left(\dfrac{x}{\|x\|}\right)\right\|\leqslant M$,即$\|Tx\|\leqslant M\,\|x\|$. 而对于

$x=\theta$，$\|Tx\|\leqslant M\|x\|$自然成立，从而$\|Tx\|\leqslant M\|x\|(\forall x\in\mathscr{X})$，即知$T\in\mathscr{L}(\mathscr{X},\mathscr{Y})$.

例 2 设$A\in\mathscr{L}(\mathscr{X},\mathscr{Y})$，求证：

(1) $\|A\|=\sup\limits_{\|x\|\leqslant 1}\|Ax\|$； (2) $\|A\|=\sup\limits_{\|x\|<1}\|Ax\|$；

(3) $\|A\|=\inf\left\{M\,\middle|\,\dfrac{\|Ax\|}{\|x\|}\leqslant M,\forall x\neq\theta\right\}$.

证 (1) 一方面，$\sup\limits_{\|x\|\leqslant 1}\|Ax\|\geqslant\sup\limits_{\|x\|=1}\|Ax\|=\|A\|$；

另一方面，$\|A\|=\sup\limits_{\|x\|\neq\theta}\dfrac{\|Ax\|}{\|x\|}\geqslant\sup\limits_{\substack{x\neq\theta\\ \|x\|\leqslant 1}}\dfrac{\|Ax\|}{\|x\|}\overset{注}{\geqslant}\sup\limits_{\|x\|\leqslant 1}\|Ax\|$.

两方面结合起来就得结论.

注 因为左边分母$\|x\|\leqslant 1$，到右边放大为$\|x\|=1$，故分式变小了.

(2) 一方面，由(1)知$\|A\|=\sup\limits_{\|x\|\leqslant 1}\|Ax\|\geqslant\sup\limits_{\|x\|<1}\|Ax\|$；

另一方面，对$\forall\|x\|=1$，任意$\varepsilon>0$，注意到$\left\|\dfrac{x}{1+\varepsilon}\right\|<1$，我们有

$$Ax=(1+\varepsilon)A\left(\frac{x}{1+\varepsilon}\right)\leqslant(1+\varepsilon)\sup_{\|x\|<1}\|Ax\|.$$

由此可见$\|A\|=\sup\limits_{\|x\|=1}\|Ax\|\leqslant(1+\varepsilon)\sup\limits_{\|x\|<1}\|Ax\|$. 再令$\varepsilon\to 0$，就有

$$\|A\|\leqslant\sup_{\|x\|<1}\|Ax\|.$$

两方面结合起来就推出结论.

(3) 设$\gamma=\inf\left\{M\,\middle|\,\dfrac{\|Ax\|}{\|x\|}\leqslant M,\ \forall x\neq\theta\right\}$.

一方面，因为对$\forall x\neq\theta$，$\dfrac{\|Ax\|}{\|x\|}\leqslant\|A\|$，所以$\gamma\leqslant\|A\|$；

另一方面，因为γ是对$\forall x\neq\theta$，满足$\dfrac{\|Ax\|}{\|x\|}\leqslant M$的$M$的最大下界，所以$\gamma+\varepsilon$就不是满足对$\forall x\neq\theta$，$\dfrac{\|Ax\|}{\|x\|}\leqslant M$的$M$的下界，即$\exists M_0<\gamma+\varepsilon$，使得

$$\frac{\|Ax\|}{\|x\|}\leqslant M_0<\gamma+\varepsilon,\quad\forall x\neq\theta,$$

从而$\|A\|=\sup\limits_{x\neq\theta}\dfrac{\|Ax\|}{\|x\|}\leqslant\gamma+\varepsilon$. 令$\varepsilon\to 0$，即得$\|A\|\leqslant\gamma$.

综合以上两方面得到$\gamma=\|A\|$.

例 3 设 $\mathscr{X}$ 是 Banach 空间，$f\in\mathscr{L}(\mathscr{X},\mathbb{R}^1)$，求证：

(1) $\|f\|=\sup\limits_{\|x\|=1}f(x)$；

(2) $\sup\limits_{\|x\|<\delta}f(x)=\delta\|f\|\ (\forall\delta>0)$.

证 (1) 一方面，

$$\sup_{\|x\|=1}f(x)\leqslant\sup_{\|x\|=1}|f(x)|\leqslant\sup_{\|x\|=1}\|f\|\|x\|=\|f\|;$$

另一方面，令 $\alpha\overset{\text{def}}{=\!=\!=}\operatorname{sgn}f(x)$，则有

$$|f(x)|=\operatorname{sgn}f(x)\cdot f(x)=f(\alpha x)$$

$$\overset{\|\alpha x\|=|\alpha|\ \|x\|=1}{\leqslant}\sup_{\|y\|=1}f(y)=\sup_{\|x\|=1}f(x).$$

由此推出

$$\|f\|=\sup_{\|x\|=1}|f(x)|\leqslant\sup_{\|x\|=1}f(x).$$

综合以上两方面，推得 $\|f\|=\sup\limits_{\|x\|=1}f(x)$.

(2) 先证明 $\|f\|=\sup\limits_{\|x\|<1}f(x)$. 一方面，对 $\forall\|x\|<1,x\neq\theta$，根据第一小题，

$$f(x)=\|x\|f\left(\frac{x}{\|x\|}\right)\leqslant\|x\|\sup_{\|y\|=1}f(y)=\|x\|\|f\|<\|f\|;$$

而当 $x=\theta$ 时，$f(\theta)=0<\|f\|$. 故有 $\sup\limits_{\|x\|<1}f(x)\leqslant\|f\|$.

另一方面，对 $\forall\|x\|=1,\forall\varepsilon>0$，注意到 $\left\|\dfrac{x}{1+\varepsilon}\right\|<1$，我们有

$$f(x)=(1+\varepsilon)f\left(\frac{x}{1+\varepsilon}\right)\leqslant(1+\varepsilon)\sup_{\|x\|<1}f(x).$$

由此可见

$$\|f\|=\sup_{\|x\|=1}f(x)\leqslant(1+\varepsilon)\sup_{\|x\|<1}f(x).$$

两边令 $\varepsilon\to0$ 取极限，即得

$$\|f\|\leqslant\sup_{\|x\|<1}f(x).$$

综合以上两方面，推得 $\|f\|=\sup\limits_{\|x\|<1}f(x)$.

下面从 $\|f\|=\sup\limits_{\|x\|<1}f(x)$ 出发来推出

$$\sup_{\|x\|<\delta}f(x)=\delta\|f\|\quad(\forall\delta>0).$$

事实上，对 $\forall\delta>0$，有

$$\delta\|f\| = \delta \sup_{\|x\|<1} f(x) = \sup_{\|x\|<1} \delta f(x)$$

$$= \sup_{\|x\|<1} f(\delta x) \xlongequal{y=\delta x} \sup_{\|y\|<\delta} f(y).$$

例 4 设 $\mathscr{X}$ 是 Banach 空间,$f\in\mathscr{L}(\mathscr{X},\mathbb{R}^1)$,对 $\forall x_0\in\mathscr{X}$,$\forall\delta>0$,求证:

(1) $\sup\limits_{x\in B(x_0,\delta)} f(x)=f(x_0)+\delta\|f\|$;

(2) $\inf\limits_{x\in B(x_0,\delta)} f(x)=f(x_0)-\delta\|f\|$.

证 (1) 根据例 3,

$$\sup_{x\in B(x_0,\delta)} f(x) - f(x_0) = \sup_{x-x_0\in B(\theta,\delta)} f(x-x_0) = \sup_{y\in B(\theta,\delta)} f(y) = \delta\|f\|,$$

即得

$$\sup_{x\in B(x_0,\delta)} f(x) = f(x_0) + \delta\|f\|.$$

(2) 先将例 3 的结果改写为

$$-\sup_{y\in B(\theta,\delta)} f(y) = -\delta\|f\| \Longrightarrow \inf_{y\in B(\theta,\delta)} f(y) = -\delta\|f\|.$$

于是有

$$\inf_{x\in B(x_0,\delta)} f(x) - f(x_0) = \inf_{x-x_0\in B(\theta,\delta)} f(x-x_0) = \inf_{y\in B(\theta,\delta)} f(y)$$

$$= -\delta\|f\|,$$

即得

$$\inf_{x\in B(x_0,\delta)} f(x) = f(x_0) - \delta\|f\|.$$

例 5 设 $\mathscr{X}$ 是实 B^* 空间,f 是 $\mathscr{X}$ 上的非零实值线性泛函,求证:不存在开球 $B(x_0,\delta)$,使得 $f(x_0)$是 $f(x)$在 $B(x_0,\delta)$中的极大值或极小值.

证 用反证法.若存在 $B(x_0,\delta)$,使得 $f(x_0)$是 $f(x)$在 $B(x_0,\delta)$中的极大值,则由例 4(1),我们有

$$f(x_0) = \sup_{x\in B(x_0,\delta)} f(x) = f(x_0) + \delta\|f\|.$$

由此导出 $\delta\|f\|=0\Longrightarrow\|f\|=0$.这与 f 非零矛盾.

若存在 $B(x_0,\delta)$,使得 $f(x_0)$是 $f(x)$在 $B(x_0,\delta)$中的极小值,则由例 4(2),我们有

$$f(x_0) = \inf_{x\in B(x_0,\delta)} f(x) = f(x_0) - \delta\|f\|.$$

由此导出 $\delta\|f\|=0\Longrightarrow\|f\|=0$. 这也与 f 非零矛盾.

例 6 设 $\mathscr{X}=L^1[a,b]$, $\mathscr{Y}=C[a,b]$, 又对 $\forall f\in L^1[a,b]$, 定义积分算子 T:

$$(Tf)(x)=\int_a^x f(t)\mathrm{d}t.$$

试求: (1) $T\in\mathscr{L}(\mathscr{X},\mathscr{Y})$时的范数; (2) $T\in\mathscr{L}(\mathscr{X})$时的范数.

解 设$\|\cdot\|_1$和$\|\cdot\|_c$分别表示 $L^1[a,b]$和 $C[a,b]$上的范数.

(1) 一方面, 对 $\forall f\in L^1[a,b]$, 因为

$$\|Tf\|_c=\max_{x\in[a,b]}|(Tf)(x)|=\max_{x\in[a,b]}\left|\int_a^x f(t)\mathrm{d}t\right|\leqslant\int_a^b|f(t)|\mathrm{d}t=\|f\|_1,$$

所以$\|T\|\leqslant 1$.

另一方面, 取 $f_0(t)\xlongequal{\text{def}}\dfrac{1}{b-a}(t\in[a,b])$, 则有$\|f_0\|_1=1$,

$$\begin{aligned}\|T\|\geqslant\|Tf_0\|_c&=\max_{x\in[a,b]}|(Tf_0)(x)|\\&=\max_{x\in[a,b]}\left|\int_a^x\frac{1}{b-a}\mathrm{d}t\right|=\max_{x\in[a,b]}\frac{x-a}{b-a}=1.\end{aligned}$$

综合以上两方面我们确定$\|T\|=1$.

(2) 一方面, 对 $\forall f\in L^1[a,b]$, 因为

$$\begin{aligned}\|Tf\|_1&=\int_a^b\left|\int_a^x f(t)\mathrm{d}t\right|\mathrm{d}x\leqslant\int_a^b\int_a^x|f(t)|\mathrm{d}t\mathrm{d}x\\&\leqslant\int_a^b\|f\|_1\mathrm{d}x=(b-a)\|f\|_1,\end{aligned}$$

所以$\|T\|\leqslant b-a$.

另一方面, 取 $f_\varepsilon(t)\xlongequal{\text{def}}\begin{cases}\dfrac{1}{\varepsilon}, & a\leqslant t\leqslant a+\varepsilon,\\ 0, & a+\varepsilon<t\leqslant b,\end{cases}$ 其图形如图 2.1 所示,

则有$\|f_\varepsilon\|_1=1$,

$$(Tf_\varepsilon)(x)=\int_a^x f_\varepsilon(t)\mathrm{d}t=\begin{cases}\dfrac{x-a}{\varepsilon}, & a\leqslant x\leqslant a+\varepsilon,\\ 1, & a+\varepsilon<x\leqslant b,\end{cases}$$

$$\|Tf_\varepsilon\|_1=\int_a^b|(Tf_\varepsilon)(x)|\mathrm{d}x$$

$$=\int_a^{a+\varepsilon}|(Tf_\varepsilon)(x)|\mathrm{d}x+\int_{a+\varepsilon}^b|(Tf_\varepsilon)(x)|\mathrm{d}x$$

$$=\int_a^{a+\varepsilon}\frac{x-a}{\varepsilon}\mathrm{d}x+\int_{a+\varepsilon}^b 1\mathrm{d}x=b-a-\frac{1}{2}\varepsilon.$$

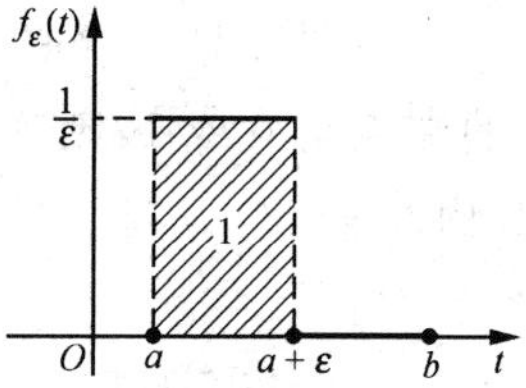

图 2.1

由此推出

$$\|T\|\geqslant\|Tf_\varepsilon\|_1=b-a-\frac{1}{2}\varepsilon.$$

令 $\varepsilon\to 0$,即得$\|T\|\geqslant b-a$.

综合以上两方面我们确定$\|T\|=b-a$.

例 7 设 $y(t)\in C[0,1]$,定义 $C[0,1]$上的泛函

$$f(x)=\int_0^1 x(t)y(t)\mathrm{d}t\quad(\forall\, x\in C[0,1]),$$

求$\|f\|$.

分析 对 $\forall\, x\in C[0,1]$,从 $f(x)$的表达式,先估计 $f(x)$如下:

$$|f(x)|=\left|\int_0^1 x(t)y(t)\mathrm{d}t\right|\leqslant\int_0^1|x(t)||y(t)|\mathrm{d}t$$

$$\leqslant\max_{t\in[0,1]}\{|x(t)|\}\int_0^1|y(t)|\mathrm{d}t=\|x\|\int_0^1|y(t)|\mathrm{d}t.$$

由此可见,$\|f\|\leqslant\int_0^1|y(t)|\mathrm{d}t$.

这启发我们猜测$\|f\|=\int_0^1|y(t)|\mathrm{d}t$,所要做的便是去建立相反的不等式: $\|f\|\geqslant\int_0^1|y(t)|\mathrm{d}t$.

解 对 $\forall\varepsilon>0$,根据 $y(t)$在$[0,1]$上的一致连续性,$\exists n\in\mathbb{N}$,将$[0,1]$ n 等分,使得函数在每一等分区间上的振幅小于 ε. 我们把所有的等分区间分为两类: 在第一类区间上不含有函数 $y(t)$的零点,这类

区间记做 A;在第二类区间上至少含有函数 $y(t)$ 的一个零点,这类区间记做 B. 因为函数 $y(t)$ 在第二类区间 B 上必有零点,所以在 B 类的每个区间上有 $|y(t)|<\varepsilon$. 定义 $\widetilde{x}(t)\in C[0,1]$,

$$\widetilde{x}(t) \xlongequal{\text{def}} \begin{cases} \operatorname{sgn} y(t), & t\in A, \\ \text{线性函数}, & t\in B. \end{cases}$$

同时,如果第二类区间 B 的端点是 0 或 1,则令 $\widetilde{x}(0)=0$ 或 $\widetilde{x}(1)=0$. $\widetilde{x}(t)$ 的图形如图 2.2 所示. 由此有

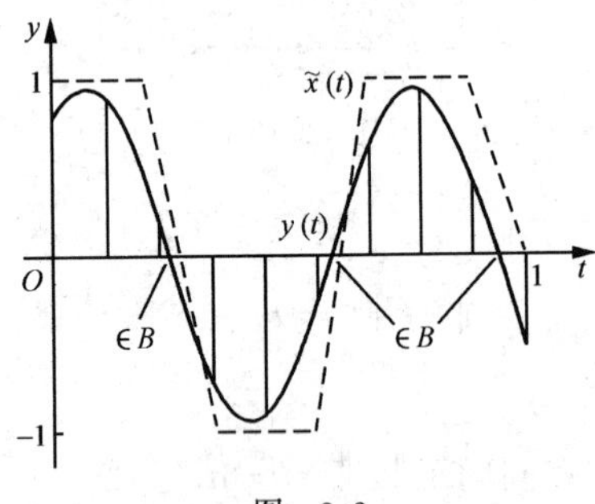

图 2.2

$$\begin{aligned} f(\widetilde{x}) &= \int_0^1 \widetilde{x}(t)y(t)\mathrm{d}t \\ &= \sum_{\forall A}\int_A \widetilde{x}(t)y(t)\mathrm{d}t + \sum_{\forall B}\int_B \widetilde{x}(t)y(t)\mathrm{d}t \\ &\geqslant \sum_{\forall A}\int_A |y(t)|\mathrm{d}t - \sum_{\forall B}\int_B |y(t)|\mathrm{d}t \\ &= \int_0^1 |y(t)|\mathrm{d}t - 2\sum_{\forall B}\int_B |y(t)|\mathrm{d}t \\ &> \int_0^1 |y(t)|\mathrm{d}t - 2\varepsilon. \end{aligned} \tag{1}$$

又因为 $\|\widetilde{x}\|\leqslant 1$,所以

$$\|f\| \geqslant f(\widetilde{x}). \tag{2}$$

联合(1),(2)式得到

$$\|f\| \geqslant f(\widetilde{x}) > \int_0^1 |y(t)|\mathrm{d}t - 2\varepsilon.$$

再令 $\varepsilon\to 0$,便得到 $\|f\|\geqslant\int_0^1 |y(t)|\mathrm{d}t$.

例 8 设 $\mathscr{X}$ 是 Banach 空间,f 是 $\mathscr{X}$ 上的非零线性有界泛函,令

$d=\inf\{\|x\| \mid f(x)=1\}$，求证：$\|f\|=1/d$.

证 证明分两部分. 第一部分证明$\|f\|\geqslant 1/d$. 事实上，对一切满足 $f(x)=1$ 的 $x\in\mathscr{X}$，我们有

$$1=|f(x)|\leqslant\|f\|\|x\|.$$

由此推出$\|x\|\geqslant\frac{1}{\|f\|}$，两边取下确界得到 $d\geqslant\frac{1}{\|f\|}$，即$\|f\|\geqslant\frac{1}{d}$.

第二部分证明$\|f\|\leqslant\frac{1}{d}$. 事实上，因为$\|f\|=\sup\limits_{x\neq\theta}\frac{|f(x)|}{\|x\|}$，也就是说，$\|f\|$是$\frac{|f(x)|}{\|x\|}$ $(x\neq\theta)$的最小上界，所以对 $\forall\varepsilon>0$，$\|f\|-\varepsilon$ 便不是上界，于是 $\exists x_0\neq\theta$，使得

$$\frac{|f(x_0)|}{\|x_0\|}\geqslant\|f\|-\varepsilon,$$

也就是说，$\left\|\frac{x_0}{f(x_0)}\right\|\leqslant\frac{1}{\|f\|-\varepsilon}$. 再注意到 $f\left(\frac{x_0}{f(x_0)}\right)=1$，故有

$$d\leqslant\left\|\frac{x_0}{f(x_0)}\right\|\leqslant\frac{1}{\|f\|-\varepsilon}.$$

再令 $\varepsilon\to 0$，便得到 $d\leqslant\frac{1}{\|f\|}$，即$\|f\|\leqslant\frac{1}{d}$.

两部分结合起来就得到要证的结果.

例 9 设 $\mathscr{X}$ 是 Banach 空间，$f\in\mathscr{X}$，求证：$\forall\varepsilon>0$，$\exists x_0\in\mathscr{X}$，使得 $f(x_0)=\|f\|$，且$\|x_0\|<1+\varepsilon$.

分析 如果$\|f\|=0$，结论显然成立. 不妨假定$\|f\|>0$. 题意要求找到 x_0 要满足两个条件：

(1) $f(x_0)=\|f\|$；　　(2) 对事先给定的 $\varepsilon>0$，有$\|x_0\|<1+\varepsilon$.

注意到 $\forall x\in\mathscr{X}$，只要 $f(x)\neq 0$，用 $x_0\overset{\text{def}}{=\!=}\frac{x}{f(x)}\|f\|$，便可产生满足第一个条件的 x_0，即 $f(x_0)=\|f\|$. 因此，要找到同时满足两个条件的 x_0，只要在使得

$$\frac{\|x\|}{|f(x)|}\|f\|<1+\varepsilon,\quad \text{即}\quad \frac{|f(x)|}{\|x\|}>\frac{\|f\|}{1+\varepsilon}$$

的 x 中去找. 后一个不等式的左端启发我们想到$\|f\|$的定义：

$$\|f\|=\sup_{x\neq\theta}\frac{|f(x)|}{\|x\|}.$$

也就是说，$\|f\|$是$\frac{|f(x)|}{\|x\|}$ $(x\neq\theta)$的最小上界，所以对 $\forall\eta>0$(足够小)，$\|f\|-\eta$ 便不是上界，于是 $\exists x_1\neq\theta$，使得

$$\frac{|f(x_1)|}{\|x_1\|} > \|f\| - \eta > 0.$$

比较$\frac{|f(x)|}{\|x\|}>\frac{\|f\|}{1+\varepsilon}$与$\frac{|f(x_1)|}{\|x_1\|}>\|f\|-\eta$两个不等式可知，只要取 η 使得$\|f\|-\eta=\frac{\|f\|}{1+\varepsilon}$，$x=x_1$ 即可. 为此从$\|f\|-\eta=\frac{\|f\|}{1+\varepsilon}$中解得

$$\eta = \|f\|\frac{\varepsilon}{1+\varepsilon}.$$

证 对给定的 $\varepsilon>0$，取 $\eta=\|f\|\frac{\varepsilon}{1+\varepsilon}$，则有 $0<\eta<\|f\|$. 因为$\|f\|=\sup\limits_{x\neq\theta}\frac{|f(x)|}{\|x\|}$，对此 $\eta>0$，$\exists x_1$，使得

$$\frac{|f(x_1)|}{\|x_1\|} > \|f\| - \eta = \frac{\|f\|}{1+\varepsilon}, \quad 即 \quad \left\|\frac{x_1}{f(x_1)}\right\|\|f\| < 1+\varepsilon.$$

再令 $x_0=\frac{x_1}{f(x_1)}\|f\|$，便有 $f(x_0)=\|f\|$，并有$\|x_0\|<1+\varepsilon$.

例 10 设 $T: \mathscr{X}\to\mathscr{Y}$ 是线性的算子，令

$$N(T) \stackrel{\text{def}}{=\!=} \{x\in\mathscr{X} \mid Tx=\theta\}.$$

(1) 若 $T\in\mathscr{L}(\mathscr{X},\mathscr{Y})$，求证：$N(T)$是 $\mathscr{X}$ 的闭线性子空间.

(2) 问 $N(T)$是 $\mathscr{X}$ 的闭线性子空间能否推出 $T\in\mathscr{L}(\mathscr{X},\mathscr{Y})$？

(3) 若 f 是线性泛函，求证：$f\in\mathscr{X}^*\Longleftrightarrow N(f)$是闭线性子空间.

证 (1) 设 $x_n\in N(T)$，$x_n\to x$，则有 $Tx_n=0$.

又因为 $T\in\mathscr{L}(\mathscr{X},\mathscr{Y})$，所以 $Tx=\lim\limits_{n\to\infty}Tx_n=0$，从而 $x\in N(T)$，即证得 $N(T)$是闭的.

(2) $N(T)$是 $\mathscr{X}$ 的闭线性子空间一般不能推出 $T\in\mathscr{L}(\mathscr{X},\mathscr{Y})$.

要设计一个反例，最简单莫过于找一个 $N(T)=\{\theta\}$的例子. 设

$$\mathscr{X} = \left\{(\xi_1,\xi_2,\cdots,\xi_n,\cdots) \,\middle|\, \sum_{n=1}^{\infty}|\xi_n| < \infty\right\},$$

在 $\mathscr{X}$ 上赋以范数$\|x\|=\sup\limits_{n\geqslant1}|\xi_n|$，另取 $\mathscr{X}$ 上的一个非零元素

$$a = (1,-1,0,\cdots)\in\mathscr{X}$$

及一个线性泛函：

$$f(x)=\sum_{n=1}^{\infty}\xi_n,\quad \forall\, x=(\xi_1,\xi_2,\cdots,\xi_n,\cdots)\in\mathscr{X}.$$

显然$\|a\|=1$,$f(a)=0$. 定义算子 T 如下：

$$Tx\xlongequal{\text{def}}x-af(x),\quad \forall\, x=(\xi_1,\xi_2,\cdots,\xi_n,\cdots)\in\mathscr{X}.\tag{1}$$

显然 $N(T)=\{\theta\}$,从而闭. 事实上,

$$\begin{array}{ccc} Tx=\theta & & x=Tx=\theta \\ \Big\Downarrow \text{由(1)} & & \Big\Uparrow \text{由(1)} \\ x=af(x) & \Longrightarrow & f(x)=f(a)f(x)=0 \end{array}$$

下面证明 T 无界. 先证线性泛函 f 无界. 令

$$e_k\xlongequal{\text{def}}\{\overbrace{0,0,\cdots,0,1}^{k\text{个}},0,\cdots\},\quad x_n\xlongequal{\text{def}}\sum_{k=1}^{n}e_k\in\mathscr{X},$$

则有

$$\|x_n\|=1,\quad f(x_n)=n.$$

由此可见 $\lim\limits_{n\to\infty}\dfrac{|f(x_n)|}{\|x_n\|}=\infty$,即 f 无界得证.

再证 T 无界. 用反证法. 如果 Tx 有界,即存在 $M>0$,使得 $\|Tx\|\leqslant M\|x\|$,$\forall x\in\mathscr{X}$,那么对 $x\in\mathscr{X}$,

$$\begin{array}{ccc} Tx\xlongequal{\text{def}}x-af(x) & & |f(x)|\leqslant(1+M)\|x\| \\ \Big\Downarrow & & \Big\Uparrow \text{因}\|a\|=1 \\ af(x)=x-Tx & \Longrightarrow & \|a\||f(x)|\leqslant(1+M)\|x\| \end{array}$$

从而 f 有界,矛盾.

(3) **必要性** 即(1)的结论.

充分性 假设 $N(f)$是闭线性子空间,要证 $f\in\mathscr{X}^*$.

用反证法. 如果 $f\notin\mathscr{X}^*$,则 f 无界,也就是说,对 $\forall n\in\mathbb{N}$,$\exists x_n$,$\|x_n\|=1$,使得$|f(x_n)|\geqslant n$. 令

$$y_n\xlongequal{\text{def}}\frac{x_n}{f(x_n)}-\frac{x_1}{f(x_1)},$$

容易验证 $f(y_n)=0$,即 $y_n\in N(f)$,但是 $\lim\limits_{n\to\infty}y_n=-\dfrac{x_1}{f(x_1)}\notin N(f)$. 这与 $N(f)$闭矛盾. 证毕.

例 11 设 f 是 $\mathscr{X}$ 上的线性泛函，记

$$H_f^\lambda \xlongequal{\text{def}} \{x\in\mathscr{X} \mid f(x)=\lambda\} \quad (\forall\lambda\in\mathbb{K}).$$

如果 $f\in\mathscr{X}^*$，并且$\|f\|=1$，求证：

(1) $|f(x)|=\inf\{\|x-z\| \,\big|\, z\in H_f^0\}$ $(\forall x\in\mathscr{X})$；

(2) $\forall\lambda\in\mathbb{K}$，$H_f^\lambda$ 上的任一点 x 到 H_f^0 的距离都等于$|\lambda|$，并对 $\mathscr{X}=\mathbb{R}^2$，$\mathbb{K}=\mathbb{R}^1$ 情形解释(1)和(2)的几何意义.

证 (1) 记 $N(f)=H_f^0$，对 $\forall x\in\mathscr{X}$，注意到 $\inf\{\|x-z\| \,\big|\, z\in H_f^0\}$ 表示的正是点 x 到 $N(f)$的距离 $\rho(x,N(f))$，所以要证的就是

$$|f(x)| = \rho(x,N(f)).$$

一方面，因为距离 $\rho(x,N(f))$是点 x 到 $\forall y\in N(f)$距离$\|x-y\|$的下确界，也就是最大下界，所以对 $\forall\varepsilon>0$，$\rho(x,N(f))+\varepsilon$ 就不再是点 x 到 $\forall y\in N(f)$距离$\|x-y\|$的下界了.因此 $\exists y_\varepsilon\in N(f)$，使得

$$\|x-y_\varepsilon\| < \rho(x,N(f))+\varepsilon,$$

$$|f(x)| = |f(x-y_\varepsilon)| \leqslant \|f\|\|x-y_\varepsilon\| = \|x-y_\varepsilon\| < \rho(x,N(f))+\varepsilon.$$

再令 $\varepsilon\to 0$，便得到

$$|f(x)| \leqslant \rho(x,N(f)). \tag{1}$$

另一方面，$\forall z\notin N(f)$，对 $\forall x\in\mathscr{X}$，令

$$y = x-\frac{f(x)}{f(z)}z,$$

则有 $y\in N(f)$，且 $f(z)(x-y)=f(x)z$，从而

$$\frac{|f(z)|}{\|z\|}\|x-y\| = |f(x)|.$$

两边对 $z\neq\theta$ 取上确界，得到

$$\|x-y\|\sup_{z\neq\theta}\frac{|f(z)|}{\|z\|} \leqslant |f(x)|.$$

注意到 $\sup\limits_{z\neq\theta}\dfrac{|f(z)|}{\|z\|}=\|f\|=1$，便有对 $y\in N(f)$，成立

$$\|x-y\| \leqslant |f(x)| \quad (\forall\, x\in\mathscr{X}).$$

进一步对 $\forall y\in N(f)$，上式两边取下确界，即得

$$\rho(x,N(f)) = \inf_{y\in N(f)}\|x-y\| \leqslant |f(x)|, \tag{2}$$

联合(1),(2)式即得$|f(x)|=\rho(x,N(f))$.

(2) 对$\forall x\in H_f^\lambda$,按定义$f(x)=\lambda$,利用第(1)小题结论,即得

$$\rho(x,H_f^0)=|f(x)|=|\lambda|.$$

为了解释(1)和(2)的几何意义,设$\mathscr{X}=\mathbb{R}^2,\mathbb{K}=\mathbb{R}^1,\forall f\in\mathscr{X}^*$,并且$\|f\|=1$.对$\forall x=(\xi,\eta)\in\mathbb{R}^2$,令

$$x_1=(1,0),\quad x_2=(0,1),\quad \alpha=f(x_1),\quad \beta=f(x_2),$$

则$f(x)=\alpha\xi+\beta\eta,\|f\|=1\Longrightarrow\sqrt{\alpha^2+\beta^2}=1$.根据平面解析几何知识,$|f(x)|=|\alpha\xi+\beta\eta|$表示点$x=(\xi,\eta)$到通过原点的直线

$$H_f^0=\{x=(\xi,\eta)\,|\,f(x)=\alpha\xi+\beta\eta=0\}$$

的距离(图 2.3),即$|f(x)|=|\alpha\xi+\beta\eta|=\rho(x,H_f^0)$.注意到$H_f^\lambda$和$H_f^0$是互相平行的直线,所以对$\forall x\in H_f^\lambda$,我们有

$$\rho(x,H_f^0)=\rho(\theta,H_f^\lambda)=\frac{|\alpha\xi+\beta\eta-\lambda|}{\sqrt{\alpha^2+\beta^2}}\bigg|_{(\xi,\eta)=(0,0)}=|\lambda|.$$

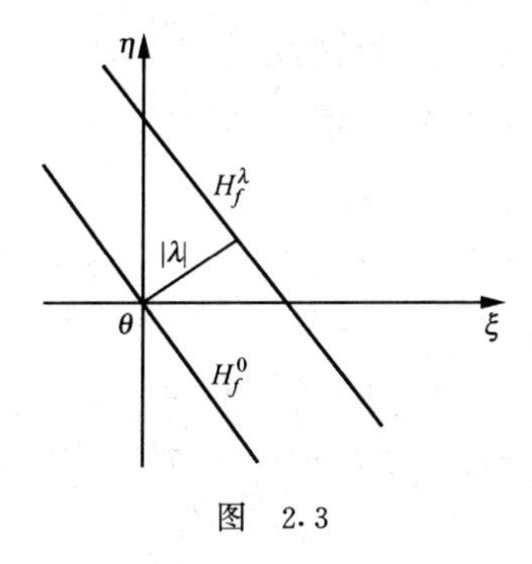

图 2.3

例 12 设$\mathscr{H}$是 Hilbert 空间,若P_M是$\mathscr{H}$到M的正交投影算子.$N(P_M)\xlongequal{\text{def}}\{x\in\mathscr{H}\,|\,P_Mx=0\}$称为$P_M$的零空间,$P_M$的值域记做$R(P_M)$.求证:

(1) $R(P_M)=M,N(P_M)=M^\perp,\mathscr{H}=R(P_M)\oplus N(P_M)$;

(2) $P_M|_M=I_M$(M上的恒同算子),$P_M|_{M^\perp}=0$.

证 (1) 先证$R(P_M)=M$.事实上,一方面,因为P_M是$\mathscr{H}$到M的正交投影算子,所以

$$R(P_M)\subseteq M;$$

另一方面,对 $\forall x\in M$,有 $x=P_Mx\in R(P_M)$,故

$$M\subseteq R(P_M).$$

联合以上两方面,即得 $R(P_M)=M$.

其次证 $N(P_M)=M^{\perp}$. 事实上,一方面,由

$$\begin{array}{ccc} x\in M^{\perp} & & x\in N(P_M) \\ \Downarrow & & \Uparrow \\ x\perp M & \Longrightarrow & P_Mx=0 \end{array}$$

推出 $M^{\perp}\subseteq N(P_M)$.

另一方面,对 $\forall x\in N(P_M)$,由正交分解定理,分解出

$$x=x_M+x_{M^{\perp}},\quad x_M\in M,\ x_{M^{\perp}}\in M^{\perp},$$

则有 $x_M=P_Mx=0$,因此 $x=x_{M^{\perp}}\in M^{\perp}$,故有

$$N(P_M)\subseteq M^{\perp}.$$

联合以上两方面,即得 $N(P_M)=M^{\perp}$.

最后证 $\mathscr{H}=R(P_M)\oplus N(P_M)$. 事实上,既然前面已证

$$R(P_M)=M,\quad N(P_M)=M^{\perp},$$

再由正交分解定理,$\forall x\in\mathscr{H}$,有

$$x=x_M+x_{M^{\perp}},\quad x_M\in M,\quad x_{M^{\perp}}\in M^{\perp},$$

便得

$$H=M\oplus M^{\perp}=R(P_M)\oplus N(P_M).$$

(2) 因为对 $\forall x\in M$, $x=x+0$, $0\in M^{\perp}$,所以 $P_Mx=x$,即

$$P_M|_M=I_M.$$

又 $N(P_M)=M^{\perp}$,故 $P_M|_{M^{\perp}}=0$. 证毕.

例 13 设 M 是 Hilbert 空间 $\mathscr{H}$ 上的闭线性子空间,P_M 是 $\mathscr{H}$ 到 M 的正交投影算子. 求证:

(1) $P_M^2=P_M$(幂等性);

(2) $\forall x,y\in\mathscr{H}$,有 $(P_Mx,y)=(x,P_My)$(自共轭性).

证 (1) 因为 P_M 是 $\mathscr{H}$ 到 M 的正交投影算子,所以 $\forall x\in\mathscr{H}$, $P_Mx\in M$,故对 $\forall x\in\mathscr{H}$,我们有

$$P_M^2x=P_M(P_Mx)=P_Mx\Longrightarrow P_M^2=P_M.$$

(2) 对 $\forall x,y\in\mathscr{H}$,根据正交分解定理,我们有

$$x = \underbrace{P_M x}_{\in M} + \underbrace{(I - P_M)x}_{\in M^{\perp}},$$
$$y = \underbrace{P_M y}_{\in M} + \underbrace{(I - P_M)y}_{\in M^{\perp}}.$$

由此推出

$$(P_M x, y) = (P_M x, P_M y) = (x, P_M y).$$

例 14 设 $\mathscr{H}$ 是 Hilbert 空间，求证：有界线性算子 P 是正交投影算子的充分必要条件是 P 满足：

(1) $P^2=P$（幂等性）；

(2) $\forall x,y\in\mathscr{H}$，有$(Px,y)=(x,Py)$（自共轭性）.

证 必要性证明见例 13. 下证充分性. 令 $M=R(P)$. 下面证明分两部分.

第一部分要证 M 是闭线性子空间. 事实上，一方面，$\forall y\in M$，$\exists x\in\mathscr{H}$，使得 $y=Px$，于是由幂等性，有

$$(I-P)y = (I-P)Px = Px - P^2x = 0 \Longrightarrow y \in N(I-P),$$

从而 $M\subseteq N(I-P)$；

另一方面，对 $\forall y\in N(I-P)$，有

$$(I-P)y = 0 \Longrightarrow y = Py \in R(P) = M,$$

从而 $N(I-P)\subseteq M$.

联合以上两方面，即得 $M=N(I-P)$. 因为假定 P 是线性有界算子，所以 $I-P$ 也是线性有界算子，它的零空间 $N(I-P)$是闭线性子空间，即 M 是闭线性子空间.

第二部分要证 P 是 $\mathscr{H}$ 到 M 的正交投影算子，即 $P_M=P$. 事实上，注意到 $\forall x\in\mathscr{H}$，有 $x=Px+(I-P)x$，其中 $Px\in R(P)=M$；又对 $\forall y\in\mathscr{H}$，由 P 的自共轭性和幂等性，有

$$((I-P)x, Py) = (P(I-P)x, y) = (0, y) = 0,$$

从而$(I-P)x\in M^{\perp}$. 由此可见分解 $x=Px+(I-P)x$ 是 x 对闭线性子空间 M 的正交分解，由正交分解的唯一性，即得 $P_M=P$.

例 15 设 L,M 是 Hilbert 空间 $\mathscr{H}$ 上的闭线性子空间，P_L,P_M 分别是 $\mathscr{H}$ 到 L,M 的正交投影算子. 求证：

(1) $L\perp M \Longleftrightarrow P_LP_M=0$；

(2) $L=M^{\perp}\Longleftrightarrow P_L+P_M=I$（恒同算子）；

(3) $P_LP_M=P_{L\cap M}\Longleftrightarrow P_LP_M=P_MP_L$.

证 (1) 第一部分证明 $L\perp M\Longrightarrow P_LP_M=0$. 事实上，对 $\forall x,y\in \mathscr{H}$，利用 P_L 的自共轭性，我们有

$$(P_LP_Mx,y)=(\underbrace{P_Mx}_{\in M},\underbrace{P_Ly}_{\in L})\xlongequal{\text{因 } M\perp L}0.$$

第二部分证明 $P_LP_M=0\Longrightarrow L\perp M$. 事实上，对 $\forall x,y\in\mathscr{H}$，根据正交分解定理，我们有

$$\begin{cases} x=\underbrace{P_Mx}_{\in M}+\underbrace{(I-P_M)x}_{\in M^{\perp}}, \\ y=\underbrace{P_My}_{\in M}+\underbrace{(I-P_M)y}_{\in M^{\perp}}. \end{cases}$$

由此推出

$$(P_Mx,y)=(P_Mx,P_My)=(x,P_My),$$
$$(P_Lx,y)=(P_Lx,P_Ly)=(x,P_Ly),$$

因此

$$P_LP_M=0\Longrightarrow 0=(P_LP_Mx,y)=(P_Mx,P_Ly),\quad \forall\, x,y\in\mathscr{H}.$$

于是 $\forall x\in M, y\in L$，有

$$(x,y)=(P_Mx,P_Ly)=0\Longrightarrow L\perp M.$$

(2) 第一部分证明 $L=M^{\perp}\Longrightarrow P_L+P_M=I$. 事实上，

$$\begin{array}{ccc} L=M^{\perp} & & P_L+P_M=I \\ \Downarrow & & \Uparrow \\ P_L=P_{M^{\perp}} & \xRightarrow{P_M+P_{M^{\perp}}=I} & P_L=I-P_M \end{array}$$

第二部分证明 $P_L+P_M=I\Longrightarrow L=M^{\perp}$. 事实上，由

$$\begin{array}{ccc} \forall\, x\in L & & x\in M^{\perp} \\ \Downarrow & & \Uparrow \\ P_Lx=x & \xRightarrow{P_Mx+P_Lx=x} & P_Mx=0 \end{array}$$

可知 $L\subset M^{\perp}$. 又

$$\begin{array}{ccc}\forall\, x \in M^{\perp} & & x \in L \\ \Downarrow & & \Uparrow \\ P_M x = 0 & \xrightarrow{P_M x + P_L x = x} & P_L x = x\end{array}$$

可知 $M^{\perp} \subset L$.

联合 $L \subset M^{\perp}$, $M^{\perp} \subset L$,即得 $L = M^{\perp}$.

(3) 先证明 $P_L P_M = P_{L\cap M} \Longrightarrow P_L P_M = P_M P_L$. 事实上,$P_L P_M = P_{L\cap M}$, $P_M P_L = P_{M\cap L}$,因为 $P_{L\cap M} = P_{M\cap L}$,所以 $P_L P_M = P_M P_L$.

反过来证明 $P_L P_M = P_M P_L \Longrightarrow P_L P_M = P_{L\cap M}$. 事实上,设 $P = P_L P_M$,则有

$$\begin{array}{ccc}P^2 & & P \\ \| & & \| \\ (P_L P_M)^2 & & P_L P_M \\ \| & & \| \\ \multicolumn{3}{c}{P_L P_M P_L P_M = P_L P_L P_M P_M = P_L^2 P_M^2}\end{array}$$

从此 U 形等式串的两端可知 P 是幂等算子.

又对 $\forall\, x, y \in \mathscr{H}$,我们有

$$\begin{array}{ccc}(Px, y) & & (x, Py) \\ \| & & \| \\ \multicolumn{3}{c}{(P_L P_M x, y) = (P_M x, P_L y) = (x, P_M P_L y)}\end{array}$$

从此 U 形等式串的两端可知 P 是自共轭算子. 因此根据例 14,P 是正交投影算子.

最后,对 $\forall\, x \in \mathscr{H}$,因为 $x = P_L(P_M x) \in L \Longleftrightarrow Px = P_L(P_M x)$, $x = P_M(P_L x) \in M \Longleftrightarrow Px = P_M(P_L x)$,所以

$$\left.\begin{array}{l}Px = P_L(P_M x) \Longrightarrow x \in L \\ Px = P_M(P_L x) \Longrightarrow x \in M\end{array}\right\} \Longrightarrow x \in L \cap M.$$

今设 $y \in L \cap M$,那么

$$\begin{array}{ccc}Py & & y \\ \| & & \| \\ \multicolumn{3}{c}{P_M(P_L y) = P_M y}\end{array}$$

从此 U 形等式串的两端可知，P 是 $L\cap M$ 上的投影算子 $P_{L\cap M}$，于是

$$P_L P_M = P_{L\cap M}.$$

§2　Riesz 定理及其应用

基本内容

定理 1（Riesz 表示定理）　设 f 是 Hilbert 空间 $\mathscr{X}$ 上的连续线性泛函，则存在唯一的元 $y_f\in\mathscr{X}$，使得

$$f(x) = (x, y_f) \quad (\forall\, x\in\mathscr{X}),$$

而且 $\|f\|=\|y_f\|$. 于是由 f 到 y_f 给出了 $\mathscr{X}^*$ 到 $\mathscr{X}$ 的一个同构.

定理 2　设 $\mathscr{X}$ 是一个 Hilbert 空间，$a(x,y)$ 是 $\mathscr{X}$ 上的共轭双线性函数，并 $\exists M>0$，使得

$$|a(x,y)| \leqslant M\|x\|\|y\| \quad (\forall\ x,y\in\mathscr{X}),$$

则存在唯一的 $A\in\mathscr{L}(\mathscr{X})$，使得

$$a(x,y) = (x, Ay)\ (\forall\ x,y\in\mathscr{X}) \quad 且 \quad \|A\| = \sup_{\substack{x\neq\theta\\ y\neq\theta}}\frac{|a(x,y)|}{\|x\|\|y\|}.$$

典型例题精解

例 1　设 $f_1,f_2,\cdots,f_n$ 是 Hilbert 空间 $\mathscr{H}$ 上的一组线性有界泛函，

$$M = \bigcap_{k=1}^{n} N(f_k),$$

其中 $N(f_k)=\{x\in\mathscr{H}\mid f_k(x)=0\}\,(k=1,2,\cdots,n)$. $\forall\, x_0\in\mathscr{H}$，记 y_0 为 x_0 在 M 上的正交投影. 求证：$\exists\, y_1,y_2,\cdots,y_n\in\mathscr{H}$，及 $\alpha_1,\alpha_2,\cdots,\alpha_n\in\mathbb{K}$，使得

$$y_0 = x_0 - \sum_{k=1}^{n}\alpha_k y_k.$$

证　根据 Riesz 表示定理，$\exists\, y_k\in\mathscr{H}$，使得

$$f_k(x) = (x, y_k) \quad (k = 1,2,\cdots,n).$$

因此

$$\forall\, x \in M = \bigcap_{k=1}^{n} N(f_k) \Longrightarrow (x, y_k) = 0$$

$$(k = 1, 2, \cdots, n, \quad \forall\, x \in M).$$

这意味着，$y_k \perp M (k=1,2,\cdots,n)$. 不妨假定$\{y_k\}_{k=1}^n$的极大线性无关组就是本身. 用 Gram-Schmidt 过程构造出一个正交规范集$\{z_k\}_{k=1}^n$，使得 $\mathrm{span}\{z_k\}_{k=1}^n = \mathrm{span}\{y_k\}_{k=1}^n$，则有

$$z_k \perp M \quad (k = 1, 2, \cdots, n).$$

令 $z_0 = x_0 - y_0$，则 $z_0 \perp M$. 对 $\forall\, x \in \mathscr{H}$，

$$(x, z_0) = \Big(\sum_{k=1}^{n} (x, z_k) z_k + \underbrace{x - \sum_{k=1}^{n} (x, z_k) z_k}_{\in M}, z_0 \Big)$$

$$= \Big(\sum_{k=1}^{n} (x, z_k) z_k, z_0 \Big) = \Big(x, \sum_{k=1}^{n} \overline{(z_k, z_0)} z_k \Big),$$

即得

$$z_0 = \sum_{k=1}^{n} \overline{(z_k, z_0)} z_k.$$

由此可见，

$$x_0 - y_0 = z_0 \in \mathrm{span}\{z_k\}_{k=1}^n = \mathrm{span}\{y_k\}_{k=1}^n.$$

例 2 设 l 是 Hilbert 空间 $\mathscr{H}$ 上的实值线性有界泛函，C 是 $\mathscr{H}$ 中的一个闭凸子集. 又设 $f(v) = \frac{1}{2}\|v\|^2 - l(v)$ $(\forall\, v \in C)$.

(1) 求证：$\exists\, u^* \in \mathscr{H}$，使得

$$f(v) = \frac{1}{2}\|v - u\|^2 - \frac{1}{2}\|u\|^2 \quad (\forall\, v \in C);$$

(2) 求证：存在唯一的 $u_0 \in C$，使得

$$f(u_0) = \inf_{v \in C} f(v).$$

证 (1) 根据 Riesz 表示定理，$\exists\, u^* \in \mathscr{H}$，使得 $l(v) = (u^*, v)$，

$$f(v) = \frac{1}{2}\|v\|^2 - l(v) = \frac{1}{2}\|v\|^2 - (u^*, v)$$

$$= \frac{1}{2}(\|v\|^2 - 2(u^*, v) + \|u\|^2) - \frac{1}{2}\|u\|^2$$

$$= \frac{1}{2}\|v - u^*\|^2 - \frac{1}{2}\|u^*\|^2 \quad (\forall\, v \in C).$$

(2) 设 $u_0\in C$，使得$\|u_0-u^*\|=\inf\limits_{v\in C}\|v-u^*\|$，因此 $\forall v\in C$，

$$f(v)\geqslant\frac{1}{2}\|u_0-u^*\|^2-\frac{1}{2}\|u^*\|^2=f(u_0)\quad(\forall v\in C).$$

由此可见 $f(u_0)=\inf\limits_{v\in C}f(v)$.

例 3 设 Hilbert 空间 $\mathscr{H}$ 上的元素是定义在集合 S 上的复值函数. 又若 $\forall x\in S$，由

$$J_x(f)=f(x)\quad(\forall f\in\mathscr{H})$$

定义的映射 J_x: $\mathscr{H}\to\mathbb{C}$ 是 $\mathscr{H}$ 上的线性连续泛函. 求证：存在 $S\times S$ 的复值函数 $K(x,y)$，适合条件：

(1) 对任意固定的 $y\in S$，作为 x 的函数有 $K(x,y)\in\mathscr{H}$；

(2) $f(y)=(f,K(\cdot,y))$ $(\forall f\in\mathscr{H},\forall y\in S)$.

注 满足条件(1)与(2)的函数 $K(x,y)$ 称为 $\mathscr{H}$ 的**再生核**.

证 对 $\forall x\in S$，因为 $J_x(f)=f(x)(\forall f\in\mathscr{H})$定义的映射 J_x: $\mathscr{H}\to\mathbb{C}$ 是 $\mathscr{H}$ 上的线性连续泛函. 所以根据 Riesz 表示定理 $\exists K_x\in\mathscr{H}$，使得

$$f(x)=(f,K_x)\quad(\forall f\in\mathscr{H}).$$

现在定义 $S\times S$ 上的复值函数

$$K(x,y)\xlongequal{\text{def}}(K_y,K_x).$$

验证 $K(x,y)$满足条件(1)：对任意固定的 $y\in S$，因为 $K_y\in\mathscr{H}$，所以

$$K(x,y)=(K_y,K_x)=K_y(x)\in\mathscr{H}.$$

验证 $K(x,y)$满足条件(2)：对 $\forall f\in\mathscr{H},\forall y\in S$，因为 $f(y)=(f,K_y)$，$K_y=K(\cdot,y)\in\mathscr{H}$，所以

$$f(y)=(f,K(\cdot,y))\quad(\forall f\in\mathscr{H},\forall y\in S).$$

例 4 设例 3 中的 Hilbert 空间 $\mathscr{H}=l^2$，$S=\mathbb{N}$. 求 $\mathscr{H}$ 的再生核 $K(m,n)$.

解 对 $\forall n\in\mathbb{N}$，$e_n\xlongequal{\text{def}}(\underbrace{0,0,\cdots,1}_{n\text{个}},0,\cdots)$，则有 $e_n\in l^2$，并且对 $\forall f\in l^2$，$f_n\xlongequal{\text{def}}(f,e_n)$是摘取 $f\in l^2$ 的第 n 个坐标，显然是 l^2 上的线性连续泛函. 故有

$$K(m,n)=(e_n,e_m)=\delta_{mn}=\begin{cases}1, & m=n,\\ 0, & m\neq n.\end{cases}$$

例 5 设 Hilbert 空间 $\mathscr{H}$ 上的元素是定义在集合 S 上的复值函数. $\{e_n\}_{n=1}^{\infty}$是 $\mathscr{H}$ 上的正交规范集. 如果 K 是 $\mathscr{H}$ 的再生核,求证:

$$K(x,y)=\sum_{n=1}^{\infty}e_n(x)\overline{e_n(y)}.$$

证 对任意给定的 $x\in S$,如果将 K_x 展开为$\{e_n\}_{n=1}^{\infty}$的 Fourier 级数,则有

$$K_x=\sum_{n=1}^{\infty}(K_x,e_n)e_n=\sum_{n=1}^{\infty}\overline{e_n(x)}e_n.$$

再根据 Parseval 恒等式,立即得到

$$K(x,y)=(K_y,K_x)=\sum_{n=1}^{\infty}e_n(x)\overline{e_n(y)}.$$

例 6 设 D 是 $\mathbb{C}$ 中的单位开圆域,$\mathscr{H}^2(D)$表示在 D 内满足

$$\iint_D |u(z)|^2\mathrm{d}x\mathrm{d}y<\infty \quad (z=x+\mathrm{i}y)$$

的解析函数全体组成的空间,规定内积为

$$(u,v)=\iint_D u(z)\overline{v(z)}\mathrm{d}x\mathrm{d}y.$$

求证:$\mathscr{H}^2(D)$的再生核为 $K(z,w)=\dfrac{1}{\pi(1-z\overline{w})^2}$ $(z,w\in D)$.

证 第一步先验证 $\phi_n(z)=\sqrt{\dfrac{n}{\pi}}z^{n-1}(n=1,2,\cdots)$是一组正交规范集. 事实上,设 $z=r\mathrm{e}^{\mathrm{i}\theta}$,我们有

$$(e_n,e_m)=\frac{1}{\pi}\sqrt{nm}\int_0^{2\pi}\int_0^1 r^{m+n-2}\mathrm{e}^{\mathrm{i}(n-m)\theta}r\mathrm{d}r\mathrm{d}\theta=\frac{2\sqrt{nm}}{m+n}\delta_{mn}=\delta_{mn}.$$

第二步应用例 5 的结论得到

$$\begin{aligned}K(z,w)&=\sum_{n=1}^{\infty}\phi_n(z)\overline{\phi_n(w)}=\frac{1}{\pi}\sum_{n=1}^{\infty}nz^{n-1}\overline{w}^{n-1}\\&=\frac{1}{\pi}\sum_{n=1}^{\infty}(z\overline{w})^{n-1}=\frac{1}{\pi}\Big(\sum_{n=1}^{\infty}(z\overline{w})^n\Big)'\\&=\frac{1}{\pi}\Big(\frac{z\overline{w}}{1-z\overline{w}}\Big)'=\frac{1}{\pi(1-z\overline{w})^2}.\end{aligned}$$

§3　纲与开映像定理

基本内容

纲与纲推理

定义 1　设$(\mathscr{X},\rho)$是一个度量空间,集$E\subset\mathscr{X}$,称E是**疏的**,如果$\overline{E}$的内点在$\mathscr{X}$内是空的,或$\overline{E}$不包含任一开球.

命题 2　设$(\mathscr{X},\rho)$是一度量空间.为了$E\subset\mathscr{X}$是疏集,必须且仅须$\forall B(x_0,r_0)$,$\exists B(x_1,r_1)\subset B(x_0,r_0)$,使得

$$\overline{B(x_1,r_1)}\cap\overline{E}=\varnothing.$$

换句话说,任一开球中存在一个$\overline{E}$的点被清除的闭小球(图 2.4).

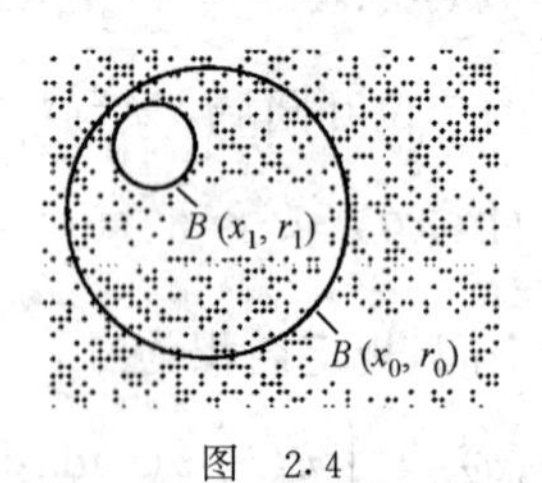

图　2.4

定义 3　在距离空间$(\mathscr{X},\rho)$上,集合E称为**第一纲**,是指$E=\bigcup_{n=1}^{\infty}E_n$,其中$E_n$是疏集.不是第一纲的集合称为**第二纲集**.

定理 4(Baire 纲定理)　完备度量空间$(\mathscr{X},\rho)$是第二纲集.

开映像定理

定义 5　设$(\mathscr{X},\rho)$,$(\mathscr{Y},r)$是距离空间,$T:\mathscr{X}\to\mathscr{Y}$称为**开映像**,是指$T$映开集为开集;或对任给的开集$W$,$\forall x_0\in W\Longrightarrow Tx_0$是$TW$的内点.

命题 6　T是开映像$\Longleftrightarrow\exists\delta>0$,使得$TB(\theta,1)\supset U(\theta,\delta)$,其中$B$,$U$分别表示$\mathscr{X}$,$\mathscr{Y}$中的开球.

定理 7(开映像定理)　设$\mathscr{X}$,$\mathscr{Y}$都是B空间,若$T\in\mathscr{L}(\mathscr{X},\mathscr{Y})$是一个满射,则$T$是开映像.

定理 8(Banach 逆算子定理)　设$\mathscr{X}$,$\mathscr{Y}$都是B空间,若$T\in$

$\mathscr{L}(\mathscr{X},\mathscr{Y})$,它既是单射又是满射,那么 $T^{-1}\in\mathscr{L}(\mathscr{Y},\mathscr{X})$.

推论 9(等价范数定理) 设线性空间 $\mathscr{X}$ 上有两个范数 $\|\cdot\|_1$, $\|\cdot\|_2$,如果 $\mathscr{X}$ 关于这两个范数都构成 Banach 空间,而且 $\|\cdot\|_2$ 比 $\|\cdot\|_1$ 强,则 $\|\cdot\|_2$ 必与 $\|\cdot\|_1$ 等价.

定义10 设 $\mathscr{X}$ 和 $\mathscr{Y}$ 是 Banach 空间,T 是 $D(T)\subset\mathscr{X}$ 到 $\mathscr{Y}$ 的线性算子,对于任意 $\{x_n\}\subset D(T)$,若由 $x_n\to x, Tx_n\to y$ 可推得 $x\in D(T)$,及 $y=Tx$,就称 T 是**闭算子**.

每个连续线性算子 T 都可以将定义域 $D(T)$ 延拓到 $\overline{D(T)}$ 上,因此每个连续线性算子 T 都可以看成是有闭定义域的,于是每个连续线性算子必是闭算子. 可是一般的闭线性算子未必是连续算子.

闭图像定理

对于线性算子而言,我们来看连续性与闭性间的关系. 我们说一个连续线性算子 $T: D(T)\to Y$,总可以延拓到 $\overline{D(T)}$ 上. 这是下面定理的结论.

定理 11(B. L. T 定理) 设 T 是 B^* 空间 $\mathscr{X}$ 到 B 空间 $\mathscr{Y}$ 的连续线性算子,那么 T 能唯一地延拓到 $\overline{D(T)}$ 成为连续线性算子 T_1,使得 $T_1|_{D(T)}=T$,且 $\|T_1\|=\|T\|$.

定义12 设 $\mathscr{X}$ 和 $\mathscr{Y}$ 是线性赋范空间,令

$$\mathscr{X}\times\mathscr{Y}=\{(x,y)\,|\,x\in\mathscr{X}, y\in\mathscr{Y}\}.$$

按运算

$$(x_1,y_1)+(x_2,y_2)=(x_1+x_2,y_1+y_2),$$
$$\alpha(x,y)=(\alpha x,\alpha y)$$

组成线性空间,定义范数(图模)

$$\|(x,y)\|=\|x\|+\|y\|.$$

这时 $\mathscr{X}\times\mathscr{Y}$ 是线性赋范空间.

令 T 是定义在 $D(T)\subset\mathscr{X}$ 上到 $\mathscr{Y}$ 的线性算子,考查

$$G_T\xlongequal{\text{def}}\{(x,Tx)\,|\,x\in D(T)\}.$$

显然,G_T 是 $\mathscr{X}\times\mathscr{Y}$ 中的线性子空间.

命题 13 T 是闭算子的充分必要条件是 G_T 按图模是闭集.

定理 14(闭图像定理) 设 $\mathscr{X}$ 和 $\mathscr{Y}$ 是 Banach 空间,T 是 $D(T)$

$\subset \mathscr{X}$ 到 $\mathscr{Y}$ 的闭线性算子,$D(T)$是 $\mathscr{X}$ 中的闭集,若 G_T 是 $\mathscr{X} \times \mathscr{Y}$ 中闭集,则 T 是连续的.

推论 15 定义域是闭子空间的闭算子是连续的.

共鸣定理

定理 16(共鸣定理或一致有界定理) 设 $\mathscr{X}, \mathscr{Y}$ 是 Banach 空间,$W \subset \mathscr{L}(\mathscr{X}, \mathscr{Y})$,如果

$$\sup_{T \in W} \|Tx\| < \infty \quad (\forall\, x \in \mathscr{X}),$$

那么存在常数 M,使得$\|T\| \leqslant M\ (\forall T \in W)$.

推论 17 设 $\mathscr{X}$ 是 Banach 空间,$A \subset \mathscr{X}^*$,则 A 是有界集的充分必要条件是对于 $\forall x \in \mathscr{X}, \sup\limits_{f \in A} |f(x)| < \infty$.

定理 18(Banach-Steinhaus 定理) 设 $\mathscr{X}, \mathscr{Y}$ 是 Banach 空间,M 是 $\mathscr{X}$ 的稠密子集,$T_n, T \in \mathscr{L}(\mathscr{X}, \mathscr{Y})(n=1,2,\cdots)$,则 T_n 强收敛于 T(即 $\lim\limits_{n \to \infty} T_n x = Tx, \forall x \in \mathscr{X}$)的充分必要条件是

(1) $\|T_n\|$有界;

(2) $\lim\limits_{n \to \infty} T_n x = Tx, \forall x \in M$.

应用

定理 19 (Lax-Milgram 定理) 设 $u(x,y)$是 Hilbert 空间 $\mathscr{X}$ 上的一个共轭双线性函数,满足:

(1) $\exists M > 0$,使 $|u(x,y)| \leqslant M \|x\| \|y\|\ (\forall x, y \in \mathscr{X})$;

(2) $\exists \delta > 0$,使 $|u(x,x)| \geqslant \delta \|x\|^2\ (\forall x \in \mathscr{X})$,

那么必存在唯一的有连续逆的连续线性算子 $A \in \mathscr{L}(\mathscr{X})$,满足

$$u(x,y) = (x, Ay) \quad (\forall\, x, y \in \mathscr{X}),$$

并且有

$$\|A^{-1}\| \leqslant \frac{1}{\delta}.$$

定理 20 (Lax 等价定理) 如果$\|T_n x - Tx\| \to 0\ (n \to \infty)$,对 $\forall x \in \mathscr{X}$ 成立,那么为了 $x_n \to x (n \to \infty)$,其中 x_n 与 x 分别是原方程 $Tx = y$ 和近似方程 $T_n x_n = y$ 的解,必须且只须 $\exists C > 0$,使得

$$\|T_n^{-1}\| \leqslant C \quad (\forall n \in \mathbb{N}).$$

典型例题精解

例 1 设 $\mathscr{X}=l^1$,数列 $\{a_k\}$ 满足 $\sup\limits_{k\geqslant 1}|a_k|<\infty$. 作 $\mathscr{X}$ 到自身的算子 T 如下:

$$\forall\ x=\{\xi_k\}\in\mathscr{X},\quad y=Tx=\{a_k\xi_k\}.$$

求证:T 存在有界逆算子的充分必要条件是 $\inf\limits_{k\geqslant 1}|a_k|>0$.

证 先证充分性,即假定 $\inf\limits_{k\geqslant 1}|a_k|>0$,要证明 T 存在有界逆算子. 根据 Banach 逆算子定理,只要证 T 是单射、满射. 注意到

$$a\xlongequal{\text{def}}\inf_{k\geqslant 1}|a_k|>0\Longrightarrow a_k>0\quad(k=1,2,\cdots).$$

为了证单射,假设 $x=\{\xi_k\}\in\mathscr{X}$,使得 $Tx=\theta$,那么

$$\begin{array}{ccc} Tx=\theta & & x=\theta \\ \Downarrow & & \Uparrow \\ a_k\xi_k=0(k=1,2,\cdots) & \xRightarrow{a_k>0} & \xi_k=0(k=1,2,\cdots) \end{array}$$

从此 U 形推理串的两端即知 T 是单射.

为了证 T 是满射,假设 $y=\{\eta_k\}\in\mathscr{X}$,要找 $x=\{\xi_k\}\in\mathscr{X}$,使得 $y=Tx$. 事实上,就是解方程

$$a_k\xi_k=\eta_k\quad(k=1,2,\cdots).$$

因为 $a_k\neq 0$,所以很容易解得

$$\xi_k=\frac{\eta_k}{a_k}\quad(k=1,2,\cdots).$$

再由于 $|\xi_k|=\left|\dfrac{\eta_k}{a_k}\right|\leqslant\dfrac{1}{a}|\eta_k|$,故有

$$\sum_{k=1}^{\infty}|\xi_k|\leqslant\frac{1}{a}\sum_{k=1}^{\infty}|\eta_k|\Longrightarrow x=\{\xi_k\}\in\mathscr{X},$$

满足 $y=Tx$,并满足 $\|x\|\leqslant\dfrac{1}{a}\|Tx\|$,即

$$\|T^{-1}y\|\leqslant\frac{1}{a}\|y\|\quad(\forall\, y\in\mathscr{X}).$$

再证必要性,即假定 T 存在有界逆算子 T^{-1},要证明 $\inf\limits_{k\geqslant 1}|a_k|>0$. 换句话说就是,假定 $\exists\, M>0$,使得对 $\forall\, x=\{\xi_k\}\in\mathscr{X}$,有

$$\sum_{n=1}^{\infty}|\xi_n|\leqslant M\sum_{n=1}^{\infty}|a_n\xi_n|,$$

要证明 $\inf\limits_{k\geqslant 1}|a_n|>0$.

用反证法. 事实上, 假定 $\inf\limits_{k\geqslant 1}|a_n|=0$, 那么对 $\forall n\in\mathbb{N}, \exists n_k$, 使得 $|a_{n_k}|<\dfrac{1}{k}$. 不妨假定子序列就是序列本身, 即设 $|a_n|<\dfrac{1}{n}$, 那么对 $\forall x=\{\xi_n\}\in\mathscr{X}$, 有

$$\sum_{n=1}^{\infty}|\xi_n|\leqslant M\sum_{n=1}^{\infty}\frac{1}{n}|\xi_n|. \tag{1}$$

我们取一串 $\{x^{(k)}\}\in\mathscr{X}$ 如下:

$$x^{(k)}=(\overbrace{0,0,\cdots,1}^{k\text{个}},0,0,\cdots)\quad(k=1,2,\cdots),$$

即 $x^{(k)}=\{\xi_n^{(k)}\}=\{\delta_{nk}\}$ $(k=1,2,\cdots)$. 对每个 $k=1,2,\cdots$, 将 $x^{(k)}$ 的坐标 $\xi_n^{(k)}$ 代入不等式(1)的两边, 便得到

$$\sum_{n=1}^{\infty}|\xi_n^{(k)}|\leqslant M\sum_{n=1}^{\infty}\frac{1}{n}|\xi_n^{(k)}|\quad(k=1,2,\cdots).$$

由此导出

$$1\leqslant M\cdot\frac{1}{k}\quad(k=1,2,\cdots).$$

令 $k\to\infty$, 即导出 $1\leqslant 0$, 矛盾.

例 2 设 $\mathscr{X}$ 是 Banach 空间, $\mathscr{X}_0$ 是 $\mathscr{X}$ 的闭子空间, 映射 $\varphi\colon\mathscr{X}\to\mathscr{X}/\mathscr{X}_0$, 定义为 $\varphi\colon x\mapsto[x]$, $\forall x\in\mathscr{X}$, 其中 $[x]$ 表示含 x 的商类(等价类). 求证 φ 是开映射.

证 用开映像定理, 只需证明 φ 是满射. 事实上, $\forall[x]\in\mathscr{X}/\mathscr{X}_0$, 任取 $x\in[x]$, 则有 $x\in\mathscr{X}$, 并且 $\varphi(x)=[x]$, 从而 $\varphi\colon\mathscr{X}\to\mathscr{X}/\mathscr{X}_0$ 是满射.

例 3 设 $\mathscr{X},\mathscr{Y}$ 是 Banach 空间, $U\in\mathscr{L}(\mathscr{X},\mathscr{Y})$, 又设方程 $Ux=y$ 对每一个 $y\in\mathscr{Y}$ 有解 $x\in\mathscr{X}$, 并且 $\exists m>0$, 使得

$$\|Ux\|\geqslant m\|x\|\quad(\forall x\in\mathscr{X}).$$

求证: U 有连续逆 U^{-1}, 并且 $\|U^{-1}\|\leqslant 1/m$.

证 由题设条件, U 是满射, 且是单射. 所以根据 Banach 逆算子定理, 我们有 $U^{-1}\in\mathscr{L}(\mathscr{Y},\mathscr{X})$.

进一步，对 $\forall y\in\mathscr{Y}$，$\|y\|=1$，设 $U^{-1}y=x$，则

$$1=\|y\|=\|Ux\|\geqslant m\|x\|=m\|U^{-1}y\|.$$

由此推出 $\|U^{-1}\|=\sup\limits_{\|y\|=1}\|U^{-1}y\|\leqslant 1/m$.

例 4 设 $\mathscr{H}$ 是 Hilbert 空间，$A\in\mathscr{L}(\mathscr{H})$ 并且 $\exists m>0$，使得

$$|(Ax,x)|\geqslant m\|x\|^2 \quad (\forall x\in\mathscr{H}).$$

求证：$A^{-1}\in\mathscr{L}(\mathscr{H})$.

证 由条件，$\forall x\in\mathscr{H}$，因为

$$m\|x\|^2\leqslant|(Ax,x)|\leqslant\|Ax\|\|x\|\Longrightarrow\|Ax\|\geqslant m\|x\|,$$

所以 A 是单射.

又对 $\forall x\in(R(A))^{\perp}$，因为

$$0=|(Ax,x)|\geqslant m\|x\|^2\Longrightarrow x=\theta,$$

所以 $(R(A))^{\perp}=\{\theta\}$，故有 $R(A)$ 在 $\mathscr{H}$ 中稠密.

进一步，要证明 A 是满射，即要证 $R(A)=\mathscr{H}$. 因为已证 $R(A)$ 在 $\mathscr{H}$ 中稠密，所以只要证 $R(A)=\overline{R(A)}$，即只要证 $R(A)$ 是闭的. 事实上，设 $\{y_n\}$ 是 $R(A)$ 中的收敛列，从而是基本列，并设 $Ax_n=y_n$，则由 $\|Ax\|\geqslant m\|x\|$，我们有

$$\|x_n-x_m\|\leqslant\frac{1}{m}\|Ax_n-Ax_m\|=\frac{1}{m}\|y_n-y_m\|.$$

由此可见，$\{x_n\}$ 是基本列，从而是收敛列. 设

$$x_n\to x_0\in\mathscr{H}\Longrightarrow y_n=Ax_n\to Ax_0\in R(A),$$

从而 $R(A)$ 是闭的. 故 $R(A)=\overline{R(A)}=\mathscr{H}$，即 A 是满射. 最后根据 Banach 逆算子定理，$A^{-1}\in\mathscr{L}(\mathscr{H})$.

例 5 设 $\mathscr{X}$，$\mathscr{Y}$ 是线性赋范空间，D 是 $\mathscr{X}$ 的线性子空间，$A: D\to\mathscr{Y}$ 是线性映射. 求证：

(1) 如果 A 连续，D 是闭集，则 A 是闭算子；

(2) 如果 A 连续且是闭算子，则 $\mathscr{Y}$ 完备蕴含 D 闭；

(3) 如果 A 是单射的闭算子，则 A^{-1} 也是闭算子；

(4) 如果 $\mathscr{X}$ 完备，A 是单射的闭算子，$R(A)$ 在 $\mathscr{Y}$ 中稠密，并且 A^{-1} 连续，那么 $R(A)=\mathscr{Y}$.

证 (1) 设 $\begin{cases}x_n\in D(A),\ x_n\to x,\\ Ax_n\to y.\end{cases}$ 因为 D 闭，所以 $x\in D(A)$；又因

为 A 连续，所以 $y=Ax$. 故 A 是闭算子.

(2) 因为 A 连续，又 $\mathscr{Y}$ 完备，那么根据定理 11，A 能唯一地延拓到 $\overline{D}$ 上成为连续线性算子 $\widetilde{A}$，满足 $\widetilde{A}|_D=A$，$\|\widetilde{A}\|=\|A\|$. 到此，本题还有一个条件 A 是闭算子未用，下面用它来证明 D 闭. 设 $x_n\in D$，$x_n\to x$. 要证明 $x\in D$. 事实上，现在有

$$Ax_n=\widetilde{A}x_n\to\widetilde{A}x,\quad n\to\infty.$$

因为 A 是闭算子，所以

$$\left.\begin{array}{l}x_n\in D,x_n\to x\\ Ax_n=\widetilde{A}x_n\to\widetilde{A}x\end{array}\right\}\Longrightarrow x\in D,\text{且 } Ax=\widetilde{A}x.$$

(3) 首先因为 A 是单射，所以 A^{-1}存在. 注意到 $D(A^{-1})=R(A)$，也就是说，A^{-1}是定义在 $R(A)$上的线性算子. 我们要证 A^{-1}是闭算子，就是要证，如果

$$\begin{cases}y_n\in R(A),y_n\to y,\\ x_n=A^{-1}y_n\to x,\end{cases}$$

则有 $y\in R(A)$且 $x=A^{-1}y$. 事实上，

$$\begin{cases}y_n\in R(A),y_n\to y,\\ x_n=A^{-1}y_n\to x\end{cases}\Longrightarrow\begin{cases}x_n\in D(A),x_n\to x,\\ y_n=Ax_n\to y.\end{cases}$$

因为 A 是闭算子，所以 $x\in D(A)$，且 $y=Ax$，从而 $y\in R(A)$且 $x=A^{-1}y$.

(4) 首先根据第(3)小题，由条件 A 是单射的闭算子，即知 A^{-1}也是闭算子.

其次，注意到 A^{-1}的像空间是 $\mathscr{X}$，根据第(2)小题，我们有

$$\left.\begin{array}{l}A^{-1}\text{ 连续}\\ A^{-1}\text{ 是闭算子}\\ \mathscr{X}\text{ 完备}\end{array}\right\}\Longrightarrow R(A)=D(A^{-1})\text{ 闭}.$$

最后，一方面，因为 $R(A)$闭，所以 $R(A)=\overline{R(A)}$；另一方面，因为 $R(A)$在 $\mathscr{Y}$ 中稠密，所以$\overline{R(A)}=\mathscr{Y}$. 两方面联合起来便有 $R(A)=\overline{R(A)}=\mathscr{Y}$. 也就是说，

$$\left.\begin{array}{l}R(A)\text{ 闭}\\ R(A)\text{ 在 }\mathscr{Y}\text{ 中稠密}\end{array}\right\}\Longrightarrow R(A)=\overline{R(A)}=\mathscr{Y}.$$

例 6 用等价范数定理证明$(C[0,1],\|\cdot\|_1)$不是 Banach 空间,其中$\|f\|_1=\int_0^1|f(t)|\mathrm{d}t,\forall f\in C[0,1]$.

证 用反证法. 假如$(C[0,1],\|\cdot\|_1)$是 B 空间,注意到空间$C[0,1]$的范数是

$$\|f\|_C=\max_{0\leqslant t\leqslant 1}|f(t)|.$$

现在

$$\|f\|_1=\int_0^1|f(t)|\mathrm{d}t\leqslant \max_{0\leqslant t\leqslant 1}|f(t)|=\|f\|_C,$$

$\|\cdot\|_C$ 是比$\|\cdot\|_1$ 强的范数,用等价范数定理,$\|\cdot\|_C$ 与$\|\cdot\|_1$ 等价,即 $\exists M>0$,使得$\|f\|_C\leqslant M\|f\|_1(\forall f\in C[0,1])$. 今取

$$f_0(t)\xlongequal{\text{def}}\begin{cases}1-Mt, & 0\leqslant t\leqslant 1/M,\\ 0, & 1/M\leqslant t\leqslant 1,\end{cases}$$

则有 $f_0\in C[0,1]$,且$\|f_0\|_C=1,\|f_0\|_1=1/(2M)$(参见图 2.5). 于是出现

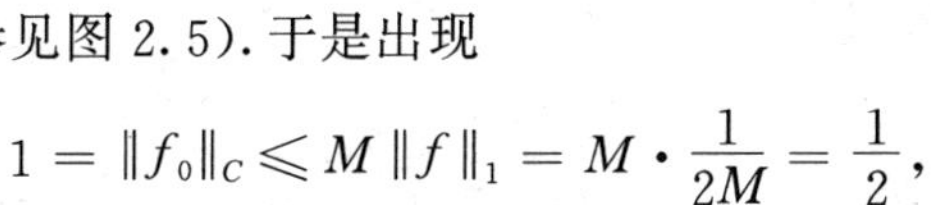

$$1=\|f_0\|_C\leqslant M\|f\|_1=M\cdot\frac{1}{2M}=\frac{1}{2},$$

图 2.5

矛盾.

例 7 (Gelfand 引理) 设 $\mathscr{X}$ 是 Banach 空间,$p:\mathscr{X}\to\mathbb{R}^1$ 满足

(1) $p(x)\geqslant 0,\forall x\in\mathscr{X}$;

(2) $p(\lambda x)=\lambda p(x),\forall\lambda>0,x\in\mathscr{X}$;

(3) $p(x_1+x_2)\leqslant p(x_1)+p(x_2),\forall x_1,x_2\in\mathscr{X}$;

(4) 当 $x_n\to x$ 时,$\varliminf_{n\to\infty}p(x_n)\geqslant p(x)$.

求证:$\exists M>0$,使得 $p(x)\leqslant M\|x\|,\forall x\in\mathscr{X}$.

证 令

$$\|x\|_1\xlongequal{\text{def}}\|x\|+\sup_{\alpha\in S^1}p(\alpha x),$$

其中 S^1 是复平面上的单位圆周. 首先证明$\|x\|_1$ 是 $\mathscr{X}$ 上的范数. 事实上,设 $\lambda=|\lambda|\mathrm{e}^{\mathrm{i}\xi}$,注意到

$$\begin{array}{ccc}\sup\limits_{\alpha\in S^1} p(\alpha\lambda x) & & |\lambda| \sup\limits_{\alpha\in S^1} p(\alpha x) \\ \| & & \| \\ |\lambda| \sup\limits_{\alpha\in S^1} p(\alpha e^{i\xi} x) & \xlongequal{\beta=\alpha e^{i\xi}} & |\lambda| \sup\limits_{\beta\in S^1} p(\beta x)\end{array}$$

从此 U 形等式串的两端及$\|\lambda x\|=|\lambda|\|x\|$,即知$\|\lambda x\|_1=|\lambda|\|x\|_1$,故$\|\cdot\|_1$ 具有齐次性.

进一步,再证 $p(\theta)=0$. 事实上,一方面 $p(\theta)\geqslant 0$. 另一方面,对 $\forall x_0\neq 0$,因为$\frac{1}{n}x_0\to\theta(n\to\infty)$,所以根据条件(4),我们有 $p\left(\frac{1}{n}x_0\right)\geqslant p(\theta)$,两端取下极限并用齐次性即得

$$p(\theta)\leqslant\varliminf_{n\to\infty}p\left(\frac{1}{n}x_0\right)=\lim_{n\to\infty}\frac{1}{n}p(x_0)=0.$$

联合以上两个方面,得证 $p(\theta)=0$.

下面证明$(\mathscr{X},\|x\|_1)$完备. 事实上,如果设$\|x_n-x_m\|_1\to 0$,则有$\|x_n-x_m\|\to 0$,因为$(\mathscr{X},\|x\|)$完备,所以 $\exists x\in\mathscr{X}$,使得 $x_n\to x$.

对 $\forall\varepsilon\in(0,1)$,$\exists N\in\mathbb{N}$,使得

$$\|x_n-x_m\|_1<\frac{\varepsilon}{2}\quad(\forall\, m,n>N).\tag{1}$$

因为$\|x\|_1\geqslant\|x\|+\sup\limits_{\alpha\in S^1}p(\alpha x)$,所以不等式(1)蕴含

$$\sup_{\alpha\in S^1}p(\alpha(x_n-x_m))<\frac{\varepsilon}{2}$$

令 $m\to\infty$,我们得到,对 $\forall\alpha\in S^1$,$\forall n>N$,有

$$p(\alpha(x_n-x))\leqslant\varliminf_{m\to\infty}p(\alpha(x_n-x_m))\leqslant\frac{\varepsilon}{2}.\tag{2}$$

又因为$\|x\|_1\geqslant\|x\|+\sup\limits_{\alpha\in S^1}p(\alpha x)$,所以不等式(1)蕴含

$$\|x_n-x_m\|<\frac{\varepsilon}{2}\quad(\forall\, m,n>N).$$

令 $m\to\infty$,我们得到

$$\|x_n-x\|\leqslant\frac{\varepsilon}{2}\quad(\forall\, n>N).\tag{3}$$

联合不等式(2),(3)得：对 $\forall n>N$,成立

$$\|x_n - x\|_1 = \|x_n - x\| + \sup_{\alpha\in S^1} p(\alpha(x_n - x)) \leqslant \frac{\varepsilon}{2} + \frac{\varepsilon}{2} = \varepsilon.$$

从而$\|x\|_1$是 $\mathscr{X}$ 上的完备范数.

最后根据等价范数定理,$\exists M>0$,使得

$$\|x\|_1 \leqslant M\|x\| \Longrightarrow p(x) \leqslant M\|x\|, \quad \forall\, x \in \mathscr{X}.$$

例 8 设 $\mathscr{X}$,$\mathscr{Y}$ 是 Banach 空间,$A_n\in\mathscr{L}(\mathscr{X},\mathscr{Y})(n=1,2,\cdots)$,又对 $\forall x\in\mathscr{X}$,$\{A_nx\}$在 $\mathscr{Y}$ 中收敛. 求证: $\exists A\in\mathscr{L}(\mathscr{X},\mathscr{Y})$,使得 A_n 强收敛到 A,且$\|A\|\leqslant\varliminf\limits_{n\to\infty}\|A_n\|$.

证 对 $\forall x\in\mathscr{X}$,因为$\{A_nx\}$在 $\mathscr{Y}$ 中收敛,所以可以定义

$$Ax = \lim_{n\to\infty} A_n x,$$

并因而$\{A_nx\}$在 $\mathscr{Y}$ 中有界,即

$$\sup_{n\geqslant 1}\|A_nx\|<\infty \quad (\forall x\in\mathscr{X}).$$

由共鸣定理,$\exists M>0$,使得$\|A_n\|\leqslant M(\forall n\geqslant 1)$,从而

$$\|Ax\|=\varliminf_{n\to\infty}\|A_nx\|\leqslant\varliminf_{n\to\infty}\|A_n\|\|x\|\leqslant M\|x\| \quad (\forall x\in\mathscr{X}).$$

于是 $A\in\mathscr{L}(\mathscr{X},\mathscr{Y})$,并且$\|A\|\leqslant\varliminf\limits_{n\to\infty}\|A_n\|$.

例 9 设 $1<p<\infty$,并且$\dfrac{1}{p}+\dfrac{1}{q}=1$,求证: 如果序列$\{a_k\}$,使得 $\forall x=\{\xi_k\}\in l^p$ 保证$\sum\limits_{k=1}^{\infty}a_k\xi_k$收敛,则$\{a_k\}\in l^q$;又若 $f: x\mapsto \sum\limits_{k=1}^{\infty}a_k\xi_k$,则 f 作为 l^p 上的线性泛函,有

$$\|f\| = \Big(\sum_{k=1}^{\infty}|a_k|^q\Big)^{\frac{1}{q}}.$$

证 $\forall x=\{\xi_k\}\in l^p$,令$\langle f_n,x\rangle=\sum\limits_{k=1}^{n}a_k\xi_k$,则有

$$f_n \in (l^p)^* = \mathscr{L}(l^p,\mathbb{K}), \quad \lim_{n\to\infty}\langle f_n,x\rangle = \sum_{k=1}^{\infty}a_k\xi_k = \langle f,x\rangle.$$

对 $\mathscr{X}=l^p$,$\mathscr{Y}=\mathbb{K}$,$A_n=f_n$,$A=f$,应用例 8,即得 $f\in(l^p)^*$.

下面证明 $a=\{a_k\}\in l^q$. 事实上,$\forall n\in\mathbb{N}$,构造 $x^{(n)}$,其坐标为

$$x_k^{(n)} = \begin{cases} |a_k|^{q-1}\cdot \mathrm{e}^{-\mathrm{i}\theta_k}, & k\leqslant n, \\ 0, & k>n, \end{cases} \quad \theta_k = \arg a_k.$$

因为对每个确定的 n,$x^{(n)}$不为零的坐标只有有限项,所以 $x^{(n)}\in l^p$. 进

一步,一方面

$$\begin{array}{ccc}\langle f,x^{(n)}\rangle & & \sum_{k=1}^{n}|a_k|^q \\ \| & & \| \\ \sum_{k=1}^{n}a_k|a_k|^{q-1}\cdot e^{-i\theta_k} & = & \sum_{k=1}^{n}|a_k|^{q-1}|a_k|e^{i\theta_k}\cdot e^{-i\theta_k}\end{array}$$

另一方面,

$$\langle f,x^{(n)}\rangle\leqslant\|f\|\|x^{(n)}\|=\|f\|\Big(\sum_{k=1}^{n}|a_k|^{(q-1)p}\Big)^{\frac{1}{p}}$$

$$\xlongequal{(q-1)p=q}\|f\|\Big(\sum_{k=1}^{n}|a_k|^q\Big)^{\frac{1}{p}}.$$

联合上述 U 形等式串的两端和不等式,即得

$$\sum_{k=1}^{n}|a_k|^q\leqslant\|f\|\Big(\sum_{k=1}^{n}|a_k|^q\Big)^{\frac{1}{p}}.$$

注意到$\frac{1}{p}+\frac{1}{q}=1$,这个不等式就是

$$\Big(\sum_{k=1}^{n}|a_k|^q\Big)^{\frac{1}{p}}\leqslant\|f\|.$$

由此可见,$a=\{a_k\}\in l^q$,且$\|a\|_q\leqslant\|f\|$.

又根据 Holder 不等式,我们有

$$|\langle f,x\rangle|=|\langle a,x\rangle|\leqslant\|a\|_q\|x\|_p.$$

由此推出$\|f\|\leqslant\|a\|_q$. 联合

$$\left.\begin{array}{l}\|a\|_q\leqslant\|f\| \\ \|f\|\leqslant\|a\|_q\end{array}\right\}\Longrightarrow\|f\|=\|a\|_q.$$

例 10 如果序列$\{\alpha_k\}$使得对$\forall x=\{\xi_k\}\in l^1$,保证$\sum_{k=1}^{\infty}\alpha_k\xi_k$收敛. 求证$\{\alpha_k\}\in l^\infty$;又若 $f: x\mapsto\sum_{k=1}^{\infty}\alpha_k\xi_k$ 作为 l^1 上的线性泛函,求证 $\|f\|=\sup_{k\geqslant1}|\alpha_k|$.

证 $\forall x=\{\xi_k\}\in l^1$,令$\langle f_n,x\rangle=\sum_{k=1}^{n}\alpha_k\xi_k$,则有

$$f_n \in (l^1)^* = \mathscr{L}(l^1, \mathbb{K}), \quad \lim_{n\to\infty} \langle f_n, x \rangle = \sum_{k=1}^{\infty} \alpha_k \xi_k = \langle f, x \rangle.$$

对 $\mathscr{X} = l^1, \mathscr{Y} = \mathbb{K}, A_n = f_n, A = f$,应用例 8,即得 $f \in (l^1)^*$.

下面证明 $\alpha = \{\alpha_k\} \in l^\infty$. 事实上,设 $e_k = (\overbrace{0, \cdots, 0, 1}^{k\text{个}}, 0, 0, \cdots) \in l^1$,则有

$$\alpha_k = f(e_k), \quad \|e_k\| = 1.$$

进一步,因为

$$|\alpha_k| = |f(e_k)| \leqslant \|f\| \|e_k\| = \|f\|,$$

所以 $\alpha = \{\alpha_k\} \in l^\infty$,并且 $\|\alpha\|_\infty \leqslant \|f\|$.

反过来,因为

$$|\langle f_n, x \rangle| \leqslant \sum_{k=1}^{n} |\alpha_k \xi_k| \leqslant \sup_{1 \leqslant k \leqslant n} |\alpha_k| \sum_{k=1}^{n} |\xi_k|$$
$$\leqslant \sup_{1 \leqslant k \leqslant n} |\alpha_k| \; \|x\| \leqslant \|\alpha\|_\infty \; \|x\|,$$

所以 $\|f\| \leqslant \varliminf_{n\to\infty} \|f_n\| \leqslant \|\alpha\|_\infty$. 联合

$$\left.\begin{array}{l} \|\alpha\|_\infty \leqslant \|f\| \\ \|f\| \leqslant \|\alpha\|_\infty \end{array}\right\} \Longrightarrow \|f\| = \|\alpha\|_\infty = \sup_{k \geqslant 1} |\alpha_k|.$$

例 11 若 f 是 $[a,b]$ 上的可测函数,而且对 $\forall g \in L^p[a,b]$ $(1 < p < \infty)$,都有 $f(t)g(t) \in L^1[a,b]$,求证:$f \in L^q[a,b]$,其中 $\frac{1}{p} + \frac{1}{q} = 1$.

证 对 $\forall n = 1, 2, \cdots$,定义

$$f_n(t) = \begin{cases} f(t), & |f(t)| \leqslant n, \\ 0, & \text{其他}, \end{cases}$$

那么 $f_n(t) \in L^q[a,b]$. 令

$$F_n(g) = \int_a^b f_n(t) g(t) \mathrm{d}t, \quad \forall g \in L^p[a,b],$$

则 $F_n \in (L^p[a,b])^*$, $\|F_n\| = \|f_n\|_q$. 因为

$$|f_n(t) g(t)| \leqslant |f(t) g(t)| \in L^1[a,b],$$

所以对 $\forall g \in L^p[a,b]$,有 $|F_n(g)| < \infty$. 根据共鸣定理,必 $\exists M > 0$,使得

$$\|F_n\| = \|f_n\|_q \leqslant M \quad (n = 1, 2, \cdots),$$

即

$$\left(\int_a^b |f_n(t)|^q \mathrm{d}t\right)^{\frac{1}{q}} \leqslant M \quad (n=1,2,\cdots).$$

又因为 $f_n(t) \to f(t)$ a.e. 于 $L^q[a,b]$,故由实变函数中的 Fatou 引理得

$$\left(\int_a^b |f(t)|^q \mathrm{d}t\right)^{\frac{1}{q}} = \left(\int_a^b \varliminf_{n\to\infty} |f_n(t)|^q \mathrm{d}t\right)^{\frac{1}{q}}$$

$$\leqslant \varliminf_{n\to\infty}\left(\int_a^b |f_n(t)|^q \mathrm{d}t\right)^{\frac{1}{q}} \leqslant M,$$

即 $f \in L^q[a,b]$.

例 12 设 $\mathscr{X}$ 是 B 空间,$\{\xi_n\} \subset \mathscr{X}$,且 $\forall f \in \mathscr{X}^*$, $\sum\limits_{n=1}^{\infty} |f(\xi_n)| < \infty$,又设数列$\{a_n\}$满足 $\lim\limits_{n\to\infty} a_n = 0$. 求证:级数 $\sum\limits_{k=1}^{\infty} a_k \xi_k$ 按 $\mathscr{X}$ 的范数收敛.

证 如果当 n 足够大时,$a_n = 0$,那么结论显然成立. 此外,不失普遍性,假定 $a_n \neq 0$,否则用$\{a_n\}$中坐标不为零的子序列代替$\{a_n\}$. 本题要且只要证明:点列$\{x_n\} \xlongequal{\text{def}} \left\{\sum\limits_{k=1}^{n} a_k \xi_k\right\}$是 $\mathscr{X}$ 的基本列. 事实上,记 $\Omega = \{\{\omega_n\} \mid |\omega_n| \leqslant 1\}$,则对 $\forall f \in \mathscr{X}^*$, $\forall \{\omega_n\} \in \Omega$,及 $n, p \in \mathbb{N}$,我们有

$$\left|\left\langle f, \sum_{k=n}^{n+p} \omega_k \xi_k \right\rangle\right| = \left|\sum_{k=n}^{n+p} \omega_k f(\xi_k)\right| \leqslant \sum_{k=n}^{n+p} |\omega_k| \, |f(\xi_k)|$$

$$\leqslant \sum_{k=n}^{n+p} |f(\xi_k)| < \infty.$$

根据共鸣定理,

$$\left\{\sum_{k=n}^{n+p} \omega_k \xi_k \,\middle|\, \{\omega_k\} \in \Omega, n, p \in N\right\}$$

是 $\mathscr{X}$ 中的有界集,即 $\exists M > 0$,使得

$$\left\|\sum_{k=n}^{n+p} \omega_k \xi_k\right\| \leqslant M, \quad \{\omega_k\} \in \Omega, n, p \in \mathbb{N}.$$

记 $\omega_{n,p} = \max\limits_{n \leqslant k \leqslant n+p} |a_k|$,根据我们开始的假定,则有 $\omega_{n,p} > 0$,对 $\forall n \leqslant k \leqslant n+p$, $\left|\dfrac{a_k}{\omega_{n,p}}\right| \leqslant 1$,从而

$$\left\{\frac{a_k}{\omega_{n,p}}\right\}\in \Omega \quad (n\leqslant k\leqslant n+p).$$

进一步，因为条件 $\lim\limits_{n\to\infty}a_n=0$，所以 $\lim\limits_{n\to\infty}\omega_{n,p}=0$，对 $\forall p\in\mathbb{N}$ 一致成立. 于是

$$\|x_{n+p}-x_n\|=\left\|\sum_{k=n}^{n+p}a_k\xi_k\right\|=\left\|\omega_{n,p}\sum_{k=n}^{n+p}\frac{a_k}{\omega_{n,p}}\xi_k\right\|\leqslant \omega_{n,p}M\to 0,\quad n\to\infty$$

对 $\forall p\in\mathbb{N}$ 一致成立. 故点列 $\{x_n\}$ 是 $\mathscr{X}$ 中的基本列. 又因为 $\mathscr{X}$ 完备，所以点列 $\{x_n\}$ 是 $\mathscr{X}$ 中的收敛列.

例 13 设 $\mathscr{X},\mathscr{Y}$ 是 Banach 空间，$A\in\mathscr{L}(\mathscr{X},\mathscr{Y})$ 是满射. 求证：如果在 $\mathscr{Y}$ 中 $y_n\to y_0$，则 $\exists C>0$ 与 $x_n\to x_0$，使

$$Ax_n=y_n \quad \text{且} \quad \|x_n\|\leqslant C\|y_n\|.$$

证 设 $N(A)=\{x\in\mathscr{X}\mid Ax=0\}$，考虑映射

$$\begin{cases}\widetilde{A}:\mathscr{X}/N(A)\to\mathscr{Y}, & \forall\,[x]\in\mathscr{X}/N(A),\\ \widetilde{A}[x]=Ax, & \forall\,x\in[x].\end{cases}$$

(1) 证 $\widetilde{A}$ 是单射. 事实上，

$$\begin{aligned}\widetilde{A}[x]=0&\Longrightarrow Ax=0\ (\forall\,x\in[x])\\ &\Longrightarrow x\in N(A)\Longrightarrow[x]=[\theta].\end{aligned}$$

故 $\widetilde{A}$ 是单射.

(2) 证 $\widetilde{A}$ 是满射. 事实上，由条件 A 满射推出，对 $\forall y\in\mathscr{Y}$，$\exists x'\in\mathscr{X}$，使得 $Ax'=y$，从而 $\widetilde{A}[x']=Ax'=y$. 故 $\widetilde{A}$ 满射.

(3) 证 $\widetilde{A}$ 有界. 事实上，因为对 $\forall[x]\in\mathscr{X}/N(A)$，我们有

$$\|\widetilde{A}[x]\|_{\mathscr{Y}}\xlongequal{x'\in[x]}\|Ax\|_{\mathscr{Y}}\leqslant\|A\|\|x\|\leqslant 2\|A\|\|[x]\|,$$

由此推出 $\widetilde{A}$ 有界.

(4) 由 Banach 逆算子定理，$\widetilde{A}^{-1}\in\mathscr{L}(\mathscr{Y},\mathscr{X}/N(A))$.

(5) 证 $y_0=0$ 时的结论. 事实上，如果 $y_0=0$，$y_n\to 0$，记 $[x_n]=\widetilde{A}^{-1}y_n$，则有

$$\|[x_n]\|=\|\widetilde{A}^{-1}y_n\|\leqslant\|\widetilde{A}^{-1}\|\|y_n\|.$$

注意到这个结论与要证的一般结果十分类似，其中 $\|\widetilde{A}^{-1}\|$ 相当于 C. 下面要做的事就是“过河拆桥”，将 $[x_n]$ 中的“[]”去掉. 事实上，根据第一章 §4 例 13 的(2)，可取 $x_n'\in[x_n]$，使得

$$\|x_n'\| \leqslant 2\|[x_n]\| \leqslant 2\|\widetilde{A}^{-1}\|\|y_n\|.$$

进一步，从 $y_n \to 0$ 即知 $x_n' \to \theta$. 令

$$y_n = Ax_n', \quad C = 2\|\widetilde{A}^{-1}\|,$$

则有 $\|x_n'\| \leqslant C\|y_n\|, C = 2\|\widetilde{A}^{-1}\|$. 即已经证明了 $y_0 = 0$ 情形下的结论.

(6) 证 $y_0 \neq 0$ 时的结论. 事实上，设 $y_n \to y_0 \neq 0$，记$[x_n] = \widetilde{A}^{-1}y_n$，$[x_0] = \widetilde{A}^{-1}y_0$，则有

$$\|[x_n] - [x_0]\| = \|\widetilde{A}^{-1}y_n - \widetilde{A}^{-1}y_0\| \leqslant \|\widetilde{A}^{-1}\|\|y_n - y_0\| \to 0.$$

取 $x_0' \in [x_0]$，满足$\|x_0'\| \leqslant 2\|[x_0]\|$；同时取 $x_n' \in [x_n]$，满足

$$\|x_n' - x_0'\| \leqslant 2\|[x_n] - [x_0]\|.$$

这样 $x_n' \to x_0'$，并有

$$y_n = \widetilde{A}[x_n] = Ax_n', \quad y_0 = \widetilde{A}[x_0] = Ax_0'.$$

进一步，对 $y_n - y_0 \to \theta$，应用(5)一步结果即知

$$\begin{cases} \|x_n' - x_0'\| \leqslant C\|y_n - y_0\|, \\ \|x_0'\| \leqslant C\|y_0\|, \end{cases}$$

其中 $C = 2\|\widetilde{A}^{-1}\|$. 由此可知

$$\begin{aligned} \|x_n'\| &\leqslant \|x_n' - x_0'\| + \|x_0'\| \leqslant C\|y_n - y_0\| + C\|y_0\| \\ &\leqslant C\|y_n\| + 2C\|y_0\|. \end{aligned} \tag{1}$$

最后，再想办法将$\|y_0\|$折合到$\|y_n\|$上去. 事实上，因为 $y_n \to y_0 \neq 0$，所以 $\exists N_0$，使得对 $\forall n > N_0$，有

$$\|y_0\| - \|y_n\| \leqslant \|y_n - y_0\| \leqslant \frac{1}{2}\|y_0\|.$$

由此推得

$$\|y_0\| \leqslant 2\|y_n\|. \tag{2}$$

联合不等式(1)，(2)即知$\|x_n'\| \leqslant 5C\|y_n\|$.

例 14 设 $\mathscr{X}, \mathscr{Y}$ 是 Banach 空间，T 是闭线性算子，$D(T) \subset \mathscr{X}$，$R(T) \subset \mathscr{Y}$，$N(T) \xlongequal{\text{def}} \{x \in \mathscr{X} \mid Tx = \theta\}$. 求证：

(1) $N(T)$是 $\mathscr{X}$ 的闭线性子空间；

(2) 若 $N(T) = \{\theta\}$，则 $R(T)$在 $\mathscr{Y}$ 中闭的充分必要条件是$\exists \alpha > 0$，使得

$$\|x\| \leqslant \alpha \|Tx\|, \quad \forall\, x \in D(T);$$

(3) $R(T)$在 $\mathscr{Y}$ 中闭的充分必要条件是 $\exists\, m>0$,使得

$$md(x,N(T)) \leqslant \|Tx\| \quad (\forall\, x \in D(T)),$$

其中 $d(x,N(T))$表示 x 到 $\mathscr{X}$ 的子集 $N(T)$的距离.

证 (1) 设 $x_n \in N(T)$, $x_n \to x$. 要证 $x \in N(T)$. 事实上, $x_n \in N(T)$ $\Longrightarrow Tx_n = 0 \to 0$,故有

$$\begin{cases} x_n \to x, \\ Tx_n \to 0. \end{cases}$$

因为 T 是闭线性算子,所以 $0 = Tx \Longrightarrow x \in N(T)$.

(2) **必要性** 事实上,因为 $R(T)$在 $\mathscr{Y}$ 中闭,所以 $R(T)$是 B 空间, $T: D(T) \to R(T)$满射. 条件 $N(T)=\{\theta\}$意味着 $T: D(T) \to R(T)$ 是单射. 于是 $T: D(T) \to R(T)$既是单射又是满射. 由逆算子定理知 $T^{-1} \in \mathscr{L}(R(T), \mathscr{X})$,从而 $\exists\, \alpha>0$,使得

$$\|T^{-1}y\| \leqslant \alpha \|y\| \quad (\forall\, y \in R(T)).$$

于是对 $\forall\, x \in \mathscr{X}$,令 $y = Tx$,便有$\|x\| \leqslant \alpha \|Tx\|$.

充分性 事实上,从 $y_n \in R(T)$, $y_n \to y$ 即知 $\exists\, x_n \in D(T)$,使得 $y_n = Tx_n \to y$,这样$\{Tx_n\}$是基本列. 又由所给的不等式,有

$$\|x_n - x_m\| \leqslant \alpha \|Tx_n - Tx_m\|,$$

故$\{x_n\}$也是基本列,从而 $\exists\, x \in \mathscr{X}$ 使得 $x_n \to x$. 因为 T 是闭线性算子,所以

$$\left.\begin{matrix} x_n \to x \\ Tx_n \to y \end{matrix}\right\} \Longrightarrow y = Tx \Longrightarrow y \in R(T),$$

即证得 $R(T)$闭.

(3) 我们希望用(2)的结果,但少了条件 $N(T)=\{\theta\}$. 将 $\mathscr{X}$“下放”到商空间 $\mathscr{X}/N(T)$去看,目的就是使得 $N(T)$可以看成“零”. 注意到 $\mathscr{X}/N(T)$是 B 空间(见第一章 §4 例 13 中(3)). 考虑映射

$$\widetilde{T}: \mathscr{X}/N(T) \to \mathscr{Y},$$

$$D(\widetilde{T}) = \{[x] \in \mathscr{X}/N(T) \mid x \in D(T)\}, \quad \widetilde{T}[x] = Tx.$$

显然 $N(\widetilde{T}) = [\theta]$, $R(\widetilde{T}) = R(T)$. 如果 $\widetilde{T}$ 是闭算子,用第(2)小题结果,即得结论.

下面证明 $\widetilde{T}$ 是闭算子. 事实上,要从

$$\begin{cases}[x_n] \in D(\widetilde{T}), \\ \widetilde{T}[x_n] \to y\end{cases} \tag{1}$$

出发,导出

$$\begin{cases}[x] \in D(\widetilde{T}), \\ y = \widetilde{T}[x].\end{cases} \tag{2}$$

无论"出发点"(1)还是"目的地"(2)都是建立在商空间上的. 可是条件 T 是闭线性算子,却是建立在原空间 $\mathscr{X}$ 上的. 因此需要还"原". 从(1)出发,根据第一章§4 例 13 中的(2),$\exists\, x_n \in D(T)$,使得 $\|x_n - x\| \leqslant 2\|[x_n - x]\| \to 0$,且 $Tx_n = \widetilde{T}[x_n] \to y$,即有

$$\begin{cases}x_n \in D(T), \\ Tx_n \to y.\end{cases} \tag{1'}$$

注意到(1′)就是(1)的"原",由(1′),利用条件 T 是闭线性算子,我们得到

$$\begin{cases}x \in D(T), \\ y = Tx.\end{cases} \tag{2'}$$

再从(2′)推出(2)是显然的,因为本来就是定义.

现在将证明 $\widetilde{T}$ 是闭算子的线索通过 U 形推理串小结一下,U 形推理串的两端是"出发点"和"目的地",但是为了利用 T 是闭线性算子的条件,我们绕过 U 形推理串的底部.

$$\begin{array}{ccc}(1) & & (2) \\ \Downarrow & & \Uparrow \\ (1') & \xrightarrow{T\text{闭}} & (2')\end{array}$$

最后,因为 $N(\widetilde{T}) = [\theta]$,$R(\widetilde{T}) = R(T)$,用第(2)小题结果,即得 $\exists\, \alpha > 0$,使得 $\|[x]\| \leqslant \alpha \|\widetilde{T}[x]\|$,根据第一章 §4 命题 17,$\|[x]\| = d(x, N(T))$,故有 $d(x, N(T)) \leqslant \alpha\|Tx\|$. 令 $m = 1/\alpha$,即有

$$md(x, N(T)) \leqslant \|Tx\| \quad (\forall\ x \in D(T)).$$

例 15 设 $\mathscr{X}, \mathscr{Y}$ 是 Banach 空间,$T \in \mathscr{L}(\mathscr{X}, \mathscr{Y})$,$N(T) \xlongequal{\text{def}} \{x \in \mathscr{X} \mid Tx = \theta\}$,

$$\gamma(T) \xlongequal{\text{def}} \inf_{x \notin N(T)} \left\{ \frac{\|Tx\|}{d(x, N(T))} \right\}.$$

求证：(1) $\gamma(T) \leqslant \|T\|$；

(2) 当 T 可逆时，$\gamma(T) = \dfrac{1}{\|T^{-1}\|}$.

证 首先从 $\gamma(T)$的定义，对 $\forall x \notin N(T)$，有

$$\frac{\|Tx\|}{d(x, N(T))} \geqslant \gamma(T),$$

由此推出

$$\|Tx\| \geqslant \gamma(T) d(x, N(T)). \tag{1}$$

不等式(1)对 $x \in N(T)$也成立.

(1) 对 $\forall z \in N(T)$及 $\forall x \in \mathscr{X}$，

$$\|Tx\| = \|T(x - z)\| \leqslant \|T\| \|x - z\|,$$

上式两边对 $z \in N(T)$取下确界，即得

$$\|Tx\| \leqslant \|T\| \, d(x, N(T)) \Longrightarrow \gamma(T) \leqslant \|T\|.$$

(2) 当 T 可逆时，$N(T) = \{\theta\}$，从而

$$d(x, N(T)) = \|x\|, \quad \gamma(T) = \inf_{x \neq 0} \left\{ \frac{\|Tx\|}{\|x\|} \right\}. \tag{2}$$

又 $T^{-1}Tx = x$，$TT^{-1}y = y$，$\forall x \in \mathscr{X}$，$y \in \mathscr{Y}$，于是

$$\|x\| = \|T^{-1}Tx\| \leqslant \|T^{-1}\| \|Tx\|, \quad \forall\, x \in \mathscr{X},$$

从而由 $\gamma(T)$的定义，有

$$\gamma(T) = \inf_{x \neq \theta} \left\{ \frac{\|Tx\|}{\|x\|} \right\} \geqslant \frac{1}{\|T^{-1}\|}.$$

另一方面，由不等式(1)，并注意(2)式有

$$\|y\| = \|TT^{-1}y\| \geqslant \gamma(T) \|T^{-1}y\|, \quad \forall\, y \in \mathscr{Y},$$

故

$$1 \geqslant \gamma(T) \sup_{\|y\| = 1} \|T^{-1}y\| = \gamma(T) \|T^{-1}\|,$$

即 $\gamma(T) \leqslant \dfrac{1}{\|T^{-1}\|}$. 总之 $\gamma(T) = \dfrac{1}{\|T^{-1}\|}$.

例 16 设 $\mathscr{X}$，$\mathscr{Y}$ 是 Banach 空间，$T \in \mathscr{L}(X, Y)$，

$$\gamma(T) \xlongequal{\text{def}} \inf_{x \in \mathscr{X}} \left\{ \frac{\|Tx\|}{d(x, N(T))} \right\}.$$

求证：$R(T)$在$\mathscr{Y}$中闭的充分必要条件是$\gamma(T)>0$.

证法 1　注意到例 14 的条件都满足，对 $m=\gamma(T)>0$ 用其结论(3)即得证.

证法 2　充分性　事实上，设 $\gamma(T)>0$ 且有序列 $\{x_n\}_1^\infty\subset\mathscr{X}$ 及 $y_0\in\mathscr{Y}$，使得 $\lim\limits_{n\to\infty}Tx_n=y_0$.

由例 15 中的不等式(1)，

$$\|T(x_n-x_m)\|\geqslant\gamma(T)d(x_n-x_m,N(T)).$$

由于$\{Tx_n\}_1^\infty$是$\mathscr{Y}$中的基本列，故对 $\varepsilon=\dfrac{\gamma(T)}{2^k}$存在$\{Tx_n\}_1^\infty$的一个子序列$\{Tx_{n_k}\}_{k=1}^\infty$，使得

$$\|Tx_{n_{k+1}}-Tx_{n_k}\|<\frac{\gamma(T)}{2^k},\quad k=1,2,\cdots,$$

从而

$$d(x_{n_{k+1}}-x_{n_k},N(T))<\frac{1}{2^k},\quad k=1,2,\cdots.$$

对每一个固定的 k，因为 $d(x_{n_{k+1}}-x_{n_k},N(T))$是点 $x_{n_{k+1}}-x_{n_k}$到 $z\in N(T)$距离的下确界，即最大下界，这意味着

$$d(x_{n_{k+1}}-x_{n_k},N(T))+\frac{1}{2^k}$$

不再是点 $x_{n_{k+1}}-x_{n_k}$到 $z\in N(T)$距离的下界，故可取$\{z_k\}_{k=1}^\infty\in N(T)$，使得

$$\|x_{n_{k+1}}-x_{n_k}-z_k\|<d(x_{n_{k+1}}-x_{n_k},N(T))+\frac{1}{2^k}<\frac{1}{2^{k-1}},$$

$$k=1,2,\cdots.$$

令 $\xi_k=x_{n_{k+1}}-x_{n_k}-z_k$，因为 $\sum\limits_{k=1}^\infty\|\xi_k\|<2$，$\mathscr{X}$ 是 Banach 空间，所以 $x_0\xlongequal{\text{def}}\sum\limits_{k=1}^\infty\xi_k\in\mathscr{X}$. 因为 $Tz_k=\theta$，所以

$$\begin{aligned}Tx_0&=\sum_{k=1}^\infty T\xi_k=\sum_{k=1}^\infty T(x_{n_{k+1}}-x_{n_k})\\&=\lim_{m\to\infty}\sum_{k=1}^m T(x_{n_{k+1}}-x_{n_k})\end{aligned}$$

$$= \lim_{m\to\infty} Tx_{n_{m+1}} - Tx_{n_1} = y_0 - Tx_{n_1},$$

从而 $T(x_0+x_{n_1})=y_0 \Longrightarrow y_0\in R(T)$. 故 $R(T)$闭.

必要性 事实上,设 $R(T)$闭,那么 $R(T)$是 Banach 空间. 这样由开映射定理,$\exists\, r>0$,使得

$$B(\theta,r) \cap R(T) \subset TB(\theta,1).$$

由此推出: 对 $\forall\, y\in R(T)$,$y\neq\theta$,因为

$$\frac{r}{2}\frac{y}{\|y\|} \in B(\theta,r) \cap R(T) \subset TB(\theta,1),$$

所以 $\exists\, x_0\in B(\theta,1)\subset\mathscr{X}$,使得$\frac{r}{2}\frac{y}{\|y\|}=Tx_0$. 令 $z=\frac{2}{r}\|y\|\,x_0$,则有

$$Tz = \frac{2}{r}\|y\|\,Tx_0 = \frac{2}{r}\|y\|\cdot\frac{r}{2}\cdot\frac{y}{\|y\|} = y, \quad \|z\| \leqslant \frac{2}{r}\|y\|.$$

上述 $y\in R(T)$,$y\neq\theta$ 是任意的,今对 $\forall\, x\in\mathscr{X}$,特别取 $y=Tx\in R(T)$,也应该 $\exists\, z\in\mathscr{X}$,使得

$$y = Tz = Tx, \quad \|z\| \leqslant \frac{2}{r}\|y\|.$$

由此 $z-x=x_1\in N(T)$,并且

$$\|Tx\| = \|y\| \geqslant \frac{r}{2}\|z\| = \frac{r}{2}\|x+x_1\| \geqslant \frac{r}{2}d(x,N(T)).$$

由此得到 $\gamma(T)\geqslant\frac{r}{2}>0$.

例 17 设 $\mathscr{X}$,$\mathscr{Y}$ 是 Banach 空间,$T\in\mathscr{L}(\mathscr{X},\mathscr{Y})$. 如果存在 $\mathscr{Y}$ 的闭子空间 M,使得 $R(T)\cap M=\{\theta\}$并且 $R(T)\oplus M$ 在 $\mathscr{Y}$ 中是闭的,求证: $R(T)$在 $\mathscr{Y}$ 中闭.

证 考虑线性算子

$$T_1\colon \mathscr{X}\times M \to \mathscr{Y}, \quad T_1(x,m) = Tx + m, \quad (x,m)\in\mathscr{X}\times M.$$

显然

$$T \in \mathscr{L}(\mathscr{X},\mathscr{Y}) \Longrightarrow T_1 \in \mathscr{L}(\mathscr{X}\times M,\mathscr{Y}).$$

一方面,由条件 $R(T)\oplus M$ 在 $\mathscr{Y}$ 中是闭的,即 $R(T_1)$在 $\mathscr{Y}$ 中是闭的. 根据例 16 的必要性,即知 $\gamma(T_1)>0$.

另一方面,因为 $R(T)\cap M=\{\theta\}$,所以

$$N(T_1) = N(T)\times\{\theta\}.$$

于是对 $\forall\, x\in\mathscr{X}$,

$$\|Tx\| = \|T_1(x,0)\| \geqslant \gamma(T_1) \cdot d((x,0),N(T_1))$$
$$= \gamma(T_1)d(x,N(T)).$$

因此$\gamma(T) \geqslant \gamma(T_1) > 0$，于是根据例 16 的充分性，即知 $R(T)$在 $\mathscr{Y}$ 中闭.

例 18 设 $\mathscr{X}, \mathscr{X}_1, \mathscr{X}_2$ 均为 B 空间，T_1, T_2 分别是 $\mathscr{X}$ 到 $\mathscr{X}_1$ 与 $\mathscr{X}_2$ 中的闭线性算子，且有 $D(T_1) \subset D(T_2)$，求证：$\exists M > 0$，使得

$$\|T_2 x\| \leqslant M(\|x\| + \|T_1 x\|).$$

证 在乘积空间 $\mathscr{X} \times \mathscr{X}_1$ 中引入范数

$$\|(x,x_1)\| \xlongequal{\text{def}} \|x\| + \|T_1 x\|.$$

由于 T_1 是闭线性算子，故其图像 $G(T_1)$是 $\mathscr{X} \times \mathscr{X}_1$ 中的一个闭集. 因为 $\mathscr{X}, \mathscr{X}_1$ 是完备的，所以 $\mathscr{X} \times \mathscr{X}_1$ 是完备的，从而 $G(T_1)$也是 B 空间(见图 2.6). 作算子

$$\Gamma: G(T_1) \to \mathscr{X}_2, \quad (x, T_1 x) \mapsto T_2 x, \quad \forall\ (x, T_1 x) \in G(T_1).$$

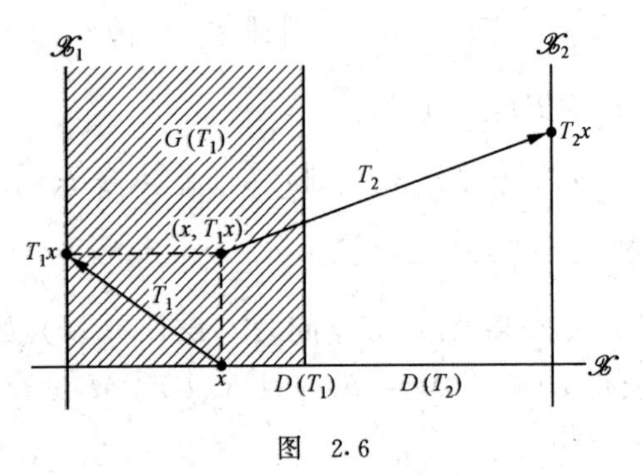

图 2.6

由直接验证可知 Γ 是一个线性算子. 今证明 Γ 是一个闭算子. 事实上，如果有序列$(x_n, T_1 x_n) \subset G(T_1)$，使得当 $n \to \infty$时，

$$\begin{cases} (x_n, T_1 x_n) \to (x, T_1 x), \\ T_2 x_n \to y, \end{cases}$$

那么，由假设可知$\{x_n\} \subset D(T_1) \subset D(T_2)$. 又由乘积空间中范数的定义可知

$$(x_n, T_1 x_n) \to (x, T_1 x) \Longrightarrow x_n \to x,$$

故当 $n \to \infty$时，

$$\begin{cases} x_n \to x, \\ T_2 x_n \to y, \end{cases}$$

而 T_2 是闭算子,从而 $x \in D(T_2)$,$T_2 x = y$. 于是 $\Gamma(x, T_1 x) = T_2 x = y$,这说明 Γ 也是一个闭线性算子. 由于 $D(\Gamma)$ 是 B 空间,$\mathscr{X}_2$ 也是 B 空间,因此,由闭图像定理,Γ 是从 $G(T_1)$ 到 $\mathscr{X}_2$ 的有界线性算子,从而存在常数 $M>0$ 使得对一切 $x \in D(T_1)$,有

$$\begin{array}{ccc} \|T_2 x\| & & M(\|x\| + \|T_1 x\|) \\ \| & & \| \\ \Gamma(x, T_1 x) & \leqslant & M\|(x, T_1 x)\| \end{array}$$

从此 U 形等式-不等式串的两端即知

$$\|T_2 x\| \leqslant M(\|x\| + \|T_1 x\|).$$

例 19 设 $\{a_{ij}\}$ 是无穷矩阵,满足

$$\sum_{j=1}^{\infty} |a_{ij}|^2 < \infty \quad (i = 1, 2, \cdots).$$

记 $y = Ax$,其中 $x = (\xi_1, \xi_2, \cdots, \xi_n, \cdots) \in l^2$,

$$\eta_i = \sum_{j=1}^{\infty} a_{ij} \xi_j (i = 1, 2, \cdots), \quad y = (\eta_1, \eta_2, \cdots, \eta_n, \cdots) \in l^2,$$

$$\begin{bmatrix} \eta_1 \\ \eta_2 \\ \eta_3 \\ \vdots \\ \eta_i \\ \vdots \end{bmatrix} = \begin{bmatrix} a_{11} & a_{12} & a_{13} & \cdots & a_{1j} & \cdots \\ a_{21} & a_{22} & a_{23} & \cdots & a_{2j} & \cdots \\ a_{31} & a_{32} & a_{33} & \cdots & a_{3j} & \cdots \\ \vdots & \vdots & \vdots & & \vdots & \\ a_{i1} & a_{i2} & a_{i3} & \cdots & a_{ij} & \cdots \\ \vdots & \vdots & \vdots & \vdots & \vdots & \vdots \end{bmatrix} \begin{bmatrix} \xi_1 \\ \xi_2 \\ \xi_3 \\ \vdots \\ \xi_j \\ \vdots \end{bmatrix}.$$

求证:$A \in \mathscr{L}(l^2)$.

证 易知 A 是 l^2 到 l^2 中的线性算子,又由于 l^2 是 B 空间,根据闭图像定理的推论 15,只需证 A 为闭算子. 这时 A 为连续线性算子,又由本章 §1 命题 6 知 A 有界. 为此,下证 A 为闭算子. 设 $x_n \in l^2$,$x_n \to x$,且 $Ax_n \to y$,因为 l^2 是 B 空间,自然有 $x \in l^2$,因此为了证明 A 是闭算子,只要证 $y = Ax$. 事实上,记

$$x_n = (\xi_1^{(n)}, \xi_2^{(n)}, \cdots, \xi_m^{(n)}, \cdots),$$

$$x = (\xi_1, \xi_2, \cdots, \xi_m, \cdots),$$
$$y = (\eta_1, \eta_2, \cdots, \eta_m, \cdots).$$

注意到 Ax 的第 i 个坐标 $(Ax)_i = \sum_{j=1}^{\infty} a_{ij}\xi_j$，则对任何固定的 i（矩阵等式中的第 i 行），有

$$\begin{aligned}
|(Ax)_i - \eta_i| &= \left|\sum_{j=1}^{\infty} a_{ij}\xi_j - \eta_i\right| \\
&= \left|\sum_{j=1}^{\infty} a_{ij}(\xi_j - \xi_j^{(n)}) + \sum_{j=1}^{\infty} a_{ij}\xi_j^{(n)} - \eta_i\right| \\
&\leqslant \left|\sum_{j=1}^{\infty} a_{ij}(\xi_j - \xi_j^{(n)})\right| + \left|\sum_{j=1}^{\infty} a_{ij}\xi_j^{(n)} - \eta_i\right| \\
&\leqslant \left(\sum_{j=1}^{\infty} |a_{ij}|^2\right)^{\frac{1}{2}} \left(\sum_{j=1}^{\infty} |\xi_j^{(n)} - \xi_j|^2\right)^{\frac{1}{2}} \\
&\quad + \left(\sum_{i=1}^{\infty} \left|\sum_{j=1}^{\infty} a_{ij}\xi_j^{(n)} - \eta_i\right|^2\right)^{\frac{1}{2}} \\
&\leqslant \left(\sum_{j=1}^{\infty} |a_{ij}|^2\right)^{\frac{1}{2}} \|x_n - x\| \\
&\quad + \|Ax_n - y\| \to 0 \quad (n \to \infty).
\end{aligned}$$

故有 $\eta_i = \sum_{j=1}^{\infty} a_{ij}\xi_j (i=1,2,\cdots)$，即 $Ax=y$. 故 A 是闭算子，从而结论得证.

例 20 设 $\{a_{ij}\}$ 是无穷矩阵，满足：对每个 $x=(\xi_1,\xi_2,\cdots,\xi_n,\cdots)\in l^\infty$，

$$\eta_i = \sum_{j=1}^{\infty} a_{ij}\xi_j \quad (i = 1,2,\cdots)$$

都收敛，且 $y=(\eta_1,\eta_2,\cdots,\eta_n,\cdots)\in l^\infty$，记 $y=Ax$，求证：$A\in\mathscr{L}(l^\infty)$.

证 A: $l^\infty \to l^\infty$ 显然是线性算子，由 l^∞ 的完备性，要证 $A\in\mathscr{L}(l^\infty)$，只需证 A 为闭算子. 设 $x_n\in l^\infty$，$x_n\to x$，且 $Ax_n\to y$，因为 l^∞ 是 B 空间，自然有 $x\in l^\infty$，因此为了证 A 是闭算子，只要证 $y=Ax$，进一步只要证 $(y)_m=(Ax)_m$，也就是说，只要证它们的第 m 个坐标相等.

设 $x_n=(\xi_1^{(n)},\xi_2^{(n)},\cdots,\xi_m^{(n)},\cdots)$，$x=(\xi_1,\xi_2,\cdots,\xi_n,\cdots)$. 引进泛函

$$f_m(x) \xlongequal{\text{def}} \sum_{j=1}^{\infty} a_{mj}\xi_j, \quad \forall\, x = (\xi_1, \xi_2, \cdots, \xi_n, \cdots) \in l^\infty,$$

显然 $f_m: l^\infty \to \mathbb{K}$ 是线性泛函，且因为有条件：对

$$\forall\, x = (\xi_1, \xi_2, \cdots, \xi_n, \cdots) \in l^\infty, \quad \sum_{j=1}^{\infty} a_{ij}\xi_j (i = 1, 2, \cdots)$$

都收敛，特别对 $x_0 = (\text{sgn}a_{i1}, \text{sgn}a_{i2}, \cdots, \text{sgn}a_{ij}, \cdots) \in l^\infty$，即知

$$\sum_{j=1}^{\infty} |a_{ij}| = \sum_{j=1}^{\infty} a_{ij}\text{sgn}a_{ij}$$

收敛($i=1,2,\cdots$)，从而

$$|f_m(x)| = \left|\sum_{j=1}^{\infty} a_{mj}\xi_j\right| \leqslant \sum_{j=1}^{\infty} |a_{mj}| \sup_j |\xi_j|$$

$$= \sum_{j=1}^{\infty} |a_{mj}| \cdot \|x\|, \quad \forall\, x \in l^\infty,$$

即知 $f_m \in (l^\infty)^*$. 这样一方面，按照下图所示推理得到：

$$\lim_{n\to\infty} (Ax_n)_m = (Ax)_m.$$

$$\begin{array}{ccc} (Ax_n)_m & \xrightarrow{\text{所以}} & (Ax)_m \\ \| & & \| \\ \sum_{j=1}^{\infty} a_{mj}\xi_j^{(n)} & & \sum_{j=1}^{\infty} a_{mj}\xi_j \\ \| & & \| \\ f_m(x_n) & \xrightarrow{\text{因为}} & f_m(x) \end{array}$$

另一方面，设 $y = (\eta_1, \eta_2, \cdots, \eta_m, \cdots)$，按照下图所示推理得到：

$$\lim_{n\to\infty} (Ax_n)_m = \eta_m = (y)_m,$$

$$\begin{array}{ccccccc} Ax_n & = & ((Ax_n)_1, & (Ax_n)_2, & \cdots, & (Ax_n)_m, & \cdots) \\ \downarrow & \Longrightarrow & \downarrow & \downarrow & \cdots & \downarrow & \cdots \\ y & = & (\eta_1, & \eta_2, & \cdots, & \eta_m, & \cdots) \end{array}$$

联合以上两个方面，得证 $(y)_m = (Ax)_m (m = 1, 2, \cdots)$，即 $y = Ax$.

注 例 16、例 17 都是通过验证 A 为闭算子来证明 A 的连续性. 这种思路具有一般性. 闭图像定理告诉我们，在 Banach 空间中，判定线性算子的连续性(有界性)问题可以转化为闭性的判定，且在许多场合

往往闭性较易检验. 事实上,设考虑线性算子 $A: \mathscr{X}\to\mathscr{Y}$ 对于下面三条:

(1) $x_n\to x_0$; (2) $Ax_n\to y_0$; (3) $y_0=Ax_0$,

通常要证 A 在 x_0 连续,则需要从(1)推出(2)和(3),即

$$(1)\Longrightarrow\begin{cases}(2)\\(3)\end{cases}$$

但若要验证 A 是闭算子,则只要从(1)和(2)推出(3),即

$$\left.\begin{matrix}(1)\\(2)\end{matrix}\right\}\Longrightarrow(3)$$

这就是说,验证 A 为闭算子比验证 A 为连续算子多了一个条件而少了一个结论,当然要方便得多.

例 21 设 $\mathscr{X}$ 是 $C[0,1]$ 的闭子空间,使得 $\mathscr{X}$ 中的每一个函数都在 $[0,1]$ 中连续可微. 求证: $\mathscr{X}$ 是有限维的.

证 设 $T: \mathscr{X}\to C[0,1]$ 定义为: $\forall f\in\mathscr{X}, Tf=f'$,则 T 是连续的. 事实上,设

$$f_n\in\mathscr{X},\quad f_n\to f,\quad f_n'\to g.$$

因为 $C[0,1]$ 中的收敛等价于一致收敛,对于 $\forall t\in[0,1]$,

$$f_n(t)-f_n(0)=\int_0^t f_n'(s)\mathrm{d}s.$$

令 $n\to\infty$,得

$$f(t)-f(0)=\int_0^t g(s)\mathrm{d}s\Longrightarrow f'=g.$$

由此可见,T 是闭算子,又 $D(T)=\mathscr{X}$ 是闭子空间,根据闭图像定理,T 是有界算子. 设

$$\|f'\|\leqslant M\|f\|,\quad 即\quad \max_{0\leqslant x\leqslant 1}|f'(x)|\leqslant M\max_{0\leqslant x\leqslant 1}|f(x)|.$$

令 $n=[M]+1$,则对于 $\forall f\in\mathscr{X}$,只要满足 $\|f\|\leqslant 1$,便有

$$\|f'\|=\max_{0\leqslant x\leqslant 1}|f'(x)|<n.$$

现在,为了证明 $\mathscr{X}$ 是有限维的,只要证明 $\mathscr{X}$ 与一个有限维空间能建立一一对应的映射. 为此令

$$x_i=\frac{i}{4n}\quad(i=0,1,2,\cdots,4n),$$

利用这些分点将[0,1]区间 $4n$ 等分(见图 2.7),同时将函数 $f\in\mathscr{X}$ 在这些分点上离散化,即建立映射 $S:\mathscr{X}\to\mathbb{R}^{4n+1}$,$\forall f\in\mathscr{X}$,

$$S(f)=(f(x_0),f(x_1),f(x_2),\cdots,f(x_{4n}))\in\mathbb{R}^{4n+1}.$$

显然 S 是线性映射.下面证明 S 是一一的,就是要证:

$$S(f)=0\Longrightarrow f=0.$$

其逆否命题是

$$f\neq 0\Longrightarrow S(f)\neq 0\Longrightarrow \exists\, i,\text{使 } f(x_i)\neq 0.$$

用反证法.如果最后的结论不对,那么

$$\forall\, i=1,2,\cdots,4n,\quad f(x_i)=0. \tag{1}$$

因为 $f\neq 0$,不妨假定 $\max\limits_{0\leqslant x\leqslant 1}|f(x)|=\|f\|=1$,连续函数 $|f(x)|$ 在[0,1]上可以取到其最大值,设

$$x_M\in(x_i,x_{i+1}),\quad |f(x_M)|=1. \tag{2}$$

根据微分中值定理,有

$$|f(x_M)-f(x_i)|=|f'(\xi)||x_M-x_i|\leqslant n\cdot\frac{1}{4n}=\frac{1}{4}. \tag{3}$$

然而由(1),(2)有

$$|f(x_M)-f(x_i)|=|f(x_M)|=1. \tag{4}$$

(3),(4)两式矛盾.因此 $\dim(\mathscr{X})\leqslant 4n+1$.

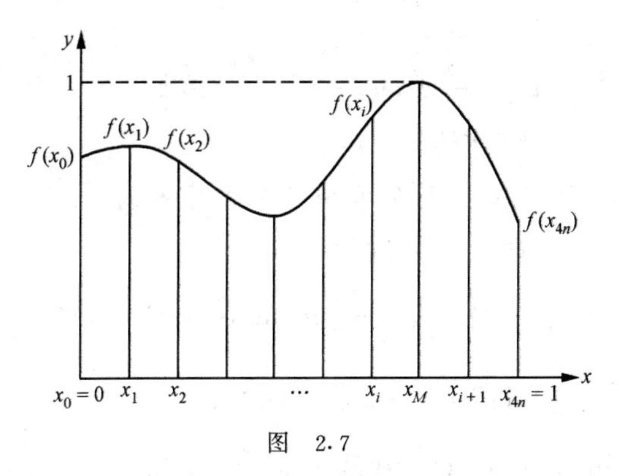

图 2.7

例 22 设 $a(x,y)$ 是 Hilbert 空间 $\mathscr{H}$ 上的一个共轭双线性函数,满足:

(1) $\exists M>0$,使得 $|a(x,y)|\leqslant M\|x\|\|y\|$;

(2) $\exists\,\delta>0$,使得$|a(x,y)|\geqslant\delta\,\|x\|^2$.

求证:$\forall\,f\in\mathscr{H}^*$,$\exists$ 唯一的 $y_f\in\mathscr{H}$,使得

$$a(x,y_f)=f(x),\quad\forall\,x\in\mathscr{H},$$

而且 y_f 连续依赖于 f.

证 由条件(1),(2),根据 Lax-Milgram 定理 19,必存在唯一的有连续逆的连续线性算子 $A\in\mathscr{L}(\mathscr{H})$,使得

$$a(x,y)=(x,Ay),\quad\forall\,x,y\in\mathscr{H}.$$

又根据 Riesz 表示定理,对 $\forall\,f\in\mathscr{H}^*$,$\exists$ 唯一的 $z_f\in\mathscr{H}$,使得

$$f(x)=(x,z_f).$$

对此 z_f,求解方程 $Ay=z_f$,得到唯一解

$$y_f=A^{-1}z_f.$$

故有

$$f(x)=(x,z_f)=(x,Ay_f)=a(x,y_f).$$

再证所产生的 y_f 是唯一的.事实上,若另有表示

$$f(x)=a(x,y_f'),\quad\forall\,x\in\mathscr{H},$$

则有

$$0=a(x,y_f)-a(x,y_f')=a(x,y_f-y_f'),\quad\forall\,x\in\mathscr{H}.$$

取 $x=y_f-y_f'$,便有

$$0=a(y_f-y_f',y_f-y_f')\overset{\text{因为(2)}}{\geqslant}\delta\,\|y_f-y_f'\|^2,$$

由此推出 $y_f'=y_f$.结论得证.

例 23 设 Ω 是 $\mathbb{R}^2$ 中边界光滑的有界开区域,α: $\Omega\to\mathbb{R}^1$ 有界可测并满足 $0<\alpha_0\leqslant\alpha$,$f\in L^2(\Omega)$.规定

$$a(u,v)=\int_\Omega(\nabla u\cdot\nabla v+\alpha uv)\mathrm{d}x\mathrm{d}y\quad(\forall\,u,v\in H^1(\Omega));$$

$$F(v)=\int_\Omega fv\mathrm{d}x\mathrm{d}y\quad(\forall\,v\in L^2(\Omega)).$$

求证:$\exists$ 唯一的 $u\in H^1(\Omega)$,满足 $a(u,v)=F(v)$.

证 设$|\alpha|\leqslant M_\alpha$.注意到$\|u\|_1^2=\|u\|^2+\|\nabla u\|^2$ 以及 Cauchy-Schwarz 不等式,有

$$|a(u,v)|\leqslant|(\nabla u,\nabla v)|+M_\alpha|(u,v)|$$

$$\leqslant \|\nabla u\|\|\nabla v\| + M_\alpha \|u\|\|v\|$$
$$\leqslant \|u\|_1 \|v\|_1 + M_\alpha \|u\|_1 \|v\|_1$$
$$= (1 + M_\alpha) \|u\|_1 \|v\|_1 \quad (\forall\, u,v \in H^1(\Omega)).$$

由此可见例 22 的条件(1)满足. 再验证例 22 的条件(2)也满足. 事实上,

$$a(u,u) \geqslant \int_\Omega (|\nabla u|^2 + \alpha_0 |u|^2) \mathrm{d}x\mathrm{d}y$$
$$\geqslant \min\{1, \alpha_0\} \|u\|_1^2 \quad (\forall\, u \in H^1(\Omega)).$$

又因为 F 是线性算子,且

$$|F(v)| = \left| \int_\Omega fv \mathrm{d}x\mathrm{d}y \right| \leqslant \|f\|_{L^2} \|v\|_{L^2} \leqslant \|f\|_{L^2} \|v\|_1,$$

所以 $F \in (H^1(\Omega))^*$. 再用例 22 的结论, ∃ 唯一的 $u \in H^1(\Omega)$, 使得

$$a(u,v) = F(v) \quad (\forall\, v \in H^1(\Omega)).$$

§4 Hahn-Banach 定理

基 本 内 容

Hahn-Banach 定理

定理 1(实 Hahn-Banach 定理) 设 $\mathscr{X}$ 是实线性空间, p 是定义在 $\mathscr{X}$ 上的次线性泛函, $\mathscr{X}_0 \subset \mathscr{X}$ 是实线性子空间, f_0 是 $\mathscr{X}_0$ 上的实线性泛函,并满足

$$f_0(x) \leqslant p(x) \quad (\forall\, x \in \mathscr{X}_0),$$

那么在 $\mathscr{X}$ 上必有一个实线性泛函 f 满足:

(1) $f(x) = f_0(x)$ $(\forall x \in \mathscr{X}_0)$ (延拓条件);

(2) $f(x) \leqslant p(x)$ $(\forall x \in \mathscr{X})$ (受控条件).

定义 2 设 $P: \mathscr{X} \to \mathbb{R}^1$ 是线性空间 $\mathscr{X}$ 上的一个函数,若它满足:

(1) $P(x+y) \leqslant P(x) + P(y)$ $(\forall x, y \in \mathscr{X})$ (次可加性);

(2) $P(\lambda x) = |\lambda| P(x)$ $(\forall \lambda \in \mathbb{K}, \forall x \in \mathscr{X})$ (齐次性);

(3) $P(x) \geqslant 0$ $(\forall x \in \mathscr{X})$,

则称 P 是一个**半范数或半模**.

定理 3(Hahn-Banach 定理) 设 $\mathscr{X}$ 是 B^* 空间, $\mathscr{X}_0$ 是 $\mathscr{X}$ 的线

性子空间.若 f_0 是 $\mathscr{X}_0$ 上的有界线性泛函,那么 f_0 可以延拓到整个空间 $\mathscr{X}$ 上且保持范数不变,也就是说,$\mathscr{X}$ 上存在有界线性泛函 f 满足:

(1) $f(x)=f_0(x)$ $(\forall x\in\mathscr{X}_0)$ (延拓条件);

(2) $\|f\|=\|f_0\|_0$ (保范条件),$\|f_0\|_0$ 是 f_0 在 $\mathscr{X}_0$ 上的范数.

推论 4 设 $\mathscr{X}$ 是线性赋范空间.对于 $\forall$ 非零 $x_0\in\mathscr{X}$,必存在 $f\in\mathscr{X}^*$,满足

$$f(x_0)=\|x_0\|,\quad 且\quad \|f\|=1.$$

推论 5 线性赋范空间 $\mathscr{X}$ 上有足够多的连续线性泛函.

定理 6 设 $\mathscr{X}$ 是线性赋范空间,M 是 $\mathscr{X}$ 的线性子空间.若 $x_0\in\mathscr{X}$,且

$$d\xlongequal{\text{def}}\rho(x_0,M)>0;$$

则必存在 $f\in\mathscr{X}^*$,适合条件:

(1) $f(x)=0$ $(\forall x\in M)$;

(2) $f(x_0)=d$;

(3) $\|f\|=1$.

这三条可以用下表帮助记忆

	M	x_0	$\|\cdot\|$
f	0	$\rho(x_0,M)$	1

推论 7 若 $\mathscr{X}$ 是 B^* 空间,$M\subset\mathscr{X}$,$x_0\neq\theta$,则 $x_0\in\overline{\text{span}M}$ 当且仅当 $\forall f\in\mathscr{X}^*$,只要 $f(M)=0$,就有 $f(x_0)=0$.即

$$\begin{cases}x_0\in\overline{\text{span}M}\\ M\subset N(f)\end{cases}\Longrightarrow x_0\in N(f).$$

特例 若 $M=\{x_1,x_2,\cdots,x_n,\cdots\}$,问:是否能用形如

$$\sum_{i=1}^{n}c_ix_i$$

的线性组合的序列极限去逼近给定的元素 x_0?本推论给出了这种逼近存在的一个充分且必要条件:对所有的在 $x_1,x_2,\cdots,x_n,\cdots$ 上为 0 的线性连续泛函 f,都有

$$f(x_0)=0.$$

几何形式——凸集分离定理

定义 8(极大线性子空间) 在线性空间 $\mathscr{X}$ 中,$M\subset\mathscr{X}$ 是 $\mathscr{X}$ 的线性子空间. M 称为**极大**,是指对任意的线性子空间 M_1,如果 $M\subsetneqq M_1$,则有 $M_1=\mathscr{X}$.

命题 9 设 $\mathscr{X}$ 是线性空间,M 是 $\mathscr{X}$ 的真线性子空间,那么 M 是极大的充分必要条件是

$$\forall\, x_0\in\mathscr{X}\backslash M,\quad 有\quad \mathscr{X}=\{\lambda x_0\,|\,\lambda\in\mathbb{R}^1\}\oplus M.$$

定义 10 设 M 为极大线性子空间,$x_0\in\mathscr{X}$,$L\overset{\text{def}}{=\!=}x_0+M$ 称为**极大线性流形**或**超平面**(特别当 $x_0\in M$ 时,超平面就是极大线性子空间).

注 超平面是平面上一般直线概念的推广. 平面上的直线 l 可以通过线性函数表示:

$$l=\{x=(\xi,\eta)\,|\,a\xi+b\eta=c\}.$$

超平面 L 也可以通过线性泛函来刻画.

命题 11 设 $\mathscr{X}$ 是线性空间,f 是 $\mathscr{X}$ 上的非零线性泛函,那么 $R(f)=\mathbb{R}^1$,即 $\forall r\in\mathbb{R}^1$,必存在 $x_0\in\mathscr{X}$,使得 $f(x_0)=r$.

定理 12(超平面与线性泛函等值面的关系) 为了 L 是线性空间 $\mathscr{X}$ 上的一个超平面,必须且仅须存在非零线性泛函 f 及 $r\in\mathbb{R}^1$,使得 $L=H_f^r$,其中

$$H_f^r\overset{\text{def}}{=\!=}\{x\in\mathscr{X}\,|\,f(x)=r\}.$$

注 如果 L 闭,从而 H_f^0 闭,那么 f 还是连续的,本定理可改述为:为了 L 是 B^* 空间 $\mathscr{X}$ 上的一个闭超平面,必须且仅须存在非零线性连续泛函 f 及 $r\in\mathbb{R}^1$,使得 $L=H_f^r$.

定义 13 所谓超平面 $L=H_f^r$ **分离集合** E 与 F,是指:

$$\forall\, x\in E\Rightarrow f(x)\leqslant r\quad (或\geqslant r),$$
$$\forall\, x\in F\Rightarrow f(x)\geqslant r\quad (或\leqslant r).$$

如果在上面两个式子中,分别用$<$与$>$代替$\leqslant$与$\geqslant$,那么就说 H_f^r **严格分离集合** E 与 F.

定理 14(Hahn-Banach 定理的几何形式)(凸集与单点分离定理) 设 E 是实 B^* 空间 $\mathscr{X}$ 上以 θ 为内点的真凸子集,又设 $x_0\notin E$,则必存

在一个超平面 H_f^r 分离 x_0 与 E,即 $\exists f\in\mathscr{X}^*$,使得

$$f(x)\leqslant f(x_0)\quad (\forall\ x\in E).$$

注 1 因为只要通过适当平移,总可以将任一点变为 θ 点,所以本定理对含有任意内点的真凸子集仍成立,但对于无穷维空间 $\mathscr{X}$,E 有内点这一条是不能省略的.

注 2 定理中存在的超平面 $L=H_f^r$ 还是闭的. 事实上,从

$$|f(x)|\leqslant \max\{p(x),p(-x)\}\quad (\forall\ x\in\mathscr{X})$$

可见 $p(x)$连续蕴含 $f(x)$在 θ 点连续,又因为 $f(x)$是线性的,所以 $f(x)$在整个 $\mathscr{X}$ 上连续.

定理 15 设 $\mathscr{X}$ 是 B^* 空间,E_1 与 E_2 是 $\mathscr{X}$ 上的两个互不相交的非空凸集,E_1 有内点,则存在闭超平面 H_f^r 分离 E_1 与 E_2,也就是说,$\exists f\in\mathscr{X}^*$,使得

$$f(x)\leqslant s\ (\forall\ x\in E_1);\quad f(x)\geqslant s\ (\forall\ x\in E_2).$$

注 条件 $E_1\cap E_2=\varnothing$ 可以减弱为 $\mathring{E}_1\cap E_2=\varnothing$.

推论 16(Ascoli 定理) 设 $\mathscr{X}$ 是实 B^* 空间,$E\subset\mathscr{X}$ 是闭凸集,$x_0\notin E$,则 $\exists f\in\mathscr{X}^*$ 及 $\alpha\in\mathbb{R}^1$,使得

$$f(x)<\alpha<f(x_0)\quad (\forall\ x\in E).$$

推论 17(Mazur 定理) 设 $\mathscr{X}$ 是实 B^* 空间,$E\subset\mathscr{X}$ 是有内点的闭凸集,$F\subset\mathscr{X}$ 是一个线性流形,又设 $\mathring{E}\cap F=\varnothing$,那么存在一个包含 F 的闭超平面 L,使得 E 在 L 的一侧. 也就是说,$\exists f\in\mathscr{X}^*$ 及 $s\in\mathbb{R}^1$,使得

$$\begin{cases} f(x)\leqslant s, & x\in E,\\ f(x)=s, & x\in F.\end{cases}$$

下面我们来推广平面上直线和圆的相切概念.

定义 18 超平面 $L=H_f^r$ 称为是凸集 E 在点 $x_0\in\partial E$ 的**承托超平面**,是指 E 在 L 的一侧,且与 L 有公共点 x_0,换句话说

$$f(x)\leqslant r=f(x_0)\ (x\in E)\quad 或\quad f(x)\geqslant r=f(x_0)\ (x\in E).$$

定理 19 设 E 是实 B^* 空间 $\mathscr{X}$ 中含有内点的闭凸集,那么通过 E 的每个边界点都可以做出一个 E 的承托超平面.

应用

定理 20 设抽象函数 $f:(a,b)\to\mathscr{Y}$ 在(a,b)内可微,则对 $\forall t_1,t_2\in(a,b)$,$\exists\alpha\in(0,1)$使得

$$\|f(t_2)-f(t_1)\|\leqslant\|f'(\alpha t_2+(1-\alpha)t_1)\||t_2-t_1|.$$

典型例题精解

例 1 设 p 是实线性空间 $\mathscr{X}$ 上的次线性泛函,求证:

(1) $p(\theta)=0$;

(2) $p(-x)\geqslant -p(x)$;

(3) 任意给定 $x_0\in\mathscr{X}$,在 $\mathscr{X}$ 上必有实线性泛函 f,满足

$$f(x_0)=p(x_0)\quad 以及\quad f(x)\leqslant p(x)\ (\forall\, x\in\mathscr{X}).$$

证 (1) 在齐次性中,取 $x=\theta,\lambda=2$,则有

$$p(2\theta)=2p(\theta)\Longrightarrow p(\theta)=2p(\theta)\Longrightarrow p(\theta)=0.$$

(2) 根据 p 的次可加性,有

$$0=p(\theta)=p(x-x)\leqslant p(x)+p(-x),$$

即知 $p(-x)\geqslant -p(x)$.

(3) 令 $\mathscr{X}_0=\{\alpha x_0\}(\alpha\in\mathbb{R}^1)$,对 $\forall x\in\mathscr{X}_0$,定义

$$f_0(x)=f_0(\alpha x_0)=\alpha f_0(x_0)\overset{\text{def}}{=\!=\!=}\alpha p(x_0),$$

而

$$f_0(x_0)\overset{\alpha=1}{=\!=\!=}f_0(\alpha x_0)=\alpha p(x_0)\overset{\alpha=1}{=\!=\!=}p(x_0).$$

$\forall x\in\mathscr{X}_0$,是否有 $f_0(x)\leqslant p(x)$? 即对 $\forall\alpha\in\mathbb{R}^1$,是否有

$$f_0(\alpha x_0)\leqslant p(\alpha x_0)?$$

当 $\alpha\geqslant 0$ 时,显然结论是正确的;

当 $\alpha<0$ 时,$f_0(\alpha x_0)=\alpha f_0(x_0)=\alpha p(x_0)$.

根据条件(2),有

$$\begin{array}{ccc} p(\alpha x_0) & & f_0(\alpha x_0)\\ \| & & \| \\ p(-|\alpha|x_0) & \geqslant -\,p(|\alpha|x_0)= & \alpha p(x_0)\end{array}$$

从此 U 形等式-不等式串的两端即知,对 $\forall x\in\mathscr{X}_0$,有 $f_0(x)\leqslant p(x)$.
于是根据实 Hahn-Banach 定理,即得结论.

例 2 设 $\mathscr{X}_0$ 是 B^* 空间 $\mathscr{X}$ 的闭子空间,求证: $\forall x \in \mathscr{X}$,

$$\rho(x,\mathscr{X}_0) = \sup\{|f(x)| \,\big|\, f \in \mathscr{X}^*, \|f\| = 1, f(\mathscr{X}_0) = 0\},$$

其中 $\rho(x,\mathscr{X}_0) = \inf\limits_{y \in \mathscr{X}_0} \|x-y\|$.

证 一方面,由第二章 §1 例 11,有

$$|f(x)| = \rho(x, N(f)) \leqslant \rho(x,\mathscr{X}_0).$$

由此推出

$$\sup\{|f(x)| \,\big|\, f \in X^*, \|f\| = 1, f(\mathscr{X}_0) = 0\} \leqslant \rho(x,\mathscr{X}_0);$$

另一方面,等式

$$\sup\{|f(x)| \,\big|\, f \in \mathscr{X}^*, \|f\| = 1, f(\mathscr{X}_0) = 0\} = \rho(x,\mathscr{X}_0)$$

对 $x \in \mathscr{X}_0$ 显然成立. 对 $x \notin \mathscr{X}_0$,由定理 6,存在 $f \in \mathscr{X}^*$,使得

$$\|f\| = 1, \quad f(\mathscr{X}_0) = 0, \quad f(x) = \rho(x,\mathscr{X}_0).$$

联合以上两个方面,得证:

$$\sup\{|f(x)| \,\big|\, f \in \mathscr{X}^*, \|f\| = 1, f(\mathscr{X}_0) = 0\} = \rho(x,\mathscr{X}_0).$$

例 3 设 $\mathscr{X}$ 是线性赋范空间. 给定 $\mathscr{X}$ 中的 n 个线性无关元 x_1, $x_2, \cdots, x_n$ 与 $\mathbb{K}$ 中 n 个数 $c_1, c_2, \cdots, c_n$,以及 $M>0$,求证: 为了存在 $f \in \mathscr{X}^*$,满足 $\|f\| \leqslant M$, $f(x_j) = c_j$ $(j=1,2,\cdots,n)$, 必须且仅须对 $\forall \alpha_1$, $\alpha_2, \cdots, \alpha_n \in \mathbb{K}$,有

$$\left|\sum_{j=1}^{n} \alpha_j c_j\right| \leqslant M \left\|\sum_{j=1}^{n} \alpha_j x_j\right\|.$$

证 必要性 事实上,若满足所说条件的 $f \in \mathscr{X}^*$ 存在,则

$$\left|\sum_{k=1}^{n} \alpha_k c_k\right| = \left|\sum_{k=1}^{n} \alpha_k f(x_k)\right| = \left|f\left(\sum_{k=1}^{n} \alpha_k x_k\right)\right|$$

$$\leqslant \|f\| \left\|\sum_{k=1}^{n} \alpha_k x_k\right\| \leqslant M \left\|\sum_{k=1}^{n} \alpha_k x_k\right\|.$$

充分性 事实上,若所说的不等式成立,设

$$E = \operatorname{span}\{x_n, n \geqslant 1\}.$$

$\forall x = \sum\limits_{k=1}^{n} \alpha_k x_k \in E$,定义 $f_0(x) = \sum\limits_{k=1}^{n} \alpha_k c_k$,特别有 $f_0(x_k) = c_k$,并由充分性假设,得

$$|f_0(x)| = \left|\sum_{k=1}^{n} \alpha_k c_k\right| \leqslant M\|x\| \Rightarrow \|f\|_0 \leqslant M, \quad \forall x \in E.$$

再根据 Hahn-Banach 定理，$\exists f\in\mathscr{X}^*$，使得

$$\begin{cases} f(x)=f_0(x), & \forall x\in E, \\ \|f\|=\|f\|_0\leqslant M. \end{cases}$$

例 4 设 $x_1,x_2,\cdots,x_n$ 是线性赋范空间 $\mathscr{X}$ 中线性无关元，求证 $\exists f_1,f_2,\cdots,f_n\in\mathscr{X}^*$，使得

$$f_i(x_j)=\delta_{ij}\quad (i,j=1,2,\cdots,n).$$

证 记 $M_i=\operatorname*{span}\limits_{\substack{1\leqslant j\leqslant n\\ j\neq i}}\{x_j\}$，$d_i=\rho(x_i,M_i)$，则 $d_i>0$. 由定理 6，对 M_i，因为 $d_i>0$，所以 $\exists\bar{f}_i\in\mathscr{X}^*$，使得

(1) $\|\bar{f}_i\|=1$； (2) $\bar{f}_i(M_i)=0$； (3) $\bar{f}_i(x_i)=d_i$.

再令 $f_i=\dfrac{\bar{f}_i}{d_i}$，便得

$$\begin{cases} f_i(x_j)=0, & j\neq i, \\ f_i(x_i)=1, & j=i, \end{cases}\quad \text{即}\quad f_i(x_j)=\delta_{ij}\ \ (i,j=1,2,\cdots,n).$$

例 5 设 $\mathscr{X}$ 是实 l^∞ 空间，$\mathscr{X}_0\subset\mathscr{X}$ 是实 c 空间，即

$$\mathscr{X}=\{x=\{x_n\}\,|\,x_n\in\mathbb{R}^1,\sup_{n\geqslant 1}|x_n|<\infty\},$$

$$\mathscr{X}_0=\{x=\{x_n\}\,|\,x_n\in\mathbb{R}^1,\exists\lim_{n\to\infty}x_n\}.$$

求证：在 $\mathscr{X}$ 上存在线性泛函 f，使得

(1) $\varliminf\limits_{n\to\infty}x_n\leqslant f(x)\leqslant\varlimsup\limits_{n\to\infty}x_n$，$\forall x=\{x_n\}\in\mathscr{X}$；

(2) 若 $x=\{x_n\}\in\mathscr{X}_0$，则 $f(x)=\lim\limits_{n\to\infty}x_n$.

证 令 $p(x)=\varlimsup\limits_{n\to\infty}x_n$，则 $p(x)$ 在整个空间 $\mathscr{X}$ 上有定义，并且 $p(x)$ 是 $\mathscr{X}$ 上的次可加正齐性函数. 事实上，对 $\forall\lambda\geqslant 0$，

$$\begin{array}{ccc} p(\lambda x) & & \lambda p(x) \\ \| & & \| \\ \varlimsup\limits_{n\to\infty}\lambda x_n & = & \lambda\varlimsup\limits_{n\to\infty}x_n \end{array}$$

又对 $\forall x,y\in\mathscr{X}$，

$$\begin{array}{ccc} p(x+y) & & p(x)+p(y) \\ \| & & \| \\ \varlimsup\limits_{n\to\infty}(x_n+y_n) & \leqslant & \varlimsup\limits_{n\to\infty}(x_n)+\varlimsup\limits_{n\to\infty}(y_n) \end{array}$$

现在考虑子空间 $\mathscr{X}_0$ 和 $\mathscr{X}_0$ 上的线性泛函

$$f_0(x)=\lim_{n\to\infty}x_n,\quad \forall\ x=\{x_n\}\in\mathscr{X}_0.$$

在 $\mathscr{X}_0$ 上,因为 $p(x)=\overline{\lim_{n\to\infty}}x_n=\lim\limits_{n\to\infty}x_n$,所以

$$f_0(x)\leqslant p(x),\quad \forall\ x=\{x_n\}\in\mathscr{X}_0.$$

根据实 Hahn-Banach 定理,在 $\mathscr{X}$ 上存在线性泛函 f 满足:

$$\begin{cases}f(x)\leqslant p(x), & \forall\ x\in\mathscr{X},\\ f(x)=f_0(x)=\lim\limits_{n\to\infty}x_n, & \forall\ x\in\mathscr{X}_0.\end{cases}$$

一方面,由 $f(x)\leqslant p(x),\forall x\in\mathscr{X}$,即 $f(x)\leqslant\overline{\lim\limits_{n\to\infty}}x_n$;

另一方面,由 $f(-x)\leqslant p(-x)$,即 $f(-x)\leqslant\overline{\lim\limits_{n\to\infty}}(-x_n)$,

$$\begin{array}{ccc} f(x) & & \underline{\lim\limits_{n\to\infty}}x_n \\ \| & & \| \\ -f(-x) & \geqslant & -\overline{\lim\limits_{n\to\infty}}(-x_n) \end{array}$$

从此 U 形等式-不等式串的两端即知 $f(x)\geqslant\underline{\lim\limits_{n\to\infty}}x_n$.

联合以上两个方面,就有 $\underline{\lim\limits_{n\to\infty}}x_n\leqslant f(x)\leqslant\overline{\lim\limits_{n\to\infty}}x_n$.

例 6 设 $\mathscr{X}$ 是复线性空间,$E\subset\mathscr{X}$ 是非空均衡集,f 是 $\mathscr{X}$ 上的线性泛函,求证:$|f(x)|\leqslant\sup\limits_{y\in E}\mathrm{Re}f(y),\forall x\in E$.

证 $\forall x\in E$,因为 $f(x)=|f(x)|\mathrm{e}^{\mathrm{i}\alpha}$,所以

$$|f(x)|=\mathrm{e}^{-\mathrm{i}\alpha}f(x)=f(\mathrm{e}^{-\mathrm{i}\alpha}x).\tag{1}$$

注意到(1)式的左端$|f(x)|\geqslant0$,即知(1)式的右端 $f(\mathrm{e}^{-\mathrm{i}\alpha}x)\geqslant0$,故有

$$f(\mathrm{e}^{-\mathrm{i}\alpha}x)=\mathrm{Re}f(\mathrm{e}^{-\mathrm{i}\alpha}x)\leqslant\sup_{x\in E}\mathrm{Re}f(\mathrm{e}^{-\mathrm{i}\alpha}x).\tag{2}$$

最后由 E 的均衡性,即有 $x\in E\Longrightarrow\mathrm{e}^{-\mathrm{i}\alpha}x\in E$,故有

$$\sup_{x\in E}\mathrm{Re}f(\mathrm{e}^{-\mathrm{i}\alpha}x)=\sup_{x\in E}\mathrm{Re}f(x).\tag{3}$$

联合(1),(2),(3)即知$|f(x)|\leqslant\sup\limits_{y\in E}\mathrm{Re}f(y)$.

例 7 设 $\mathscr{X}$ 是线性空间,求证:为了 M 是 $\mathscr{X}$ 的极大线性子空间,必须且仅须 $\dim(\mathscr{X}/M)=1$.

分析 由命题 9 知,M 是极大线性子空间的充分必要条件是:M 是线性真子空间,并且

$$\forall\ x_0\in\mathscr{X}\backslash M,\quad 有\quad \mathscr{X}=\{\lambda x_0\,|\,\lambda\in\mathbb{R}^1\}\oplus M.$$

证 必要性 事实上,如果 M 是线性真子空间,并且 $\forall x_0\in\mathscr{X}\setminus M$,有 $\mathscr{X}=\{\lambda x_0\mid\lambda\in\mathbb{R}^1\}\oplus M$,那么

$$\forall\ [x]\in\mathscr{X}/M,\quad \forall\ x\in[x],\quad \exists\ x_1\in M,\quad \lambda\in\mathbb{R}^1,$$

使得 $x=\lambda x_0+x_1$,由此可见,

$$\begin{array}{ccc} [x] & & \lambda[x_0] \\ \| & & \| \\ [\lambda x_0+x_1] & = & \lambda[x_0]+[x_1] \end{array}$$

从此 U 形等式串的两端即知,$\dim(\mathscr{X}/M)=1$.

充分性 如果 $\dim(\mathscr{X}/M)=1$,那么,$\forall x_0\in\mathscr{X}\setminus M$,$[x]\in\mathscr{X}/M$,$\exists\lambda\in\mathbb{R}^1$,使得$[x]=\lambda[x_0]$. 由此推出

$$[x-\lambda x_0]=[\theta]\Longrightarrow x-\lambda x_0\in M,$$

即知 $x\in\{\lambda x_0\mid\lambda\in\mathbb{R}^1\}\oplus M$,从而

$$\mathscr{X}\subset\{\lambda x_0\mid\lambda\in\mathbb{R}^1\}\oplus M.$$

反过来,因为 $\mathscr{X}$ 是线性空间,所以

$$\{\lambda x_0\mid\lambda\in\mathbb{R}^1\}\oplus M\subset\mathscr{X}.$$

联合以上两个方面,即得

$$\mathscr{X}=\{\lambda x_0\mid\lambda\in\mathbb{R}^1\}\oplus M.$$

例 8 设 C 是实 B^* 空间 $\mathscr{X}$ 中的一个凸集(图 2.8),并设 $x_0\in\mathring{C}$,$x_1\in\partial C$,$x_2=m(x_1-x_0)+x_0\ (m>1)$. 求证:$x_2\notin C$.

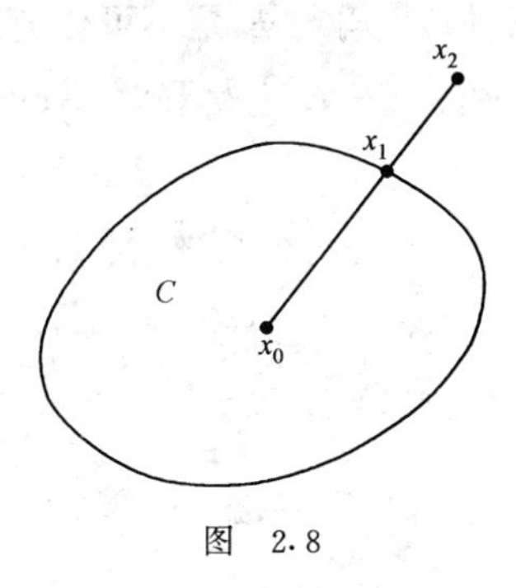

图 2.8

证 用反证法. 假定 $x_2\in C$,记 $\lambda=\dfrac{1}{m}$,则 $x_1=\lambda x_2+(1-\lambda)x_0$. 只要能找到一个 $d>0$,使得 $B(x_1,d)\subset C$,便与 $x_1\in\partial C$ 的假设矛盾. 事实

上，因为 $x_0\in\mathring{C}$，所以 $\exists\,\delta>0$，使得 $B(x_0,\delta)\subset C$. 这样，$\forall\, y\in B(x_0,\delta)$，都有 $z=\lambda x_2+(1-\lambda)y\in C$. 联立

$$\begin{cases}x_1=\lambda x_2+(1-\lambda)x_0\\ z=\lambda x_2+(1-\lambda)y\end{cases}\Longrightarrow z-x_1=(1-\lambda)(y-x_0).$$

由此推出

$$\|z-x_1\|=(1-\lambda)\,\|y-x_0\|<(1-\lambda)\delta. \tag{1}$$

于是，只要取 $d=(1-\lambda)\delta>0$，即可使得 $B(x_1,d)\subset C$. 事实上，当 $\|z-x_1\|<d$ 时，由不等式(1)，

$$y=x_0+\frac{z-x_1}{1-\lambda}\in B(x_0,\delta)\subset C,$$

从而

$$\begin{aligned}z&=x_1+(1-\lambda)(y-x_0)\\&=\lambda x_2+(1-\lambda)x_0+(1-\lambda)(y-x_0)\\&=\lambda x_2+(1-\lambda)y\in C,\end{aligned}$$

即 $B(x_1,d)\subset C$. 这与 $x_1\in\partial C$ 的条件矛盾. 证毕.

例 9 设 $\mathscr{X}=l^2,E\subset\mathscr{X}$，

$$E=\left\{x=(\xi_1,\xi_2,\cdots,\xi_n,\cdots)\;\middle|\;\begin{matrix}\text{仅有有穷多个 }\xi_n\text{ 不为 }0\\ \text{最后不为 }0\text{ 的坐标}>0\end{matrix}\right\},$$

求证：E 是凸集，$\theta\notin E$，但是$\{\theta\}$与 E 是不可分离的.

证 E 是凸集是显然，$\theta\in E$ 也是显然，只证$\{\theta\}$与 E 是不可分离的.

用反证法. 假如$\{\theta\}$与 E 是可分离的，那么 $\exists\, f\in\mathscr{X}^*,f\neq\theta$，使得

$$f(x)\leqslant 0\quad(\forall\, x\in E).$$

记 $e_n=(\underbrace{0,0,\cdots,1}_{n\text{个}},0,\cdots)$，显然

$$\lambda e_n+e_{n+1}\in E\quad(\forall\, n\in\mathbb{N},\lambda\in\mathbb{R}^1),$$

故有

$$\lambda f(e_n)+f(e_{n+1})\leqslant 0\quad(\forall\, n\in\mathbb{N},\lambda\in\mathbb{R}^1). \tag{1}$$

在(1)式中，取 $\lambda=0$ 推出

$$f(e_n) \leqslant 0 \quad (\forall\, n \in \mathbb{N}). \tag{2}$$

在(1)式中,取 $\lambda<0$,并两边除以 λ,推出

$$f(e_n) + \frac{1}{\lambda} f(e_{n+1}) \geqslant 0 \quad (\forall\, n \in \mathbb{N}).$$

令 $\lambda \to -\infty$,便得到

$$f(e_n) \geqslant 0 \quad (\forall\, n \in \mathbb{N}). \tag{3}$$

联立(2),(3)两式,即有

$$\left.\begin{array}{l} f(e_n) \leqslant 0 \ (\forall\, n \in \mathbb{N}) \\ f(e_n) \geqslant 0 \ (\forall\, n \in \mathbb{N}) \end{array}\right\} \Longrightarrow f(e_n) = 0 \quad (\forall\, n \in \mathbb{N}).$$

因为 $\{e_n\}$ 是 l^2 的一组标准正交基,所以

$$f(e_n) = 0 (\forall\, n \in \mathbb{N}) \Longrightarrow f(x) \equiv 0 (\forall\, x \in l^2) \Longrightarrow f = \theta.$$

这与 $f \neq \theta$ 矛盾.

例 10 设 $\mathscr{X}$ 是实 B^* 空间,E_1 与 E_2 是 $\mathscr{X}$ 上的两个互不相交的非空凸集,且 E_1 是开集,则存在 $f \in \mathscr{X}^*$,使得

$$f(x) < \inf_{z \in E_2} f(z) \quad (\forall\, x \in E_1).$$

证 由定理 15,存在 $f \in \mathscr{X}^*$,使得

$$\sup_{x \in E_1} f(x) \leqslant \inf_{z \in E_2} f(z).$$

由此可见,$\inf\limits_{z \in E_2} f(z)$ 是 $f(x)$ 在 E_1 内的值的上确界,如果这个上确界被 $f(x)$ 取到的话,便是 $f(x)$ 在 E_1 内的最大值. 但是由假设 E_1 是开的,故 $f(x)$ 不可能在 E_1 内取到最大值(参看第二章 §1 例 5),所以

$$f(x) < \inf_{z \in E_2} f(z) \quad (\forall\, x \in E_1).$$

例 11 设 E, F 是 B^* 空间 $\mathscr{X}$ 中的两个互不相交的非空凸集,并且 E 是开的和均衡的. 求证:存在 $f \in \mathscr{X}^*$,使得

$$|f(x)| < \inf_{y \in F} f(y) \quad (\forall\, x \in E).$$

证 将 $\mathscr{X}$ 看做实 $\mathscr{X}_r$,由例 10,$\exists\, g(x) \in \mathscr{X}_r^*$,使得

$$g(x) < \inf_{y \in F} g(y), \quad \forall\, x \in E.$$

令 $f(x) = g(x) - \mathrm{i} g(\mathrm{i}x) \in \mathscr{X}^*$. 注意到 $f(\mathrm{e}^{-\mathrm{i}\alpha} x)$ 是实值的,则对 $\forall\, x \in E$,有

$$
\begin{array}{ccc}
|f(x)| & & \inf\limits_{y\in F} g(y) = \inf\limits_{y\in F} f(y) \\
\| & & \vee \\
\mathrm{e}^{-\mathrm{i}\alpha} f(x) & & \sup\limits_{x\in E} g(x) \\
\| & & \veebar \\
 & f(\mathrm{e}^{-\mathrm{i}\alpha}x) = g(\mathrm{e}^{-\mathrm{i}\alpha}x) &
\end{array}
$$

例 12 设 $\mathscr{X}$ 是 B^* 空间，$E\subset\mathscr{X}$ 是非空的均衡闭凸集，$\forall x_0\in\mathscr{X}\setminus E$. 求证：$\exists f\in\mathscr{X}^*$ 及 $\alpha>0$，使得

$$|f(x)| < \alpha < |f(x_0)| \quad (\forall \in E).$$

证 由 Ascoli 定理（推论 16），存在实线性连续泛函 $g(x)$ 及 $\beta>0$ 使得

$$g(x) < \beta < g(x_0),$$

由此推得

$$\sup_{x\in E} g(x) \leqslant \beta < g(x_0). \tag{1}$$

令 $f(x)=g(x)+\mathrm{i}g(-\mathrm{i}x)$，则由

$$
\begin{array}{ccc}
|f(x)| & & g(\mathrm{e}^{-\mathrm{i}\xi}x) \\
\| & & \| \\
\mathrm{e}^{-\mathrm{i}\xi} f(x) & = & f(\mathrm{e}^{-\mathrm{i}\xi}x)
\end{array}
$$

即知 $|f(x)|=g(\mathrm{e}^{-\mathrm{i}\xi}x)$，再由不等式(1)，便得

$$\sup_{x\in E}|f(x)| = \sup_{x\in E} g(x) < g(x_0) = |g(x_0)| \leqslant |f(x_0)|.$$

取 $\forall\alpha\in(\sup\limits_{x\in E}|f(x)|, |f(x_0)|)>0$，则有

$$|f(x)| \leqslant \sup_{x\in E}|f(x)| < \alpha < |f(x_0)|.$$

例 13 设 M 是 B^* 空间 $\mathscr{X}$ 中的闭凸集（图 2.9），求证：$\forall x\in\mathscr{X}\setminus M$，必 $\exists f_1\in\mathscr{X}^*$，满足 $\|f_1\|=1$，并且

$$\sup_{y\in M} f_1(y) \leqslant f_1(x) - d(x),$$

其中 $d(x)=\inf\limits_{z\in M}\|x-z\|$.

证 因为

$$
\begin{cases}
B(x,d)\ \text{是有内点的凸集}, \\
M\ \text{是闭凸集},
\end{cases}
$$

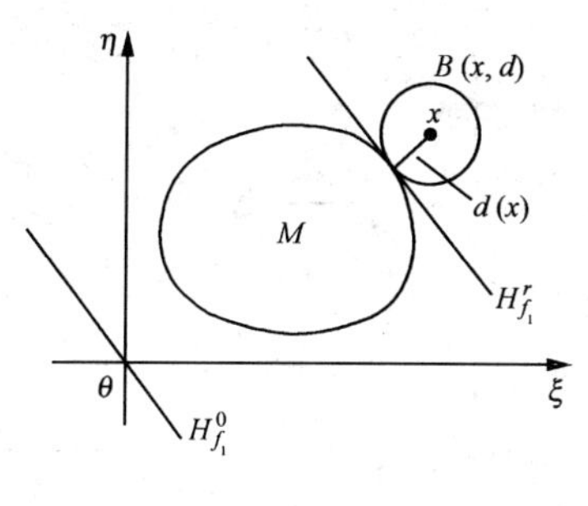

图 2.9

根据定理 15,存在 $f\in\mathscr{X}^*$,$\alpha\in\mathbb{R}^1$,使得

$$f(y)\leqslant\alpha\leqslant f(z)\quad(\forall\ y\in M,z\in B(x,d)),$$

其中 $d(x)=\rho(x,M)$. 由此,有如下 U 形等式-不等式串:

$$\begin{array}{ccc}
\sup\limits_{y\in M}f(y) & & f(x)-d(x)\|f\| \\
\wedge\!\!\backslash & & \| \\
\inf\limits_{z\in B(x,d)}f(z) & & f(x)-d(x)\sup\limits_{y\in B(\theta,1)}f(y) \\
\| & & \| \\
\inf\limits_{y\in B(\theta,1)}f(x-dy)= & & \inf\limits_{y\in B(\theta,1)}[f(x-df(y)]
\end{array}$$

从此 U 形等式-不等式串的两端,取 $f_1=\dfrac{f}{\|f\|}$,即知

$$\sup_{y\in M}f_1(y)\leqslant f_1(x)-d(x).$$

例 14 设 M 是实 B^* 空间 $\mathscr{X}$ 内的闭凸集,求证:

$$\inf_{z\in M}\|x-z\|=\sup_{\substack{f\in\mathscr{X}^*\\\|f\|=1}}\{f(x)-\sup_{z\in M}f(z)\}\quad(\forall\ x\in\mathscr{X}).$$

分析 题意的几何解释:看一个特例,设 M 为 $\mathbb{R}^2$ 中的闭凸集,$x=(\xi,\eta)\in\mathbb{R}^2$,为确定起见,不妨假定 $f(x)>0$. 那么,实数值 $f(x)-\sup\limits_{z\in M}f(z)$便是由点 x 到平行于直线 H_f^0 的 M 的支撑直线 H_f^r(r 是某个实常数)的距离 $\rho(x,H_f^r)$(见图 2.10). 由此可见,本题的结果说明:当 $f\in\mathscr{X}^*$,$\|f\|=1$,使得点 x 在 M 的支撑直线 $H_{f_0}^{r_0}$上的投影 y_0,恰好是 M 中对点 x 的最佳逼近元时,这个距离 $\rho(x,H_{f_0}^{r_0})$达到最大.

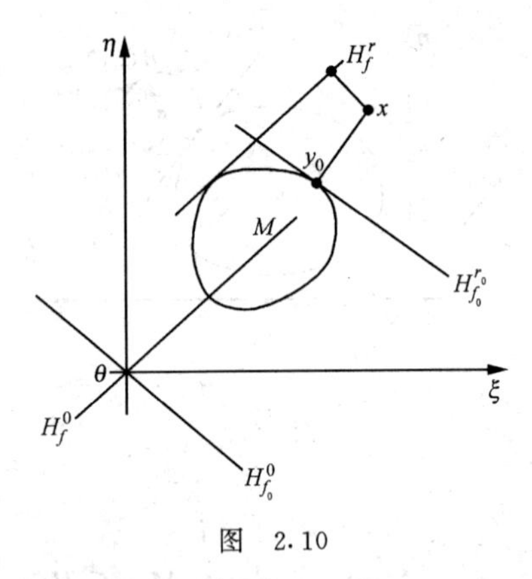

图 2.10

证 记 $d(x)=\inf\limits_{z\in M}\|x-z\|$. 如果 $x\in M$,要证不等式成为等式,显然成立.

如果 $\forall x\in\mathscr{X}\backslash M$,根据距离的定义,$\forall\varepsilon>0$,$\exists z_\varepsilon\in M$,使得

$$\|x-z\|<d(x)+\varepsilon. \tag{1}$$

又

$$\begin{array}{ccc}
\sup\limits_{\substack{f\in\mathscr{X}^*\\ \|f\|=1}}\{f(x)-\sup\limits_{z\in M}f(z)\} & & \sup\limits_{\substack{f\in\mathscr{X}^*\\ \|f\|=1}}\{\|f\|\|x-z_\varepsilon\|\} \\
\wedge\!\!\!\backslash & & \vee\!\!\!/ \\
\sup\limits_{\substack{f\in\mathscr{X}^*\\ \|f\|=1}}\{f(x)-f(z_\varepsilon)\} & = & \sup\limits_{\substack{f\in\mathscr{X}^*\\ \|f\|=1}}\{f(x-z_\varepsilon)\}
\end{array}$$

由此 U 形等式-不等式串的两端与不等式(1)联合,即知

$$\sup_{\substack{f\in\mathscr{X}^*\\ \|f\|=1}}\{f(x)-\sup_{z\in M}f(z)\}\leqslant\sup_{\substack{f\in\mathscr{X}^*\\ \|f\|=1}}\{\|f\|\|x-z_\varepsilon\|\}<d(x)+\varepsilon.$$

根据 $\varepsilon>0$ 任意性,有 $\sup\limits_{\substack{f\in\mathscr{X}^*\\ \|f\|=1}}\{f(x)-\sup\limits_{z\in M}f(z)\}\leqslant d(x)$.

另一方面,根据例 13,必 $\exists f_0\in\mathscr{X}^*$,满足 $\|f_0\|=1$,使得

$$d(x)\leqslant f_0(x)-\sup_{z\in M}f_0(z),$$

所以 $d(x)=\sup\limits_{\substack{f\in\mathscr{X}^*\\ \|f\|=1}}\{f(x)-\sup\limits_{z\in M}f(z)\}$,并且右端上确界在 f_0 达到.

例 15 设 $\mathscr{X}$ 为实 B^* 空间,E 和 F 是互不相交的凸子集,求证:

(1) 若 $\rho(E,F)>0$,则存在非零 $f\in\mathscr{X}^*$,使得

$$\sup_{x\in E}f(x)<\inf_{z\in F}f(z);$$

(2) 若 E,F 还是紧集,则存在非零 $f\in\mathscr{X}^*$,使得

$$\sup_{x\in E}f(x)<\inf_{z\in F}f(z).$$

证 (1) 取 $r=\dfrac{1}{2}\rho(E,F)$,记

$$E_1=E+B(0,r)=\{x+y\},\quad \forall\, x\in E,y\in B(0,r).$$

容易验证 E_1 是凸集、开集,并且 E_1 与 F 不相交,$E\subset E_1$. 由定理 15,存在非零 $f\in\mathscr{X}^*$,使得

$$\sup_{x\in E_1}f(x)\leqslant\inf_{x\in F}f(x).$$

现在为了证明结论,只需证明对上述 f 有

$$\sup_{x\in E}f(x)<\sup_{x\in E_1}f(x).$$

事实上,任取 x_0,使得 $f(x_0)>0$,记 $y_0=\dfrac{r}{\|x_0\|+1}x_0$,则

$$\|y_0\|<r,\quad f(y_0)>0.$$

对此 y_0,因为 $x+y_0\in E_1(\forall\, x\in E)$,所以

$$f(x+y_0)\leqslant\sup_{x\in E_1}f(x)\Longrightarrow\sup_{x\in E}f(x+y_0)\leqslant\sup_{x\in E_1}f(x).$$

于是

$$\begin{array}{ccc}\sup\limits_{x\in E_1}f(x) & & \sup\limits_{x\in E}f(x)\\ \verb|\|\!\!\vee & & \wedge\\ \sup\limits_{x\in E}f(x+y_0) & = & \sup\limits_{x\in E}f(x)+f(y_0)\end{array}$$

从此 U 形等式-不等式串的两端即知

$$\sup_{x\in E_1}f(x)>\sup_{x\in E}f(x).$$

(2) 根据第一章 §3 例 4,必存在 $x\in E,y\in F$,使得 $\rho(E,F)=\rho(x,y)$. 因为 E 和 F 是互不相交的,所以

$$\rho(E,F)>0.$$

用第(1)小题结果,即得证.

例 16 设 $\mathscr{X}$ 是 Banach 空间,给定泛函 $f:\mathscr{X}\to\mathbb{R}^1$,$f$ 的上方图定义为

$$\mathrm{epi}(f)=\{(x,\gamma)\in\mathscr{X}\times\mathbb{R}^1\mid f(x)\leqslant\gamma\}.$$

求证：f 是凸泛函的充分必要条件是 epi(f)是凸集(见图 2.11).

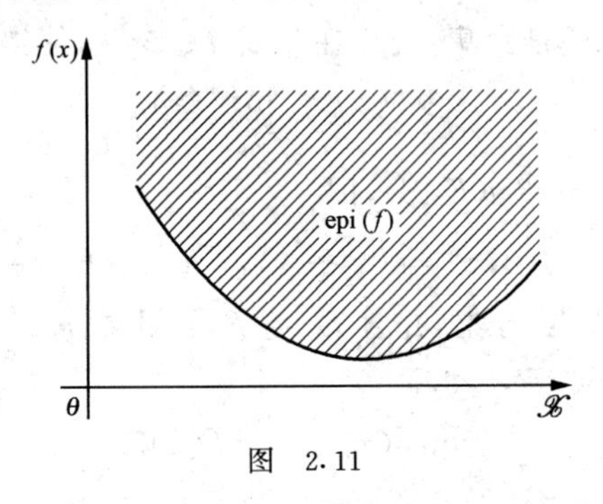

图 2.11

证 *必要性* 假定 f 是凸泛函，我们考虑 epi(f)中的任意两点：

$$\begin{cases}(x,\xi)\in\mathrm{epi}(f)\subseteq\mathscr{X}\times\mathbb{R}^1,\\(y,\eta)\in\mathrm{epi}(f)\subseteq\mathscr{X}\times\mathbb{R}^1.\end{cases}$$

为了证明必要性，只要证明

$$\alpha(x,\xi)+(1-\alpha)(y,\eta)\in\mathrm{epi}(f),\quad\forall\,\alpha\in[0,1].$$

事实上，

$$\begin{cases}(x,\xi)\in\mathrm{epi}(f)\Longrightarrow f(x)\leqslant\xi,\\(y,\eta)\in\mathrm{epi}(f)\Longrightarrow f(y)\leqslant\eta.\end{cases}$$

又因为 f 是凸泛函，对 $\forall\alpha\in[0,1]$，所以有

$$f(\alpha x+(1-\alpha)y)\leqslant\alpha f(x)+(1-\alpha)f(y)\leqslant\alpha\xi+(1-\alpha)\eta.$$

此不等式串的两端蕴含

$$(\alpha x+(1-\alpha)y,\alpha\xi+(1-\alpha)\eta)\in\mathrm{epi}(f).\tag{1}$$

再注意到乘积空间的加法和数乘运算法则，有

$$(\alpha x+(1-\alpha)y,\alpha\xi+(1-\alpha)\eta)=\alpha(x,\xi)+(1-\alpha)(y,\eta).\tag{2}$$

联合(1),(2)两式即得

$$\alpha(x,\xi)+(1-\alpha)(y,\eta)\in\mathrm{epi}(f).$$

充分性 设 epi(f)是凸集. 要证明 f 是凸泛函，即证明：对 $\forall x,y\in\mathscr{X}$，有

$$f(\alpha x+(1-\alpha)y)\leqslant\alpha f(x)+(1-\alpha)f(y),\quad\forall\,\alpha\in[0,1].$$

事实上，根据 epi(f)的凸性，对 $\forall(x,\xi),(y,\eta)\in\mathrm{epi}(f)$，有

$$\alpha(x,\xi) + (1-\alpha)(y,\eta) \in \mathrm{epi}(f), \quad \forall\, \alpha \in [0,1].$$

上式特别对$(x,f(x))\in \mathrm{epi}(f)$,$(y,f(y))\in \mathrm{epi}(f)$也成立,即有

$$\alpha(x,f(x)) + (1-\alpha)(y,f(y)) \in \mathrm{epi}(f), \quad \forall\, \alpha \in [0,1].$$

再注意到乘积空间的加法和数乘运算法则,即有

$$(\alpha x + (1-\alpha)y, \alpha f(x) + (1-\alpha)f(y)) \in \mathrm{epi}(f), \quad \forall\, \alpha \in [0,1].$$

由此可见,

$$f(\alpha x + (1-\alpha)y) \leqslant \alpha f(x) + (1-\alpha)f(y), \quad \forall\, \alpha \in [0,1].$$

§5　共轭空间·弱收敛·自反空间

基本内容

共轭空间与自然映射

定义 1　设 $\mathscr{X}$ 是 B^* 空间,$\mathscr{X}$ 上所有连续线性泛函全体,按范数

$$\|f\| = \sup_{\|x\|=1} |f(x)|$$

构成一个 B 空间,称为 $\mathscr{X}$ 的**共轭空间**,记为 $\mathscr{X}^*$.

定义 2　设 B^*空间 $\mathscr{X}$ 的共轭空间为 $\mathscr{X}^*$(它是一个 B 空间),考虑 $\mathscr{X}^*$的共轭空间,称为 $\mathscr{X}$ 的**第二共轭空间**,记做 $\mathscr{X}^{**}$.

注　对 $\forall x\in\mathscr{X}$,可以定义 $X(f)=\langle f,x\rangle (\forall f\in\mathscr{X}^*)$,其中 $\langle f,x\rangle$表示 Banach 空间的泛函 $f\in\mathscr{X}^*$ 在 x 点的值.不难验证:X 还是 $\mathscr{X}^*$ 上的一个线性泛函,满足:$|X(f)|\leqslant\|f\|\|x\|$,从而 X 还是连续的,满足

$$\|X\| \leqslant \|x\|.$$

称映射 $T: x\mapsto X$ 为**自然映射**,上式表明 T 是 $\mathscr{X}$ 到 $\mathscr{X}^{**}$的连续嵌入.T 还是一个线性同构,且 T 是等距的(即$\|x\|_{\mathscr{X}}=\|X\|_{\mathscr{X}^{**}}$).

定理 3　B^*空间 $\mathscr{X}$ 与它的第二共轭空间 $\mathscr{X}^{**}$的一个子空间等距同构.

定义 4　如果 $\mathscr{X}$ 到 $\mathscr{X}^{**}$的自然映射 T 是满射的,则称 $\mathscr{X}$ 是**自反的**,记做 $\mathscr{X}=\mathscr{X}^{**}$.

定义 5　设$\mathscr{X}$,$\mathscr{Y}$ 是 B^*空间,算子 $T\in\mathscr{L}(\mathscr{X},\mathscr{Y})$.算子 T^*:$\mathscr{Y}^*\to\mathscr{X}^*$称为是 T 的**共轭算子**是指:

$$f(Tx) = (T^* f)(x) \quad (\forall\, f \in \mathscr{Y}^*, \forall\, x \in \mathscr{X}).$$

注 $\forall T \in \mathscr{L}(\mathscr{X}, \mathscr{Y})$，$T^*$是唯一存在的，且$T^* \in \mathscr{L}(\mathscr{Y}^*, \mathscr{X}^*)$.

定理 6 映射$*: T \mapsto T^*$是$\mathscr{L}(\mathscr{X}, \mathscr{Y})$到$\mathscr{L}(\mathscr{Y}^*, \mathscr{X}^*)$内的等距同构.

定理 7 设$\mathscr{X}, \mathscr{Y}$是B^*空间，$T \in \mathscr{L}(\mathscr{X}, \mathscr{Y})$，那么$T^{**} \in \mathscr{L}(\mathscr{X}^{**}, \mathscr{Y}^{**})$是$T$在$\mathscr{X}^{**}$上的延拓，并满足$\|T^{**}\| = \|T\|$.

定义 8 设$\mathscr{X}$是一个B^*空间，$\{x_n\} \subset \mathscr{X}$，$x \in \mathscr{X}$，称$\{x_n\}$**弱收敛**到$x$，记做$x_n \rightharpoonup x$，是指：对$\forall f \in \mathscr{X}^*$都有$\lim\limits_{n \to \infty} f(x_n) = f(x)$，$x$称做点列$\{x_n\}$的**弱极限**.

定理 9 弱极限若存在必唯一；强极限若存在必是弱极限.

定义 10 设$\mathscr{X}$是B^*空间，$\{f_n\} \subset \mathscr{X}^*$，$f \in \mathscr{X}^*$，称$\{f_n\}$ **$*$弱收敛**到f，记做$w^*\text{-}\lim\limits_{n \to \infty} f_n = f$，是指

$$\lim_{n \to \infty} f_n(x) = f(x) \quad (\forall\, x \in \mathscr{X}).$$

这时f称做泛函序列$\{f_n\}$的$*$**弱极限**.（$\mathscr{X}$上的$*$弱收敛是站在$\mathscr{X}^*$空间上看元素的弱收敛）

我们已经指出过：$\mathscr{X}$可以连续地嵌入$\mathscr{X}^{**}$，或者说$\mathscr{X} \subset \mathscr{X}^{**}$. 因此$\mathscr{X}^*$上的弱收敛蕴含$\mathscr{X}^*$上的$*$弱收敛，而且当$\mathscr{X}$是一个自反空间时，$*$弱收敛与弱收敛等价. 下表描述了这几种收敛的关系.

$\mathscr{X}, \mathscr{X}^*, \mathscr{X}^{**}$	弱收敛——往右找“伴”
	$*$弱收敛——往左找“伴”
$\mathscr{X}^*$	既可往左找“伴”，又可往右找“伴”

$\mathscr{X}^*$上的弱收敛是站在$\mathscr{X}^*$空间上看元素列$\{f_n^*\}$的弱收敛，即

$$\langle x^{**}, f_n^* \rangle \quad (\forall\, x^{**} \in \mathscr{X}^{**})\ \text{收敛}.$$

$\mathscr{X}^*$上的$*$弱收敛是站在$\mathscr{X}^*$空间上看元素列$\{f_n^*\}$的弱收敛，即$\langle f_n^*, x \rangle (\forall x \in \mathscr{X})$收敛. 因为

$$\langle f_n^*, x \rangle = \langle x^{**}, f_n^* \rangle,$$

所以$\mathscr{X}^*$上的弱收敛蕴含$\mathscr{X}^*$上的$*$弱收敛.

定理 11 设$\mathscr{X}$是B^*空间，$\{x_n\} \subset \mathscr{X}$，$x \in \mathscr{X}$，则为了$x_n \rightharpoonup x$，必须且只须

(1) $\{\|x_n\|\}$有界；

(2) 存在$\mathscr{X}^*$的一个稠密子集M^*，使得$\forall f\in M^*$，有

$$\lim_{n\to\infty} f(x_n) = f(x).$$

定理 12 设$\mathscr{X}$是B空间，$\{f_n\}\subset\mathscr{X}^*$，$f\in\mathscr{X}^*$，则为了$w^*\text{-}\lim\limits_{n\to\infty} f_n=f$，必须且仅须

(1) $\{\|f_n\|\}$有界；

(2) 存在$\mathscr{X}$的一个稠密子集M，使得$\forall x\in M$，有

$$\lim_{n\to\infty} f_n(x) = f(x).$$

命题 13 如果$\dim\mathscr{X}<\infty$，那么弱收敛与强收敛是等价的. 也就是说，

$$x_n \to x \Longleftrightarrow x_n \rightharpoonup x.$$

定义 14 设$\mathscr{X}$，$\mathscr{Y}$均是B^*空间，又设$T_n(n=1,2,\cdots)$，$T\in\mathscr{L}(\mathscr{X},\mathscr{Y})$.

(1) 若$\|T_n-T\|\to 0(\forall x\in\mathscr{X})$，则称$T_n$**一致收敛于**$T$，记做$T_n\rightrightarrows T$. 这时$T$称做$\{T_n\}$的**一致极限**.

(2) 若$\|(T_n-T)x\|\to 0(\forall x\in\mathscr{X})$，则称$T_n$**强收敛于**$T$，记做$T_n\to T$. 这时$T$称做$\{T_n\}$的**强极限**.

(3) 如果对于$\forall x\in\mathscr{X}$以及$\forall f\in\mathscr{Y}^*$，都有$\lim\limits_{n\to\infty} f(T_n x)=f(Tx)$，那么称$T_n$**弱收敛于**$T$，记做$T_n\rightharpoonup T$. 这时$T$称做$\{T_n\}$的**弱极限**.

显然，一致收敛$\Longrightarrow$强收敛$\Longrightarrow$弱收敛，而且每种极限存在必唯一. 但是反过来都不对.

弱列紧性与弱 * 列紧性

定义 15 设A是线性赋范空间$\mathscr{X}$的子集，称A是**弱列紧**的，是指A中任意点列有一个弱收敛子列. 若$B\subset\mathscr{X}^*$，称B是**弱 * 列紧**的，是指B中任意点列有一个 * 弱收敛子列.

定理 16 若$\mathscr{X}$是可分线性赋范空间，则$\mathscr{X}^*$中任意有界集是 * 弱列紧的.

定理 17 设$\mathscr{X}$是线性赋范空间，若$\mathscr{X}^*$是可分的，则$\mathscr{X}$自身也是可分的.

推论 18 设 $\mathscr{X}$ 是自反可分 Banach 空间,则 $\mathscr{X}$ 的有界集是弱列紧的.

定理 19(Pettis 定理) 设 $\mathscr{X}_0$ 是自反 Banach 空间 $\mathscr{X}$ 的闭子空间,则 $\mathscr{X}_0$ 也是自反的.

定理 20(Eberlein-Smulian 定理) 自反空间的单位(闭)球是弱(自)列紧的.

典型例题精解

例 1 求证:$(l^p)^*=l^q\ (1<p<\infty,1/p+1/q=1)$.

分析 本例分两部分证明. 第一部分,对 $\forall f\in(l^p)^*$,要证 $\exists\eta_f=\{\eta_k\}\in l^q$,使得

$$\langle f,x\rangle=\sum_{k=1}^{\infty}\eta_k x_k\quad(\forall\ x\in l^p),\qquad 且\qquad \|\eta\|_q\leqslant\|f\|.$$

第二部分,对 $\forall\eta=\{\eta_k\}\in l^q$,用

$$\langle f,x\rangle=\sum_{k=1}^{\infty}\eta_k x_k\quad(\forall\ x\in l^p)$$

构造一个线性泛函,要证明

$$f\in(l^p)^*,\qquad 且\qquad \|f\|\leqslant\|\eta\|_q.$$

证 第一部分,对 $\forall f\in(l^p)^*$,令

$$e_k=(\overbrace{0,\cdots,0,1}^{k个},0,0,\cdots)\in l^p.$$

$\forall x\in l^p$,可以表示为 $x=\sum\limits_{k=1}^{\infty}x_k e_k$. 由 f 的连续性,所以

$$f(x)=\sum_{k=1}^{\infty}f(e_k)x_k.$$

令 $\eta_k=f(e_k)$,则有

$$\langle f,x\rangle=\sum_{k=1}^{\infty}\eta_k x_k\quad(\forall\ x\in l^p).$$

下面证明

$$\eta=\{\eta_k\}_{k=1}^{\infty}\in l^q.$$

事实上,对 $\forall n\in\mathbb{N}$,构造无穷维向量 $x^{(n)}$,其坐标为

$$x_k^{(n)}=\begin{cases}|\eta_k|^{q-1}\mathrm{e}^{-\mathrm{i}\theta_k}, & k\leqslant n,\\ 0, & k>n,\end{cases}$$

其中 $\theta_k=\arg(\eta_k)$. 因为对于每一个固定的 n, $x^{(n)}$ 的坐标只有有限项不为 0,故有 $x^{(n)}\in l^p$. 又,一方面,

$$\begin{aligned}\langle f,x^{(n)}\rangle &= \sum_{k=1}^{\infty}f(e_k)x_k^{(n)}=\sum_{k=1}^{\infty}\eta_k|\eta_k|^{q-1}\mathrm{e}^{-\mathrm{i}\theta_k}\\ &=\sum_{k=1}^{n}|\eta_k|^{q-1}|\eta_k|\mathrm{e}^{\mathrm{i}\theta_k}\cdot\mathrm{e}^{-\mathrm{i}\theta_k}=\sum_{k=1}^{n}|\eta_k|^{q};\end{aligned}$$

另一方面,

$$\begin{aligned}\langle f,x^{(n)}\rangle &\leqslant \|f\|\|x^{(n)}\|=\|f\|\Big(\sum_{k=1}^{n}|\eta_k|^{(q-1)p}\Big)^{\frac{1}{p}}\\ &\xlongequal{(q-1)p=q}\|f\|\Big(\sum_{k=1}^{n}|\eta_k|^{q}\Big)^{\frac{1}{p}}.\end{aligned}$$

联合以上两方面,我们有

$$\sum_{k=1}^{n}|\eta_k|^{q}\leqslant\|f\|\Big(\sum_{k=1}^{n}|\eta_k|^{q}\Big)^{\frac{1}{p}}\Longrightarrow\Big(\sum_{k=1}^{n}|\eta_k|^{q}\Big)^{\frac{1}{q}}\leqslant\|f\|,$$

从而 $\eta=\{\eta_k\}\in l^q$,且 $\|\eta\|_q\leqslant\|f\|$.

第二部分,对于 $\forall\,\eta\in l^q$,构造一个线性泛函 $f\in(l^p)^*$ 如下:

$$\langle f,x\rangle\xlongequal{\text{def}}\langle\eta,x\rangle\quad(\forall\ x\in l^p).$$

根据 Hölder 不等式,我们有

$$\langle\eta,x\rangle\leqslant\|\eta\|_q\,\|x\|_p\Longrightarrow\|f\|\leqslant\|\eta\|_q.$$

联合第一、二两部分,$\begin{cases}\|\eta\|_q\leqslant\|f\|\\ \|f\|\leqslant\|\eta\|_q\end{cases}\Longrightarrow\|f\|=\|\eta\|_q.$

例 2 求证: $(l^1)^*=l^\infty$.

分析 本例分两部分证明. 第一部分,对 $\forall\,f\in(l^1)^*$,要证 $\exists\,\eta_f=\{\eta_k\}\in l^\infty$,使得

$$\langle f,x\rangle=\sum_{k=1}^{\infty}\eta_k x_k\ \ (\forall\ x\in l^1),\qquad 且\qquad \|\eta\|_\infty\leqslant\|f\|.$$

第二部分,对 $\forall\,\eta=\{\eta_k\}\in l^\infty$,用

$$\langle f,x\rangle=\sum_{k=1}^{\infty}\eta_k x_k\quad(\forall\ x\in l^1)$$

构造一个线性泛函,要证明 $f\in(l^1)^*$,且$\|f\|\leqslant\|\eta\|_\infty$.

证 第一部分,对 $\forall f\in(l^1)^*$,令

$$e_k=(\overbrace{0,\cdots,0,1}^{k\text{个}},0,0,\cdots)\in l^1.$$

$\forall x\in l^1$,可以表示为 $x=\sum\limits_{k=1}^{\infty}x_ke_k$,由 f 的连续性,所以

$$f(x)=\sum_{k=1}^{\infty}f(e_k)x_k.$$

令 $\eta_k=f(e_k)$,则有

$$\langle f,x\rangle=\sum_{k=1}^{\infty}\eta_kx_k\quad(\forall\ x\in l^1).$$

下面证明

$$\eta=\{\eta_k\}_{k=1}^{\infty}\in l^\infty.$$

事实上,

$$|\eta_k|=|f(e_k)|\leqslant\|f\|\|e_k\|\xlongequal{\|e_k\|=1}\|f\|\quad(k=1,2,\cdots).$$

这就证明了 $\eta=\{\eta_k\}\in l^\infty$,且 $\|\eta\|_\infty\leqslant\|f\|$.

第二部分,对 $\forall\eta=\{\eta_k\}\in l^\infty$,用

$$\langle f,x\rangle\xlongequal{\text{def}}\langle\eta,x\rangle=\sum_{k=1}^{\infty}\eta_kx_k\quad(\forall\ x\in l^1)$$

构造一个线性泛函,下面证明 $f\in(l^1)^*$. 事实上,

$$|\langle f,x\rangle|\leqslant\sum_{k=1}^{\infty}|\eta_k||x_k|\leqslant\sup_{k\geqslant1}|\eta_k|\sum_{k=1}^{\infty}|x_k|=\|\eta\|_\infty\|x\|_1.$$

这就证明了 $f\in(l^1)^*$,且$\|f\|\leqslant\|\eta\|_\infty$.

联合第一、二两部分,$\begin{cases}\|\eta\|_\infty\leqslant\|f\|\\ \|f\|\leqslant\|\eta\|_\infty\end{cases}\Longrightarrow\|f\|=\|\eta\|_\infty$.

例 3 设 C 是收敛数列的全体,赋以范数

$$\|\cdot\|:\{\xi_k\}\in C\mapsto\sup_{k\geqslant1}|\xi_k|.$$

求证:$(C)^*=l^1$.

分析 本例分两部分证明. 第一部分,对 $\forall f\in(C)^*$,要证 $\exists\,\eta_f=\{\eta_k\}\in l^1$,使得

$$\langle f,x\rangle=\sum_{k=1}^{\infty}\eta_kx_k\ (\forall\ x\in C),\quad 且\quad \|\eta\|_{l^1}\leqslant\|f\|.$$

第二部分,对 $\forall \eta=\{\eta_k\}\in l^1$,用

$$\langle f,x\rangle = \sum_{k=1}^{\infty}\eta_k x_k \quad (\forall\ x\in C)$$

构造一个线性泛函,要证明 $f\in(C)^*$,且$\|f\|\leqslant\|\eta\|_{l^1}$.

证 第一部分,对 $\forall f\in(C)^*$,令

$$e_k = (\overbrace{0,\cdots,0,1}^{k个},0,0,\cdots)\in C,$$

$\forall x\in C$,可以表示为 $x=\sum_{k=1}^{\infty}x_k e_k$. 由 f 的连续性,故有

$$f(x) = \sum_{k=1}^{\infty}f(e_k)x_k.$$

令 $\eta_k=f(e_k)$,则有

$$\langle f,x\rangle = \sum_{k=1}^{\infty}\eta_k x_k \quad (\forall\ x\in C).$$

下面证明 $\eta=\{\eta_k\}\in l^1$. 对 $\forall n\in\mathbb{N}$,构造无穷维向量 $x^{(n)}$,其坐标为

$$x_k^{(n)} = \begin{cases}\mathrm{e}^{-\mathrm{i}\theta_k}, & k\leqslant n,\\ 0, & k>n,\end{cases} \quad 其中 \quad \theta_k = \arg(\eta_k).$$

因为对于每一个固定的 n,$x^{(n)}$的坐标只有有限项不为 0,所以显然 $x^{(n)}\in C$,并且$\|x^{(n)}\|=1$. 又,一方面

$$\begin{array}{ccc}\langle f,x^{(n)}\rangle & & \displaystyle\sum_{k=1}^{n}|\eta_k| \\ \| & & \| \\ \displaystyle\sum_{k=1}^{n}\eta_k\mathrm{e}^{-\mathrm{i}\theta_k} & = & \displaystyle\sum_{k=1}^{n}|\eta_k|\mathrm{e}^{\mathrm{i}\theta_k}\cdot\mathrm{e}^{-\mathrm{i}\theta_k}\end{array}$$

另一方面,$\langle f,x^{(n)}\rangle\leqslant\|f\|\|x^{(n)}\|=\|f\|$. 故有 $\sum_{k=1}^{n}|\eta_k|\leqslant\|f\|$. 这就证明了 $\eta=\{\eta_k\}\in l^1$,且 $\|\eta\|_{l^1}\leqslant\|f\|$.

第二部分,对 $\forall \eta=\{\eta_k\}\in l^1$,用

$$\langle f,x\rangle \xlongequal{\text{def}} \sum_{k=1}^{\infty}\eta_k x_k \quad (\forall\ x\in C)$$

构造一个线性泛函,下面要证明 $f\in(C)^*$,且$\|f\|\leqslant\|\eta\|_{l^1}$. 事实上,对 $\forall\eta=\{\eta_k\}\in l^1$,$\forall x=\{x_k\}\in C$,

$$|\langle f,x\rangle| \leqslant \sum_{k=1}^{\infty}|\eta_k||x_k| \leqslant \sup_{k\geqslant 1}|x_k|\sum_{k=1}^{\infty}|\eta_k| = \|\eta\|_{l^1}\|x\|.$$

由此可见，$\|f\|\leqslant\|\eta\|_{l^1}$.

联合第一、二两部分，$\begin{cases}\|\eta\|_{l^1}\leqslant\|f\| \\ \|f\|\leqslant\|\eta\|_{l^1}\end{cases}\Longrightarrow\|f\|=\|\eta\|_{l^1}$.

注 如果 $f\in(C)^*$，$\exists\,\eta_1,\eta_2\in l^1$，使得

$$\langle\eta_1,x\rangle = \langle f,x\rangle = \langle\eta_2,x\rangle,$$

那么$\langle\eta_1-\eta_2,x\rangle=\langle 0,x\rangle=0$，则由

$$\|f\| = \|\eta\|_{l^1}\Longrightarrow\|\eta_1-\eta_2\|_{l^1} = 0\Longrightarrow\eta_1 = \eta_2.$$

例 4 设 C_0 是以 0 为极限的数列全体，赋以范数

$$\|\cdot\|:\{\xi_k\}\in C_0\mapsto\sup_{k\geqslant 1}|\xi_k|,$$

求证：$(C_0)^*=l^1$.

分析 本例分两部分证明. 第一部分，对 $\forall f\in(C_0)^*$，要证 $\exists\,\eta_f=\{\eta_k\}\in l^1$，使得

$$\langle f,x\rangle = \sum_{k=1}^{\infty}\eta_k x_k\quad(\forall\ x\in C_0),\qquad 且\qquad \|\eta\|_{l^1}\leqslant\|f\|.$$

第二部分，对 $\forall\,\eta=\{\eta_k\}\in l^1$，用

$$\langle f,x\rangle = \sum_{k=1}^{\infty}\eta_k x_k\quad(\forall\ x\in C_0)$$

构造一个线性泛函，要证明 $f\in(C_0)^*$，且$\|f\|\leqslant\|\eta\|_{l^1}$.

证 第一部分，对 $\forall f\in(C_0)^*$，令

$$e_k = (\overbrace{0,\cdots,0,1}^{k个},0,0,\cdots)\in C_0.$$

$\forall x\in C_0$，可以表示为 $x=\sum\limits_{k=1}^{\infty}x_k e_k$，由 f 的连续性，故有

$$f(x) = \sum_{k=1}^{\infty}f(e_k)x_k.$$

令 $\eta_k=f(e_k)$，则有

$$\langle f,x\rangle = \sum_{k=1}^{\infty}\eta_k x_k.$$

下面证明 $\eta=\{\eta_k\}\in l^1$，对 $\forall n\in\mathbb{N}$，构造无穷维向量 $x^{(n)}$，其坐标为

$$x_k^{(n)} = \begin{cases} e^{-i\theta_k}, & k \leqslant n, \\ 0, & k > n, \end{cases} \quad \theta_k = \arg(\eta_k).$$

显然 $x^{(n)} \in C_0$. 又,一方面

$$\langle f, x^{(n)} \rangle = \sum_{k=1}^{n} \eta_k e^{-i\theta_k} = \sum_{k=1}^{n} |\eta_k| e^{i\theta_k} \cdot e^{-i\theta_k}$$

$$= \sum_{k=1}^{n} |\eta_k|;$$

另一方面,

$$\langle f, x^{(n)} \rangle \leqslant \|f\| \|x^{(n)}\| = \|f\|.$$

故有

$$\sum_{k=1}^{n} |\eta_k| \leqslant \|f\| \Longrightarrow \eta = \{\eta_k\} \in l^1, \quad 且 \quad \|\eta\|_{l^1} \leqslant \|f\|.$$

第二部分,对 $\forall \eta = \{\eta_k\} \in l^1$,用

$$\langle f, x \rangle \stackrel{\text{def}}{=\!=\!=} \sum_{k=1}^{\infty} \eta_k x_k \quad (\forall\ x \in C_0)$$

构造一个线性泛函,下面要证明 $f \in (C_0)^*$,且$\|f\| \leqslant \|\eta\|_{l^1}$.

事实上,对 $\forall \eta = \{\eta_k\} \in l^1, \forall x = \{x_k\} \in C_0$,

$$|\langle f, x \rangle| \leqslant \sum_{k=1}^{\infty} |\eta_k| |x_k| \leqslant \sup_{k \geqslant 1} |x_k| \sum_{k=1}^{\infty} |\eta_k| = \|\eta\|_{l^1} \|x\|.$$

由此可见,$\|f\| \leqslant \|\eta\|_{l^1}$.

联合第一、二两部分,$\begin{cases} \|\eta\|_{l^1} \leqslant \|f\| \\ \|f\| \leqslant \|\eta\|_{l^1} \end{cases} \Longrightarrow \|f\| = \|\eta\|_{l^1}$.

例 5 求证:任何有限维线性赋范空间都是自反的.

证 设$\{e_k\}_{k=1}^n$是 n 维线性赋范空间 $\mathscr{X}$ 中的 n 个线性无关的元素,根据第二章§4 例 4,$\exists f_1, f_2, \cdots, f_n \in \mathscr{X}^*$,使得

$$\langle f_i, e_j \rangle = \delta_{ij} \quad (i, j = 1, 2, \cdots, n),$$

从而对 $\forall x = \sum_{k=1}^{n} x_k e_k \in \mathscr{X}$,

$$\langle f_i, x \rangle = \sum_{k=1}^{n} x_k \langle f_i, e_k \rangle = x_i \quad (i = 1, 2, \cdots, n).$$

故对 $\forall f\in\mathscr{X}^*$，$\forall x\in\mathscr{X}$，有

$$\begin{array}{ccc}\langle f,x\rangle & & \left\langle \sum_{k=1}^{n}\langle f,e_k\rangle f_k,x\right\rangle \\ \Big\| & & \Big\| \\ \sum_{k=1}^{n}x_k\langle f,e_k\rangle & = & \sum_{k=1}^{n}\langle f,e_k\rangle\langle f_k,x\rangle\end{array}$$

由此可见

$$f=\sum_{k=1}^{n}\langle f,e_k\rangle f_k.$$

$\forall x^{**}\in\mathscr{X}^{**}$，$\forall f\in\mathscr{X}^*$，我们有

$$\begin{array}{ccc}\langle x^{**},f\rangle & \xlongequal{\text{所以}} & \left\langle f,\sum_{k=1}^{n}\langle x^{**},f_k\rangle e_k\right\rangle \\ \Big\|\ \text{因为} & & \Big\|\ \text{因为} \\ \left\langle x^{**},\sum_{k=1}^{n}\langle f,e_k\rangle f_k\right\rangle & \xlongequal{\text{因为}} & \sum_{k=1}^{n}\langle f,e_k\rangle\langle x^{**},f_k\rangle\end{array}$$

因此，若

$$x\xlongequal{\text{def}}\sum_{k=1}^{n}\langle x^{**},f_k\rangle e_k\in\mathscr{X},$$

则有

$$\langle x^{**},f\rangle=\langle f,x\rangle,\quad\forall f\in\mathscr{X}^*,$$

即 $x^{**}=\tau x$，其中 τ 是 $\mathscr{X}\to\mathscr{X}^{**}$ 的自然映射，从而 τ 是满射. 即证得 $\mathscr{X}$ 是自反的.

例 6 求证：B 空间是自反的，当且仅当它的共轭空间是自反的.

证 必要性 设 $x_0^{***}\in\mathscr{X}^{***}$，要证 $\exists x_0^*\in\mathscr{X}^*$，使得

$$\langle x_0^{***},x^{**}\rangle=\langle x^{**},x_0^*\rangle\quad(\forall\ x^{**}\in\mathscr{X}^{**}).\tag{1}$$

事实上，

$$x\in\mathscr{X}\xrightarrow{J}Jx\in\mathscr{X}^{**},$$

$$x_0^*\in\mathscr{X}\xleftarrow{J^*}x_0^{***}\in\mathscr{X}^{***}.$$

令 $x_0^*=J^*x_0^{***}$，下证 x_0^* 满足(1)式. 事实上，

$$
\begin{array}{ccc}
\langle x_0^{***}, x^{**} \rangle & & \langle x^{**}, x_0^{*} \rangle \\
\| \; x^{**} = Jx & & \| \; x^{**} = Jx \\
\langle x_0^{***}, Jx \rangle & & \langle Jx, x_0^{*} \rangle \\
\| & & \| \\
\langle J^* x_0^{***}, x \rangle & = & \langle x_0^{*}, x \rangle
\end{array}
$$

充分性　首先,因为 $\mathscr{X}$ 是 B 空间,所以 $J(\mathscr{X}) \subset \mathscr{X}^{**}$ 是 $\mathscr{X}^{**}$ 的闭子空间.

其次,因为 $\mathscr{X}^*$ 自反,将 $\mathscr{X}^*$ 视为本例必要性部分中的 $\mathscr{X}$,即知 $\mathscr{X}^{**}$ 自反,所以 $J(\mathscr{X}) = \mathscr{X}$.

最后,根据定理 19(Pettis 定理),$\mathscr{X} = J(\mathscr{X})$ 自反.

例 7　设 $\mathscr{X}$ 是 B^* 空间,$x_n (n=1,2,3,\cdots)$ 是 $\mathscr{X}$ 中的点列. 如果 $\forall f \in \mathscr{X}^*$,数列 $\{f(x_n)\}$ 有界,求证:$\{x_n\}$ 在 $\mathscr{X}$ 内有界.

证　设 $x_n \in \mathscr{X} \subset \mathscr{X}^{**} = \mathscr{L}(\mathscr{X}^*, \mathbb{K})$,则有

$$
\|x_n\|_{\mathscr{X}^{**}} = \|x_n\|_{\mathscr{X}}, \quad \langle x_n, f \rangle \xlongequal{\text{def}} \langle f, x_n \rangle,
$$

$$
\sup_n |\langle x_n, f \rangle| = \sup_n |\langle f, x_n \rangle| = \sup_n |f(x_n)| < \infty \quad (\forall f \in \mathscr{X}^*).
$$

由共鸣定理,$\|x_n\|_{\mathscr{X}^{**}} \leqslant M$,即得 $\|x_n\|_{\mathscr{X}} = \|x_n\|_{\mathscr{X}^{**}} \leqslant M$.

例 8　设 $\mathscr{X}$ 是 B^* 空间,T 是从 $\mathscr{X}$ 到 $\mathscr{X}^{**}$ 的自然映射,求证:$R(T)$ 是闭的充分必要条件是 $\mathscr{X}$ 完备.

证　充分性　假设 $\mathscr{X}$ 完备. 因为 $\mathscr{X}^{**}$ 完备,所以要证 $R(T)$ 闭,只要证 $R(T)$ 完备. 设 $\{y_n = Tx_n\}$ 是 $R(T)$ 中的基本列,则由

$$
\|x_n - x_m\| = \|Tx_n - Tx_m\| \to 0 \quad (n, m \to \infty)
$$

$$
\Longrightarrow \{x_n\} \text{ 是 } \mathscr{X} \text{ 中的基本列},
$$

由假设 $\mathscr{X}$ 完备,存在 $x \in \mathscr{X}$,使得 $x_n \to x$. 再用等距性,有

$$
\|Tx_n - Tx\| = \|x_n - x\| \to 0 \Longrightarrow Tx_n \to Tx.
$$

必要性　因为 $\mathscr{X}^{**}$ 完备,$R(T)$ 闭意味着 $R(T)$ 完备. 设 $\{x_n\}$ 是 $\mathscr{X}$ 中的基本列,利用等距性,有

$$
\|Tx_n - Tx_m\| = \|x_n - x_m\| \to 0 \quad (n, m \to \infty).
$$

因为 $R(T)$ 完备,所以 $\exists y \in R(T)$,即 $\exists x \in \mathscr{X}$,使得 $y = Tx$ 且 $Tx_n \to Tx$. 再用等距性,

$$\|x_n - x\| = \|Tx_n - Tx\| \to 0 \Rightarrow x_n \to x.$$

例 9 在 l^1 中定义算子

$$T: (x_1, x_2, \cdots, x_n, \cdots) \mapsto (0, x_1, x_2, \cdots, x_n, \cdots),$$

求证：$T \in \mathscr{L}(l^1)$，并求 T^*.

证 由于$\|Tx\| = \|x\| \Rightarrow T \in \mathscr{L}(l^1)$，且$\|T\| = 1$. 为了求 T^*，根据例 2，$(l^1)^* = l^\infty$，我们有

$$x \in l^1 \xrightarrow{T} Tx \in l^1,$$

$$g \in l^\infty \xleftarrow{T^*} f \in l^\infty.$$

下面考虑

$$\forall\, x = (x_1, x_2, \cdots, x_n, \cdots), \quad Tx = (0, x_1, x_2, \cdots, x_n, \cdots),$$

$$f = \alpha = (\alpha_1, \alpha_2, \cdots, \alpha_n, \alpha_{n+1}, \cdots) \in (l^1)^* = l^\infty,$$

从 T^* 定义出发，对 T^* 的定义式$\langle f, Tx \rangle = \langle T^* f, x \rangle$进行“左右开弓”推导，得到如下 U 形等式串：

$$\begin{array}{ccc}
\langle f, Tx \rangle & & \langle T^* f, x \rangle \\
\| & & \| \\
\displaystyle\sum_{i=1}^{\infty} \alpha_i (Tx)_i & & \displaystyle\sum_{i=1}^{\infty} (T^* f)_i x_i \\
\| & & \|\, T^* f \overset{\text{def}}{=\!=} \widetilde{T^*} \alpha \\
\displaystyle\sum_{i=1}^{\infty} \alpha_{i+1} x_i & = & \displaystyle\sum_{i=1}^{\infty} (\widetilde{T^*} \alpha)_i x_i
\end{array}$$

比较此 U 形等式串底下一行的两端，可见

$$(\widetilde{T^*} \alpha)_i = \alpha_{i+1},$$

即左移算子：

$$\widetilde{T^*} \alpha = \widetilde{T^*} (\alpha_1, \alpha_2, \cdots, \alpha_n, \alpha_{n+1}, \cdots) = (\alpha_2, \alpha_3, \cdots, \alpha_n, \alpha_{n+1}, \cdots).$$

将上述 U 形等式串简化为

$$\begin{array}{ccc}
\langle f, Tx \rangle & & \langle T^* f, x \rangle \\
\| & & \| \\
\displaystyle\sum_{i=1}^{\infty} \alpha_i (Tx)_i & = & \displaystyle\sum_{i=1}^{\infty} \alpha_{i+1} x_i
\end{array}$$

此 U 形等式串的右侧，正是我们要求的结果：

$$\langle T^* f, x\rangle = \sum_{i=1}^{\infty} \alpha_{i+1} x \quad (\forall\ x \in l^1, \forall\ f \in l^\infty).$$

例 10 在 l^2 中定义线性算子：

$$T:(x_1, x_2, \cdots, x_n, \cdots) \mapsto \left(x_1, \frac{x_2}{2}, \cdots, \frac{x_n}{n}, \cdots\right),$$

证明 $T \in \mathscr{L}(l^2)$，并求 T^*.

证 不妨只考虑实 l^2，此时

$$Tx = \left(x_1, \frac{x_2}{2}, \cdots, \frac{x_n}{n}, \cdots\right) \in l^2 \quad (\forall\ x = (x_1, x_2, \cdots, x_n, \cdots) \in l^2),$$

$$\|Tx\|^2 = \sum_{k=1}^{\infty} \frac{|x_k|^2}{k^2} \leqslant \sum_{k=1}^{\infty} |x_k|^2 = \|x\|^2 \Longrightarrow \|Tx\| \leqslant \|x\|,$$

即证得 $T \in \mathscr{L}(l^2)$. 下面考虑

$$\forall\ x = (x_1, x_2, \cdots, x_n, \cdots) \in l^2, \quad \forall\ y = (y_1, y_2, \cdots, y_n, \cdots) \in l^2,$$

$$Ty = \left(y_1, \frac{y_2}{2}, \cdots, \frac{y_n}{n}, \cdots\right) \in l^2,$$

从 T^* 定义出发，对 T^* 的定义式 $(x, Ty) = (T^* x, y)$ 进行“左右开弓”推导，得到如下 U 形等式串：

$$\begin{array}{ccc} (x, Ty) & & (T^* x, y) \\ \| & & \| \\ \sum_{k=1}^{\infty} x_k (Ty)_k & & \sum_{k=1}^{\infty} (T^* x)_k y_k \\ \| & & \| \\ \sum_{k=1}^{\infty} x_k \frac{y_k}{k} & = & \sum_{k=1}^{\infty} \frac{x_k}{k} y_k \end{array}$$

比较此 U 形等式串右侧的后一个等式上下两端，即知

$$(T^* x)_k = \frac{x_k}{k} \Longrightarrow T^* = T.$$

例 11 设 $\mathscr{H}$ 是 Hilbert 空间，$A \in \mathscr{L}(\mathscr{H})$ 并满足 $(Ax, y) = (x, Ay)$ $(x, y \in \mathscr{H})$，求证：

(1) $A^* = A$；

(2) 若 $R(A)$ 在 $\mathscr{H}$ 中稠密，则方程 $Ax = y$ 对 $\forall\, y \in R(A)$ 存在唯

一解.

证 (1) $\forall y\in\mathscr{H}$,根据共轭算子 A^* 的定义有

$$\begin{cases}(Ax,y)=(x,A^*y)\\(Ax,y)=(x,Ay)\end{cases}$$

$$\Longrightarrow (x,A^*y)=(x,Ay)\quad(\forall\ x\in\mathscr{H})$$

$$\Longrightarrow (x,A^*y-Ay)=0\quad(\forall\ x\in\mathscr{H})$$

$$\xRightarrow{x=A^*y-Ay} A^*y=Ay$$

$$\Longrightarrow A^*=A.$$

(2) 首先证:若 $R(A)$ 在 $\mathscr{H}$ 中稠密,则 $R(A)^{\perp}=\{0\}$.

事实上,对 $\forall x\in R(A)^{\perp}$,一方面,按定义有

$$(x,y)=0\quad(\forall\ y\in R(A));$$

另一方面,因为 $R(A)$ 在 $\mathscr{H}$ 中稠密,所以对上述 $x\in R(A)^{\perp}\subset\mathscr{H}$,$\exists\, y_n\in R(A)$,使得 $y_n\to x(n\to\infty)$. 综合以上两方面,我们有

$$\|x\|^2=(x,x)=\lim_{n\to\infty}(x,y_n)=\lim_{n\to\infty}0=0\Longrightarrow x=0.$$

其次,由 $y\in R(A)$ 知方程 $Ax=y$ 有解显然,故只证解唯一. 如果方程 $Ax=y$ 有两个不同的解 x_1,x_2,那么

$$\begin{cases}Ax_1=y\\Ax_2=y\end{cases}\Longrightarrow (Ax_1,z)=(Ax_2,z)\quad(\forall\ z\in\mathscr{H})$$

$$\Longrightarrow (x_1,Az)=(x_2,Az)\quad(\forall\ z\in\mathscr{H})$$

$$\Longrightarrow (x_1-x_2,Az)=0$$

$$\Longrightarrow x_1-x_2\in R(A)^{\perp}=\{0\}\Longrightarrow x_1=x_2.$$

例 12 设 $\mathscr{X},\mathscr{Y}$ 是 B^* 空间,$A\in\mathscr{L}(\mathscr{X},\mathscr{Y})$,又设 A^{-1} 存在且 $A^{-1}\in\mathscr{L}(\mathscr{Y},\mathscr{X})$. 求证:

(1) $(A^*)^{-1}$ 存在,且 $(A^*)^{-1}\in\mathscr{L}(\mathscr{Y}^*,\mathscr{X}^*)$;

(2) $(A^*)^{-1}=(A^{-1})^*$.

证 图 2.12 与图 2.13 分别给出 A,A^{-1} 与 $A^*,(A^{-1})^*,(A^*)^{-1}$ 之间关系的示意图. 先证 A^* 是单射. 事实上,$\forall f\in\mathscr{Y}^*$,

$$A^*f=0 \qquad\qquad\qquad f=0$$

$$\Downarrow\text{注}\qquad\qquad\qquad\qquad\Uparrow$$

$$\langle f,y\rangle=\langle f,Ax\rangle=\langle A^*f,x\rangle=0\Longrightarrow\langle f,y\rangle=0,\forall\ y\in\mathscr{Y}$$

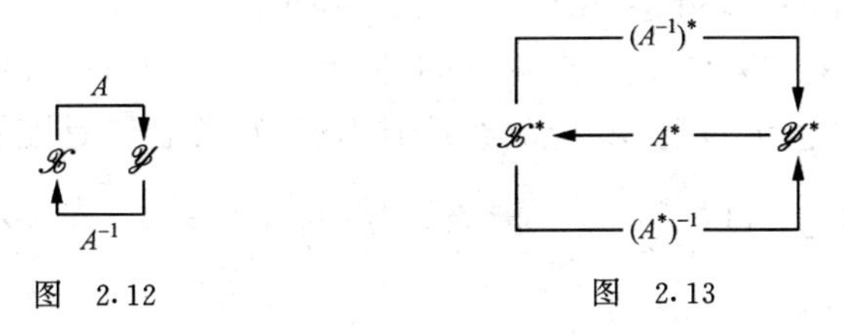

图 2.12　　　　图 2.13

注　依条件，A 满射$\Rightarrow\forall y\in\mathscr{Y},\exists x\in\mathscr{X}$，使得 $y=Ax$.

再证 A^* 是满射. $\forall x\in\mathscr{X}$，

$$\begin{array}{ccc}\langle A^*(A^{-1})^*f,x\rangle & & \langle f,x\rangle\\ \| & & \|\\ \langle (A^{-1})^*f,Ax\rangle & = & \langle f,(A^{-1})Ax\rangle\end{array}$$

比较上述 U 形等式串的两端，即得 $A^*(A^{-1})^*f=f$，再注意到 $(A^{-1})^*f\in\mathscr{Y}^*$，即证得 A^* 是满射.

进一步，根据第一步结果，我们有 $(A^*)^{-1}$ 存在，从 $A^*(A^{-1})^*f=f$，两边作用 $(A^*)^{-1}$，即得

$$(A^*)^{-1}f=(A^{-1})^*f\ (\forall\ f\in\mathscr{X}^*)\Rightarrow(A^*)^{-1}=(A^{-1})^*.$$

例 13　设 $\mathscr{X},\mathscr{Y},\mathscr{Z}$ 均是 Banach 空间，$A\in\mathscr{L}(\mathscr{X},\mathscr{Y})$，$B\in\mathscr{L}(\mathscr{Y},\mathscr{Z})$，求证 $(BA)^*=A^*B^*$.

证　首先从

$$\mathscr{X}\xrightarrow{A}\mathscr{Y}\xrightarrow{B}\mathscr{Z},$$

$$\mathscr{X}^*\xleftarrow{A^*}\mathscr{Y}^*\xleftarrow{B^*}\mathscr{Z}^*$$

可知 $(BA)^*$ 和 A^*B^* 都是将 $\mathscr{Z}^*$ 映到 $\mathscr{X}^*$ 的映射.

要证 $(BA)^*=A^*B^*$，就是要证

$$\langle (BA)^*h,x\rangle=\langle A^*B^*h,x\rangle,\quad\forall\ h\in\mathscr{Z}^*,\forall\ x\in\mathscr{X}.\qquad(1)$$

因为

$$(1)_{左}=\langle\underbrace{(BA)^*h}_{\in\mathscr{X}^*},\underbrace{x}_{\in\mathscr{X}}\rangle=\langle h,BAx\rangle,\ \forall h\in\mathscr{Z}^*,\ \forall x\in\mathscr{X};$$

$$(1)_{右}=\langle\underbrace{A^*B^*h}_{\in\mathscr{X}^*},\underbrace{x}_{\in\mathscr{X}}\rangle=\langle B^*h,Ax\rangle=\langle h,BAx\rangle,\forall h\in\mathscr{Z}^*,\forall x\in\mathscr{X},$$

所以

$$(1)_{左}=(1)_{右}=\langle h,BAx\rangle,\quad\forall\ h\in\mathscr{Z}^*,\forall\ x\in\mathscr{X},$$

即(1)式成立,也就是$(BA)^*=A^*B^*$得证.

例 14 设$\mathscr{X},\mathscr{Y}$是B空间,T是$\mathscr{X}$到$\mathscr{Y}$的线性算子,又设对$\forall g\in\mathscr{Y}^*$,$g(Tx)$是$\mathscr{X}$上的线性有界泛函,求证$T$是连续的.

证法 1 设$\begin{cases}x_n\to x,\\ Tx_n\to y,\end{cases}$因为对$\forall g\in\mathscr{Y}^*$,$g(Tx)$是$\mathscr{X}$上的线性有界泛函,所以

$$g(Tx_n)\to g(Tx)\ (n\to\infty)\quad 及\quad g(Tx_n)\to g(y).$$

联立

$$\begin{cases}g(Tx_n)\to g(Tx), & n\to\infty,\\ g(Tx_n)\to g(y), & n\to\infty,\end{cases}$$

由极限唯一性我们有$g(Tx)=g(y)\ (\forall g\in\mathscr{Y}^*)$.

再根据 Hahn-Banach 定理(第二章 §4 推论 5),推得$Tx=y$,从而T闭.

又因为$D(T)=\mathscr{X}$是全空间,当然闭,于是根据闭图像定理,T连续.

证法 2 设J是从$\mathscr{Y}$到$\mathscr{Y}^{**}$的自然映射.对$\forall x\in\mathscr{X}$,$Tx\in\mathscr{Y}$,令$F_{Tx}=J(Tx)$,则对$\forall g\in\mathscr{Y}^*$,$x\in\mathscr{X}$,有

$$\begin{cases}\langle F_{Tx},g\rangle=\langle g,Tx\rangle,\\ \|F_{Tx}\|=\|Tx\|.\end{cases}$$

对$\forall x\in\mathscr{X}$,满足$\|x\|=1$,注意到$\mathscr{Y}^{**}=\mathscr{L}(\mathscr{Y}^*,\mathbb{K})$,$\mathscr{Y}^*$是$B$空间.考虑算子族$\{F_{Tx}\}$,依条件,对$\forall g\in\mathscr{Y}^*$,我们有

$$\sup_{\|x\|=1}|\langle F_{Tx},g\rangle|\leqslant\sup_{\|x\|=1}|\langle g,Tx\rangle|<\infty.$$

由共鸣定理,$\exists M>0$,使得$\sup\limits_{\|x\|=1}\|F_{Tx}\|\leqslant M$,于是

$$\|T\|=\sup_{\|x\|=1}\|Tx\|=\sup_{\|x\|=1}\|F_{Tx}\|\leqslant M,$$

即T有界,从而连续.

例 15 设A为定义在 Banach 空间$\mathscr{X}$上的线性算子,B是共轭空间$\mathscr{X}^*$上的线性算子,如果

$$f(Ax)=(Bf)(x),\quad\forall\ x\in\mathscr{X},f\in\mathscr{X}^*,$$

则$A\in\mathscr{L}(\mathscr{X})$;$B\in\mathscr{L}(\mathscr{X}^*)$.

证 先证$B\in\mathscr{L}(\mathscr{X}^*)$.由$f\in\mathscr{X}^*\Rightarrow Bf\in\mathscr{X}^*$.对于向量$Bf$,

可构造

$$F_{Bf} \in \mathscr{X}^* : F_{Bf}(x) = (Bf)(x).$$

由条件

$$|F_{Bf}(x)| = |(Bf)(x)| = |f(Ax)| \leqslant \|f\| \|Ax\|,$$

因此 $\forall x \in \mathscr{X}$，$\sup\limits_{\|f\|=1} |F_{Bf}(x)| \leqslant \|Ax\| < \infty$. 由共鸣定理，$\sup\limits_{\|f\|=1} \|F_{Bf}\| < \infty$，于是

$$\|B\| = \sup_{\|f\|=1} \|Bf\| = \sup_{\|f\|=1} \|F_{Bf}\| < \infty,$$

即得 $B \in \mathscr{L}(\mathscr{X}^*)$.

再证 $A \in \mathscr{L}(\mathscr{X})$. 注意到 Banach 空间 $\mathscr{X}$ 可等距嵌入 $\mathscr{X}^{**}$，$\forall x \in \mathscr{X} \Longrightarrow Ax \in \mathscr{X}$，对于向量 Ax，可看做 $\mathscr{X}^{**}$ 的元素，可构造

$$F_{Ax} \in \mathscr{X}^{**} : F_{Ax}(f) = f(Ax), \quad \forall f \in \mathscr{X}^*.$$

由条件

$$|F_{Ax}(f)| = |f(Ax)| = |(Bf)(x)| \leqslant \|Bf\| \|x\|,$$

因此 $\forall f \in \mathscr{X}^*$，$\sup\limits_{\|x\|=1} |F_{Ax}(f)| \leqslant \|Bf\| < \infty$. 由共鸣定理，$\sup\limits_{\|x\|=1} \|F_{Ax}\| < \infty$，于是

$$\|A\| = \sup_{\|x\|=1} \|Ax\| = \sup_{\|x\|=1} \|F_{Ax}\| < \infty,$$

即得 $A \in \mathscr{L}(\mathscr{X})$.

例 16 设 $\{x_n\} \subset C[a,b]$，$x \in C[a,b]$ 且 $x_n \rightharpoonup x$，求证：

$$\lim_{n\to\infty} x_n(t) = x(t) \quad (\forall\, t \in [a,b])\text{(点点收敛)}.$$

证 对 $\forall t \in [a,b]$，令 $f_t(x) = x(t)$，$\forall x \in C[a,b]$.

首先证明 $f_t \in (C[a,b])^*$. 事实上，

$$|f_t(x)| = |x(t)| \leqslant \max_{t\in[a,b]} |x(t)| = \|x\| \Longrightarrow \|f_t\| \leqslant 1.$$

其次，$x_n \rightharpoonup x \Longrightarrow \lim\limits_{n\to\infty} f_t(x_n) = f_t(x)$.

最后，按定义

$$f_t(x_n) = x_n(t), \quad f_t(x) = x(t) \quad (\forall\, t \in [a,b]),$$

故有 $\lim\limits_{n\to\infty} x_n(t) = x(t)$ $(\forall t \in [a,b])$.

例 17 求证：由 $x_n \rightharpoonup x_0 \Longrightarrow \varliminf\limits_{n\to\infty} \|x_n\| \geqslant \|x_0\|$.

证 条件 $x_n \rightharpoonup x_0$ 也就是对 $\forall f \in \mathscr{X}^*$，有

$$\lim_{n\to\infty} \langle f, x_n \rangle = \lim_{n\to\infty} f(x_n) = f(x_0) = \langle f, x_0 \rangle.$$

设 J 是从 $\mathscr{X}$ 到 $\mathscr{X}^{**}$ 的自然映射,并令 $\widetilde{x}_n = Jx_n, \widetilde{x}_0 = Jx_0$,则有

$$\|\widetilde{x}_n\| = \|x_n\|, \quad \|\widetilde{x}_0\| = \|x_0\|,$$

以及

$$\langle \widetilde{x}_n, f\rangle = \langle f, x_n\rangle, \quad \langle \widetilde{x}_0, f\rangle = \langle f, x_0\rangle, \quad \forall f \in \mathscr{X}^*.$$

由本章 § 3 例 8,有

$$|\langle \widetilde{x}_0, f\rangle| = \lim_{n\to\infty} |\langle \widetilde{x}_n, f\rangle| \leqslant \varliminf_{n\to\infty} \|\widetilde{x}_n\| \|f\|.$$

由此推出 $\|\widetilde{x}_0\| \leqslant \varliminf_{n\to\infty} \|\widetilde{x}_n\|$,即 $\varliminf_{n\to\infty} \|x_n\| \geqslant \|x_0\|$.

例 18 设 $\mathscr{H}$ 是 Hilbert 空间,$\{e_n\}$ 是 $\mathscr{H}$ 的正交规范基,求证:在 $\mathscr{H}$ 中 $x_n \rightharpoonup x_0$ 的充分必要条件是:

(1) $\|x_n\|$ 有界;

(2) $(x_n, e_k) \to (x_0, e_k) (n\to\infty)$ $(k=1,2,\cdots)$.

证 必要性显然,只证充分性. 不妨设 $x_0 = 0$(否则考虑 $x_n - x_0$). 要证 $x_n \rightharpoonup 0$. 对 $\forall f \in \mathscr{H}$,

$$(x_n, f) = \left(x_n, \sum_{k=1}^{m(f)} c_k e_k\right) = \sum_{k=1}^{m(f)} c_k (x_n, e_k) \to 0 \quad (n\to\infty).$$

因为 span$\{e_n\}$ 在 $\mathscr{H}$ 中稠密,根据本节定理 11,$x_n \rightharpoonup 0$.

例 19 设 T_n 是空间 $L^p(\mathbb{R}^1)(1<p<\infty)$ 到自身的平移算子:

$$(T_n u)(x) = u(x+n) \quad (\forall\, u \in L^p(\mathbb{R}^1))(n=1,2,\cdots),$$

求证: $T_n \rightharpoonup \theta$,但 $\|T_n u\|_p = \|u\|_p$ $(\forall u \in L^p(\mathbb{R}^1))$.

证 首先,对 $\forall u \in L^p(\mathbb{R}^1), v(x) \in L^q(\mathbb{R}^1), \varepsilon > 0$,存在 $A>0$,使得

$$\|u\|_p \left(\int_{-\infty}^{-A} |v(x)|^q \mathrm{d}x\right)^{\frac{1}{q}} < \frac{\varepsilon}{2}.$$

这样,对 $\forall n \in \mathbb{N}$,便有

$$\begin{aligned}
&\int_{-\infty}^{+\infty} u(x+n)v(x)\mathrm{d}x \\
&\qquad = \int_{-\infty}^{-A} u(x+n)v(x)\mathrm{d}x + \int_{-A}^{+\infty} u(x+n)v(x)\mathrm{d}x, \\
&\left|\int_{-\infty}^{-A} u(x+n)v(x)\mathrm{d}x\right| = \left|\int_{-\infty}^{-A+n} u(t)v(t-n)\mathrm{d}t\right| \\
&\qquad \leqslant \left(\int_{-\infty}^{-A+n} |u(t)|^p \mathrm{d}x\right)^{\frac{1}{p}} \left(\int_{-\infty}^{-A+n} |v(t-n)|^q \mathrm{d}t\right)^{\frac{1}{q}}
\end{aligned}$$

$$\leqslant \|u\|_p \left(\int_{-\infty}^{-A} |v(x)|^q \mathrm{d}x \right)^{\frac{1}{q}} < \frac{\varepsilon}{2}.$$

其次，对固定的 A，有

$$\left| \int_{-A}^{+\infty} u(x+n)v(x)\mathrm{d}x \right|$$

$$\leqslant \left(\int_{-A}^{+\infty} |u(x+n)|^p \mathrm{d}x \right)^{\frac{1}{p}} \left(\int_{-A}^{+\infty} |v(x)|^q \mathrm{d}x \right)^{\frac{1}{q}}$$

$$= \left(\int_{-A+n}^{+\infty} |u(t)|^p \mathrm{d}t \right)^{\frac{1}{p}} \|v\|_q \to 0 \quad (n \to \infty),$$

故 $\exists N \in \mathbb{N}$，使得

$$\left| \int_{-A}^{+\infty} u(x+n)v(x)\mathrm{d}x \right| < \frac{\varepsilon}{2} \quad (\forall\, n > N).$$

于是，对 $\forall n > N$，我们有

$$\int_{-\infty}^{+\infty} u(x+n)v(x)\mathrm{d}x$$

$$= \int_{-\infty}^{-A} u(x+n)v(x)\mathrm{d}x + \int_{-A}^{+\infty} u(x+n)v(x)\mathrm{d}x$$

$$< \frac{\varepsilon}{2} + \frac{\varepsilon}{2} = \varepsilon,$$

即证得 $T_n \rightharpoonup \theta$.

最后，对 $\forall u \in L^p(\mathbb{R}^1)$，

$$\|T_n u\|_p = \left(\int_{-\infty}^{+\infty} |u(x+n)|^p \mathrm{d}x \right)^{\frac{1}{p}}$$

$$\xlongequal{t = x+n} \left(\int_{-\infty}^{+\infty} |u(t)|\mathrm{d}t \right)^{\frac{1}{p}} = \|u\|_p.$$

例 20 设 S_n 是 $L^p(\mathbb{R}^1)(1 \leqslant p < \infty)$ 到自身的算子，

$$(S_n u)(x) = \begin{cases} u(x), & |x| \leqslant n, \\ 0, & |x| > n, \end{cases}$$

其中 $u \in L^p(\mathbb{R}^1)$，求证 S_n 强收敛到恒同算子 I，但不一致收敛到 I.

证 设区间$[-n,n]$上的特征函数为 $\chi_{[-n,n]}(x)$，则有

$$(S_n u)(x) = \chi_{[-n,n]}(x)u(x),$$

$$((I - S_n)u)(x) = (1 - \chi_{[-n,n]}(x))u(x) = \chi_{|x|>n}(x)u(x),$$

$$\|S_n u - u\|^p = \int_{-\infty}^{-n} |u(x)|^p \mathrm{d}x + \int_n^{+\infty} |u(x)|^p \mathrm{d}x \to 0 \ (n \to \infty)$$

$$\Longrightarrow S_n \to I.$$

注意到

$$\int_n^{+\infty} \mathrm{e}^{-x} \mathrm{d}x = \mathrm{e}^{-n} \Longrightarrow \begin{cases} \mathrm{e}^n \int_n^{+\infty} \mathrm{e}^{-x} \mathrm{d}x = 1 \\ \mathrm{e}^n \int_{-\infty}^{-n} \mathrm{e}^{-|x|} \mathrm{d}x = 1 \end{cases}$$

$$\Longrightarrow \frac{\mathrm{e}^n}{2} \int_{|x|>n} \mathrm{e}^{-|x|} \mathrm{d}x = 1.$$

令 $u_n(x) = \chi_{|x|>n}(x) \left(\frac{\mathrm{e}^{n-|x|}}{2} \right)^{\frac{1}{p}}$,则有

$$\|u_n\|_p = \left(\int_{\mathbb{R}^1} |u_n(x)|^p \mathrm{d}x \right)^{\frac{1}{p}} = \left(\frac{\mathrm{e}^n}{2} \int_{|x|>n} \mathrm{e}^{-|x|} \mathrm{d}x \right)^{\frac{1}{p}} = 1.$$

于是$\|I - S_n\| \geqslant \|u_n\|_p = 1$,故 S_n 不一致收敛到 I.

例 21 设 $\mathscr{H}$ 是 Hilbert 空间,在 $\mathscr{H}$ 中 $x_n \rightharpoonup x_0$,而且 $y_n \to y_0$,求证:

$$(x_n, y_n) \to (x_0, y_0) \quad (n \to \infty).$$

证 我们只需证明$(x_n, y_n) - (x_0, y_0) \to 0 \ (n \to \infty)$. 事实上,因为 $x_n \rightharpoonup x_0$,所以 $\exists M > 0$,使得$\|x_n\| \leqslant M$,

$$(x_n, y_n) - (x_0, y_0) = (x_n, y_n) - (x_n, y_0) + (x_n, y_0) - (x_0, y_0)$$
$$= (x_n, y_n - y_0) + (x_n - x_0, y_0),$$

$$|(x_n, y_n) - (x_0, y_0)| \leqslant |(x_n, y_n - y_0)| + |(x_n - x_0, y_0)|.$$

对此不等式右边第一项,有

$$|(x_n, y_n - y_0)| \leqslant \|x_n\| \|y_n - y_0\| \leqslant M \|y_n - y_0\| \to 0 \quad (n \to \infty);$$

对右边第二项,因为 $x_n \rightharpoonup x_0$, $y_0 \in \mathscr{H}$,也有

$$|(x_n - x_0, y_0)| \to 0 \quad (n \to \infty).$$

所以$|(x_n, y_n) - (x_0, y_0)| \to 0 \ (n \to \infty)$,即

$$(x_n, y_n) - (x_0, y_0) \to 0 \quad (n \to \infty).$$

例 22 设$\{e_n\}$是 Hilbert 空间 $\mathscr{H}$ 中的正交规范基,求证:在 $\mathscr{H}$ 中 $e_n \rightharpoonup 0$,但是 $e_n \not\to 0$.

证 由 Bessel 不等式,$\forall x \in \mathscr{H}$,

$$\sum_{n=1}^{\infty}|(x,e_i)|^2\leqslant\|x\|^2,$$

即 $\sum\limits_{n=1}^{\infty}|(x,e_n)|^2$ 收敛，由级数收敛的必要条件，有 $(x,e_n)\to 0$，即 $e_n\rightharpoonup 0$. 但是

$$e_n\perp e_m\Longrightarrow\|e_n-e_m\|^2=\|e_n\|^2+\|e_m\|^2=2\not\to 0,$$

故 $e_n\not\to 0$.

例 23 设 $\mathscr{H}$ 是 Hilbert 空间，求证：在 $\mathscr{H}$ 中 $x_n\to x$ 的充分必要条件是：

(1) $\|x_n\|\to\|x\|$； (2) $x_n\rightharpoonup x$.

证 必要性显然. 下证充分性. 由内积定义有

$$\begin{aligned}\|x_n-x\|^2&=(x_n-x,x_n-x)\\&=\|x_n\|^2-(x,x_n)-(x_n,x)+\|x\|^2,\end{aligned}$$

又当 $n\to\infty$ 时，

$$\begin{cases}\|x_n\|^2\to\|x\|^2,\\(x,x_n)\to\|x\|^2,\\(x_n,x)\to\|x\|^2,\end{cases}$$

故有 $\|x_n-x\|^2\to 0\ (n\to\infty)$，即 $x_n\to x(n\to\infty)$.

例 24 求证：在自反的 B 空间 $\mathscr{X}$ 中，集合的弱列紧性与有界性是等价的.

证 有界性$\Longrightarrow$弱列紧性：由本节定理 20(Eberlein-Smulian 定理)推出.

弱列紧性$\Longrightarrow$有界性：用反证法. 设 $\{x_n\}$ 弱列紧但是无界，则存在 $\{x_n\}$ 的子列 $\{y_n\}$ 满足 $\|y_n\|>n$. 因为 $\{y_n\}$ 弱列紧，所以 $\exists\,\{y_{n_k}\}$ 弱收敛，即对 $\forall f\in\mathscr{X}^*$，有 $\{f(y_{n_k})\}$ 收敛. 根据共鸣定理，$\{y_{n_k}\}$ 有界，这与 $\|y_{n_k}\|>n_k$ 矛盾.

例 25 求证：实 B^* 空间 $\mathscr{X}$ 中的闭凸集是弱闭的，即若 M 是闭凸集，$\{x_n\}\subset M$，且 $x_n\rightharpoonup x_0$，则 $x_0\in M$.

证 为简便起见，用反证法. 如果 $x_0\notin M$，根据第二章 § 4 例 13，必存在 $f\in\mathscr{X}^*$，$\|f\|=1$，使得

$$\sup_{y\in M}f(y)\leqslant f(x_0)-d,$$

其中 $d=\inf\limits_{z\in M}|x_0-z|>0$. 因为 $\{x_n\}\subset M$,所以

$$f(x_n)\leqslant f(x_0)-d\overset{n\to\infty}{\Longrightarrow}f(x_0)\leqslant f(x_0)-d\Longrightarrow d\leqslant 0,$$

矛盾.

例 26 设 $\mathscr{X}$ 是自反的 B 空间,M 是 $\mathscr{X}$ 中的有界闭凸集,$\forall f\in\mathscr{X}^*$,求证: f 在 M 上达到最大值和最小值.

证 设 $b=\sup\limits_{x\in M}f(x)$,则对 $\forall n\in\mathbb{N}$,$\exists x_n\in M$,使得

$$b-\frac{1}{n}<f(x_n)\leqslant b.$$

因为 M 有界,根据本节定理 20,M 弱列紧,所以 $\{x_n\}$ 有弱收敛子列 $x_{n_k}\rightharpoonup x_b\in M$,故对 $\forall f\in\mathscr{X}^*$,有 $f(x_{n_k})\to f(x_b)$. 于是

$$b-\frac{1}{n_k}<f(x_{n_k})\leqslant b.$$

令 $k\to\infty$,即得 $f(x_b)=b$.

同理,$\exists x_a\in M$,$f(x_a)=a=\inf\limits_{x\in M}f(x)$.

例 27 设 $\mathscr{X}$ 是自反的 B 空间,M 是 $\mathscr{X}$ 中的非空闭凸集,求证: $\exists x_0\in M$,使得 $\|x_0\|=\inf\limits_{x\in M}\|x\|$.

证 设 $d=\inf\limits_{x\in M}\{\|x\|\}$,则对 $\forall n\in\mathbb{N}$,$\exists x_n\in M$,使得

$$d\leqslant\|x_n\|<d+\frac{1}{n}\leqslant d+1.$$

因为这样产生的 $\{x_n\}$ 有界,根据本节定理 20,存在 $x_{n_k}\rightharpoonup x_0$. 对此 x_0,根据 §4 Hahn-Banach 定理推论 4,$\exists f\in\mathscr{X}^*$,使得 $\|f\|=1$,$f(x_0)=\|x_0\|$. 于是有,一方面,

$$x_0\in M\Longrightarrow\|x_0\|\geqslant d;$$

另一方面,

$$\|x_0\|=f(x_0)=\lim_{k\to\infty}f(x_{n_k})\leqslant\varliminf_{k\to\infty}\|f\|\|x_{n_k}\|=d.$$

故有 $\|x_0\|=d=\inf\limits_{x\in M}\{\|x\|\}$.

例 28 求证 l^1 不是自反的.

证 根据例 2,已知 $(l^1)^*=l^\infty$,如果 l^1 是自反的,那么 $l^1=(l^1)^{**}=(l^\infty)^*$,注意到 l^1 是可分的,根据本节定理 17,l^∞ 也是可分的,但是 l^∞

不可分,即得矛盾.

下证 l^∞ 不可分. 只要证明 l^∞ 中的任一个可数集都不是稠集. 事实上,设 $x_n=\{\xi_k^{(n)}\}\in l^\infty(n=1,2,\cdots)$. 今构造一个 $x\in l^\infty$ 使得 $\|x_n-x\|_\infty\geqslant 1$. 设 $x=\{\xi_k\}$,令

$$\xi_k=\begin{cases}1+\xi_k^{(k)}, & |\xi_k^{(k)}|\leqslant 1,\\ 0, & |\xi_k^{(k)}|>1\end{cases}\quad (k=1,2,\cdots),$$

显然 $x=\{\xi_k\}\in l^\infty$,并且 $|\xi_k-\xi_k^{(k)}|\geqslant 1$,从而

$$\|x_n-x\|_\infty=\sup_{k\in\mathbb{N}}|\xi_k-\xi_k^{(n)}|\geqslant 1.$$

这意味着,$x_n \not\to x$. 从而 l^∞ 不可分.

例 29 求证:在空间 l^1 中,序列弱收敛与按范数收敛一致.

证 设 $y_m \rightharpoonup y_0$(在 l^1 中),要证 $\|y_m-y_0\|\to 0$.

假如不然,设存在子序列 $\{y_{m_n}\}$,使得

$$\lim_{n\to\infty}\|y_{m_n}-y_0\|=q>0.$$

这样数列 $\left\{\dfrac{1}{\|y_{m_n}-y_0\|}\right\}$ 有界,令 $x_n=\dfrac{y_{m_n}-y_0}{\|y_{m_n}-y_0\|}$,便得到序列 $\{x_n\}\in l^1$,满足下列条件:

$$\begin{cases}x_n\rightharpoonup 0 & (\text{在 } l^1 \text{ 中}),\\ \|x_n\|=1 & (n=1,2,\cdots).\end{cases}$$

设

$$\begin{cases}x_n=(\xi_1^{(n)},\xi_2^{(n)},\cdots,\xi_k^{(n)},\cdots) & (n=1,2,\cdots),\\ x=(\xi_1,\xi_2,\cdots,\xi_k,\cdots).\end{cases}$$

引进一串有界线性泛函 $\{f_k\}\subset(l^1)^*(k=1,2,\cdots)$,它的定义是

$$f_k\colon x=(\xi_1,\xi_2,\cdots,\xi_k,\cdots)\to\xi_k.$$

因为 $x_n\rightharpoonup 0$(在 l^1 中),所以对 $\forall k,\lim\limits_{n\to\infty}f_k(x_n)=0$,即 $\xi_k^{(n)}\to 0\ (n\to\infty)$,也就有

$$\begin{matrix}x_1=(\xi_1^{(1)},\xi_2^{(1)},\cdots,\xi_k^{(1)},\cdots)\\ x_2=(\xi_1^{(2)},\xi_2^{(2)},\cdots,\xi_k^{(2)},\cdots)\\ x_3=(\xi_1^{(3)},\xi_2^{(3)},\cdots,\xi_k^{(3)},\cdots)\\ \vdots\qquad\quad \vdots\qquad \vdots\qquad\qquad \vdots\end{matrix}$$

$$x_n = (\xi_1^{(n)}, \xi_2^{(n)}, \cdots, \xi_k^{(n)}, \cdots)$$

$$\begin{array}{cccccc} \vdots & \vdots & \vdots & & \vdots \\ & \downarrow & \downarrow & & \downarrow \\ & 0 & 0 & \cdots & 0 \end{array}$$

现在设 $n=n_1$,这时

$$\sum_{k=1}^{\infty} |\xi_k^{(n_1)}| = \|x_{n_1}\| = 1,$$

因而 $\exists\, p_1>0$,使得

$$\sum_{k=1}^{p_1} |\xi_k^{(n_1)}| > \frac{2}{3}.$$

因为 $\xi_k^{(n)} \to 0\ (n\to\infty)$,所以 $\lim\limits_{n\to\infty} \sum\limits_{k=1}^{p_1} |\xi_k^{(n)}| = 0$,从而 $\exists\, n_2>0$,使得

$$\sum_{k=1}^{p_1} |\xi_k^{(n_2)}| < \frac{1}{3}.$$

又由于 $\sum\limits_{k=1}^{\infty} |\xi_k^{(n_2)}| = \|x_{n_2}\| = 1$,

$$\sum_{k=p_1+1}^{\infty} |\xi_k^{(n_2)}| = \sum_{k=1}^{\infty} |\xi_k^{(n_2)}| - \sum_{k=1}^{p_1} |\xi_k^{(n_2)}| > \frac{2}{3},$$

故 $\exists\, p_2>p_1$,使得

$$\sum_{k=p_1+1}^{p_2} |\xi_k^{(n_2)}| > \frac{2}{3}.$$

设已经选择整数

$$1 = n_1 < n_2 < \cdots < n_i \quad 及 \quad 0 = p_0 < p_1 < p_2 < \cdots < p_i,$$

使得

$$\sum_{k=1}^{p_{j-1}} |\xi_k^{(n_j)}| < \frac{1}{3} \quad (j = 1,2,\cdots,i), \tag{1}$$

$$\sum_{k=p_{j-1}+1}^{p_j} |\xi_k^{(n_j)}| > \frac{2}{3} \quad (j = 1,2,\cdots,i). \tag{2}$$

这时,根据 $\xi_k^{(n)} \to 0\ (n\to\infty)$,$\lim\limits_{n\to\infty} \sum\limits_{k=1}^{p_i} |\xi_k^{(n)}| = 0$,从而 $\exists\, n_{i+1}>n_i$,使得

$$\sum_{k=1}^{p_i}|\xi_k^{(n_{i+1})}|<\frac{1}{3}.$$

利用这个不等式及$\sum\limits_{k=1}^{\infty}|\xi_k^{(n_{i+1})}|=\|x_{n_{i+1}}\|=1$,我们有

$$\sum_{k=p_i+1}^{\infty}|\xi_k^{(n_{i+1})}|=\sum_{k=1}^{\infty}|\xi_k^{(n_{i+1})}|-\sum_{k=1}^{p_i}|\xi_k^{(n_{i+1})}|>\frac{2}{3},$$

故 $\exists\, p_{i+1}>p_i$,使得

$$\sum_{k=p_i+1}^{p_{i+1}}|\xi_k^{(n_{i+1})}|>\frac{2}{3}.$$

上面的讨论表明,存在这样两个整数序列

$$1=n_1<n_2<\cdots\quad \text{及}\quad 0=p_0<p_1<p_2<\cdots$$

使得对于每个 $j=1,2,\cdots$,不等式(1)与(2)都成立. 现在我们考查$\{x_n\}$. 对子序列:

$$x_{n_j}=(\xi_1^{(n_j)},\xi_2^{(n_j)},\cdots,\xi_{p_{j-1}}^{(n_j)},\xi_{p_{j-1}+1}^{(n_j)},\cdots,\xi_{p_j}^{(n_j)},\xi_{p_j+1}^{(n_j)},\cdots),\quad j=1,2,\cdots,$$

令 $\eta_k=\operatorname{sgn}\xi_k^{(n_j)}(p_{j-1}<k\leqslant p_j;k,j=1,2,\cdots)$,则序列$\{\eta_k\}\in l^\infty$. 在空间 l^1 中可以考查有界线性泛函

$$f_0(x)=\sum_{k=1}^{\infty}\eta_k\xi_k,\quad x=(\xi_1,\xi_2,\cdots,\xi_k,\cdots).$$

我们来估计 $f_0(x_{n_j})$的下界. 由于$|\eta_k|\leqslant 1$,我们对

$$x_{n_j}=(\underline{\xi_1^{(n_j)},\xi_2^{(n_j)},\cdots,\xi_{p_{j-1}}^{(n_j)}},\ \underline{\underline{\xi_{p_{j-1}+1}^{(n_j)},\cdots,\xi_{p_j}^{(n_j)}}},\ \underline{\underline{\underline{\xi_{p_j+1}^{(n_j)},\cdots}}})$$

考虑

$$\begin{aligned}|f_0(x_{n_j})|&=\Big|\sum_{k=1}^{\infty}\eta_k\xi_k^{(n_j)}\Big|=\Big|\sum_{k=1}^{p_{j-1}}\eta_k\xi_k^{(n_j)}+\sum_{k=p_{j-1}+1}^{p_j}\eta_k\xi_k^{(n_j)}+\sum_{k=p_j+1}^{\infty}\eta_k\xi_k^{(n_j)}\Big|\\&\geqslant\Big|\sum_{k=p_{j-1}+1}^{p_j}\eta_k\xi_k^{(n_j)}\Big|-\sum_{k=1}^{p_{j-1}}|\eta_k\xi_k^{(n_j)}|-\sum_{k=p_j+1}^{\infty}|\eta_k\xi_k^{(n_j)}|\\&\geqslant\sum_{k=p_{j-1}+1}^{p_j}|\xi_k^{(n_j)}|-\sum_{k=1}^{p_{j-1}}|\xi_k^{(n_j)}|-\sum_{k=p_j+1}^{\infty}|\xi_k^{(n_j)}|\\&=2\sum_{k=p_{j-1}+1}^{p_j}|\xi_k^{(n_j)}|-\sum_{k=1}^{p_{j-1}}|\xi_k^{(n_j)}|-\sum_{k=p_{j-1}+1}^{p_j}|\xi_k^{(n_j)}|-\sum_{k=p_j+1}^{\infty}|\xi_k^{(n_j)}|\end{aligned}$$

$$= 2\sum_{k=p_{j-1}+1}^{p_j} |\xi_k^{(n_j)}| - \|x_{n_j}\|.$$

又因为$\|x_{n_j}\|=1$，$\sum\limits_{k=p_{j-1}+1}^{p_j} |\xi_k^{(n_j)}| > \frac{2}{3}$，故有

$$|f_0(x_{n_j})| > 2 \times (2/3) - 1 = 1/3 > 0,$$

这与当 $j\to\infty$时，$x_{n_j}\rightharpoonup 0$(在 l^1 中)矛盾. 证毕.

§6　线性算子的谱

基本内容

谱的定义与性质

定义 1　设 A 是闭线性算子，$D(A)\subset\mathscr{X}$，A: $\mathscr{X}\to\mathscr{X}$，$\lambda\in\mathbb{C}$ 称为 A 的**本征值**是指: $\exists x_0\in D(A)\backslash\{\theta\}$，适合 $Ax_0=\lambda x_0$，并称相应的 x_0 为对应于 A 的**本征元**.

定义 2　设 $\mathscr{X}$ 是复 B 空间，A: $D(A)\to\mathscr{X}$ 是闭线性算子，称

$$\rho(A) \xlongequal{\text{def}} \{\lambda\in\mathbb{C} \mid (\lambda I - A)^{-1} \in \mathscr{L}(\mathscr{X})\}$$

为 A 的**预解集**. $\lambda\in\rho(A)$称为 A 的**正则值**.

定义 3　称集合 $\sigma(A)\xlongequal{\text{def}}\mathbb{C}\backslash\rho(A)$为 A 的**谱集**. $\lambda\in\sigma(A)$称为 A 的**谱点**.

由定义，在 $\dim\mathscr{X}<\infty$的情形下，$\forall\lambda\in\mathbb{C}$，它或是 A 的本征值，或是正则值，二者必居其一. 但当 $\dim\mathscr{X}=\infty$时，情况就复杂多了. 从逻辑上分，有如下几种情形：

(1) $(\lambda I-A)^{-1}$不存在，这相当于 λ 是本征值，这种 λ 组成的集合记为 $\sigma_p(A)$，称为 A 的**点谱**.

(2) $(\lambda I-A)^{-1}$存在，且值域 $R(\lambda I-A)\xlongequal{\text{def}}(\lambda I-A)D(A)=\mathscr{X}$，这相当于 λ 是正则值，即 $\lambda\in\rho(A)$.

(3) $(\lambda I-A)^{-1}$存在，$R(\lambda I-A)\neq\mathscr{X}$，但$\overline{R(\lambda I-A)}=\mathscr{X}$，这种 λ 组成的集合记为 $\sigma_c(A)$，称为 A 的**连续谱**.

(4) $(\lambda I-A)^{-1}$存在，且$\overline{R(\lambda I-A)}\neq\mathscr{X}$，这种 λ 组成的集合记为

$\sigma_r(A)$,称为 A 的**剩余谱**.

把上述分类列表如下:

$(\lambda I-A)^{-1}\nexists$		$\sigma_p(A)$
$(\lambda I-A)^{-1}\exists$	$R(\lambda I-A)=\mathscr{X}$	$\rho(A)$
$(\lambda I-A)^{-1}\exists$	$\begin{cases}R(\lambda I-A)\neq\mathscr{X}\\ \overline{R(\lambda I-A)}=\mathscr{X}\end{cases}$	$\sigma_c(A)$
$(\lambda I-A)^{-1}\exists$	$\overline{R(\lambda I-A)}\neq\mathscr{X}$	$\sigma_r(A)$

由上表有
$$\sigma(A)=\sigma_p(A)\cup\sigma_c(A)\cup\sigma_r(A).$$

定理 4 设 $\rho(A)$,$\sigma_p(A)$如上述定义,则

(1) $\lambda\in\rho(A)\Longleftrightarrow\forall y\in\mathscr{X}$,方程$(\lambda I-A)x=y$ 存在唯一解 $x\in D(A)$,且满足
$$\|x\|\leqslant M\|y\|\quad(\forall\ x\in\mathscr{X}).$$

(2) $\lambda\in\sigma_p(A)\Longleftrightarrow$方程$(\lambda I-A)x=\theta$ 存在非零解 $x_0\in D(A)$.

Gelfand 定理

定义 5 算子值函数 $R_\lambda(A)$: $\rho(A)\to\mathscr{L}(\mathscr{X})$定义为
$$\lambda\mapsto(\lambda I-A)^{-1}\quad(\forall\ \lambda\in\rho(A)),$$
称为 A 的**预解式**.

定理 6 设 $\rho(A)$为 A 的预解集,$\sigma(A)$为 A 的谱集,则有

(1) $\rho(A)$是开集 ($\sigma(A)$是闭集);

(2) $R_\lambda(A)$是 $\rho(A)$内的算子值解析函数.

推论 7 设 $\mathscr{X}$ 是复 B 空间,A: $D(A)\to\mathscr{X}$ 是闭线性算子,则 $\rho(A)$是开集($\sigma(A)$是闭集).

引理 8(第一预解公式) 设 $\mathscr{X}$ 是复 B 空间,A: $D(A)\to\mathscr{X}$ 是闭线性算子,$\lambda,\mu\in\rho(A)$,则
$$R_\lambda(A)-R_\mu(A)=(\mu-\lambda)R_\lambda(A)R_\mu(A).$$

定理 9 预解式 $R_\lambda(A)$在 $\rho(A)$内是算子值解析函数.

定理 10 设 $\mathscr{X}$ 是 B 空间,$A\in\mathscr{L}(\mathscr{X})$,则 $\sigma(A)\neq\varnothing$.

定义 11 设 $\mathscr{X}$ 是 B 空间,$A\in\mathscr{L}(\mathscr{X})$,称数

$$r_\sigma(A) \xlongequal{\text{def}} \sup_{\lambda \in \sigma(A)} \{|\lambda|\}$$

为 A 的**谱半径**.

定理 12(Gelfand 定理) 设 $\mathscr{X}$ 是 B 空间,$A \in \mathscr{L}(\mathscr{X})$,则

$$r_\sigma(A) = \lim_{n \to \infty} \|A^n\|^{\frac{1}{n}}.$$

引理 13 设 $T \in \mathscr{L}(\mathscr{X})$,$\|T\| < 1$,则

$$(I - T)^{-1} \in \mathscr{L}(X), \quad \text{且} \quad \|(I - T)^{-1}\| \leqslant \frac{1}{1 - \|T\|}.$$

注 由引理 13,当 $\|T\| < 1$ 时可得 $(I - T)^{-1} = \sum_{k=0}^{\infty} T^k$. 等式右端称为 Neuman 级数. 由此得

$$R_\lambda(T) = (\lambda I - T)^{-1} = \sum_{k=0}^{\infty} \frac{T^k}{\lambda^{k+1}}.$$

典型例题精解

例 1 设 $A, B \in \mathscr{L}(\mathscr{X})$,如果

$$\begin{cases} AB = I, \\ BA = I, \end{cases}$$

则 $\exists B^{-1}$,且 $B^{-1} = A$.

证 首先证明 B 是单射. 事实上,

$$\forall\, x \in \mathscr{X}, Bx = 0 \Longrightarrow ABx = 0 \overset{AB=I}{\Longrightarrow} x = 0.$$

其次证明 B 是满射: 事实上,$\forall\, y \in \mathscr{X}$ 要解 $Bx = y$.

由 $BA = I$,只要取 $x = Ay$,即可得到满足. 故有

$$B^{-1}: \mathscr{X} \to \mathscr{X} \quad \text{且} \quad B^{-1} = AB \cdot B^{-1} = A.$$

例 2 设 $\mathscr{X}$ 是 B 空间,求证: 在 $\mathscr{L}(\mathscr{X})$ 中的可逆(有有界逆)算子集是开的.

分析 设 $A, A^{-1} \in \mathscr{L}(\mathscr{X})$,只要证: 当 $\lambda > 0$ 足够小时,有

$$(A + \lambda I)^{-1} \in \mathscr{L}(\mathscr{X}).$$

证 注意到

$$A + \lambda I = A(I + \lambda A^{-1}) = (I + \lambda A^{-1})A, \tag{1}$$

根据本节引理 13,当 $\|\lambda A^{-1}\| < 1$ 时,有

$$(I+\lambda A^{-1})^{-1}\in\mathscr{L}(\mathscr{X}).$$

因此,根据(1)式,当 $\lambda<\dfrac{1}{\|A^{-1}\|}$时,我们有

$$(A+\lambda I)(I+\lambda A^{-1})^{-1}A^{-1}=(I+\lambda A^{-1})^{-1}A^{-1}(A+\lambda I)=I,$$

再根据例 1,当 $\lambda<\dfrac{1}{\|A^{-1}\|}$时,

$$(A+\lambda I)^{-1}=(I+\lambda A^{-1})^{-1}A^{-1}\in\mathscr{L}(\mathscr{X}).$$

例 3 设 A 是闭线性算子,$\lambda_1,\cdots,\lambda_n\in\sigma_p(A)$两两互异,又设 x_i 是对应于 $\lambda_i(i=1,2,\cdots,n)$的本征元,求证 $x_1,x_2,\cdots,x_n$ 是线性无关的.

证 用反证法. 令 x_m 为第一个可由它的前面 $m-1$ 个向量线性表出的向量,即

$$x_m=\sum_{k=1}^{m-1}\alpha_k x_k,\tag{1}$$

且 $x_1,x_2,\cdots,x_{m-1}$线性无关,对(1)式两边施以 $\lambda_m I-A$ 得到

$$0=(\lambda_m I-A)x_m=\sum_{k=1}^{m-1}\alpha_k(\lambda_m I-A)x_k=\sum_{k=1}^{m-1}\alpha_k(\lambda_m-\lambda_k)x_k.$$

因为 $x_1,x_2,\cdots,x_{m-1}$线性无关,所以

$$\alpha_k(\lambda_m-\lambda_k)=0\quad(k=1,2,\cdots,m-1).$$

注意到 $\lambda_m\neq\lambda_k$,故有

$$\alpha_k=0\quad(k=1,2,\cdots,m-1).$$

于是(1)式蕴含 $x_m=0$,这与 x_m 为特征向量矛盾.

例 4 考查复空间 l^1 的右移算子 A: $l^1\to l^1$:

$$Ax\xlongequal{\text{def}}(0,\xi_1,\xi_2,\cdots,\xi_{n-1},\xi_n,\cdots),\quad\forall\, x=(\xi_1,\xi_2,\cdots,\xi_{n-1},\xi_n,\cdots).$$

求证:

(1) $\sigma_p(A)=\varnothing$;

(2) $\{\lambda\in\mathbb{C}\,|\,|\lambda|>\|A\|=1\}\subset\rho(A)$;

(3) $\sigma_r(A)=\{\lambda\in\mathbb{C}\,|\,0\leqslant|\lambda|\leqslant1\}$;

(4) $\sigma_c(A)=\varnothing$.

证 A 显然是线性的,并且有

$$\|Ax\|=\sum_{n=1}^{\infty}|\xi_n|=\|x\|,$$

故 A 是线性有界算子且$\|A\|=1$.

(1) 设 $\lambda\in\mathbb{C}$，$x=(\xi_1,\xi_2,\cdots,\xi_{n-1},\xi_n,\cdots)\in l^1$，使得 $(A-\lambda I)x=\theta$，则有

$$(-\lambda\xi_1,\xi_1-\lambda\xi_2,\xi_2-\lambda\xi_3,\cdots,\xi_n-\lambda\xi_{n+1},\cdots)=\theta,$$
$$\lambda\xi_1=0,\quad \xi_n-\lambda\xi_{n+1}=0\quad (n=1,2,\cdots).$$

由此可见，当 $\lambda=0$ 时，由 $\xi_n-\lambda\xi_{n+1}=0$ $(n=1,2,\cdots)$，可递推地得到

$$\xi_1=\xi_2=\xi_3=\cdots=\xi_n=\cdots=0;$$

而 $\forall\lambda\in\mathbb{C},\lambda\neq0$，由 $-\lambda\xi_1=0$，得 $\xi_1=0$. 再由 $\xi_n-\lambda\xi_{n+1}=0$ $(n=1,2,\cdots)$，可递推地得到

$$\xi_2=\xi_3=\cdots=\xi_n=\cdots=0.$$

所以 $\forall\lambda\in\mathbb{C}$，$N(A-\lambda I)=\{\theta\}$，因而 $A-\lambda I$ 的逆算子 $R_\lambda(A)=(A-\lambda I)^{-1}$ 存在，A 没有特征值，即 A 的点谱 $\sigma_p(A)=\varnothing$.

下面再对 $\forall\lambda\in\mathbb{C}$，进一步讨论 $R(A-\lambda I)$ 和 $R_\lambda(A)$ 的属性：

(2) 当 $\lambda\in\mathbb{C}$ 满足 $|\lambda|>\|A\|=1$ 时，

$$R_\lambda(A)=\sum_{n=0}^{\infty}\frac{A^n}{\lambda^{n+1}}\Longrightarrow\|R_\lambda(A)\|\leqslant\frac{1}{|\lambda|-\|A\|},$$

因而 $\{\lambda\in\mathbb{C}\mid|\lambda|>\|A\|=1\}\subset\rho(A)$.

(3) 当 $\lambda=0$ 时，

$$R(A-\lambda I)=R(A)=\{y=\{\eta_n\}_{n=1}^{\infty}\in l^1\mid\eta_1=0\},$$

因此 $\overline{R(A-\lambda I)}=\overline{R(A)}\neq l^1$. 所以 $0\in\sigma_r(A)$.

当 $\lambda\in\mathbb{C}$ 满足 $0<|\lambda|\leqslant1$ 时，对于任意固定的 $\alpha\in\mathbb{C}$，

$$y_\alpha=(\alpha,0,\cdots,0,\cdots)\in l^1,$$

如果存在 $x=(\xi_1,\xi_2,\cdots,\xi_{n-1},\xi_n,\cdots)\in l^1$，使得 $(A-\lambda I)x=y_\alpha$，则有

$$(-\lambda\xi_1,\xi_1-\lambda\xi_2,\xi_2-\lambda\xi_3,\cdots,\xi_n-\lambda\xi_{n+1},\cdots)=(\alpha,0,\cdots,0,\cdots),$$

于是可得

$$\xi_1=-\frac{\alpha}{\lambda},\ \xi_2=-\frac{\alpha}{\lambda^2},\ \cdots,\ \xi_n=-\frac{\alpha}{\lambda^n},\ \cdots.$$

但当 $\alpha\neq0$ 时，$\sum\limits_{n=1}^{\infty}|\xi_n|=\sum\limits_{n=1}^{\infty}\frac{|\alpha|}{|\lambda|^n}$ 发散，故得矛盾. 所以，不存在 $x\in l^1$，使得 $(A-\lambda I)=y_\alpha$ $(\forall\alpha\in\mathbb{C})$.

因此，若记 $l_1^1=\{(\alpha,0,\cdots,0,\cdots)\in l^1\mid\forall\alpha\in\mathbb{C}\setminus\{0\}\}$，则有

$$l_1^1\not\subset R(A-\lambda I).$$

由此可见,$\overline{R(A-\lambda I)}\neq l^1$,所以当 $\lambda\in\mathbb{C}$,满足 $0<|\lambda|\leqslant 1$ 时,$\lambda\in\sigma_r(A)$.

(4) 由 $\mathbb{C}=\sigma_r(A)\cup\{\lambda\in\mathbb{C}\mid|\lambda|>|A|=1\}$,所以 $\sigma_c(A)=\varnothing$.

注 这个例子说明:定义在无限维赋范线性空间上的有界线性算子可以有不是特征值的谱值.

例 5 在 l^2 空间上,考查左推移算子

$$A:(x_1,x_2,\cdots,x_{n-1},x_n,\cdots)\mapsto(x_2,\cdots,x_{n-1},x_n,\cdots),$$

求证:

(1) $\{\lambda\in\mathbb{C}\mid|\lambda|>1\}\subset\rho(A)$;

(2) $\{\lambda\in\mathbb{C}\mid|\lambda|<1\}=\sigma_p(A)$;

(3) $\{\lambda\in\mathbb{C}\mid|\lambda|=1\}=\sigma_c(A)$;

(4) $\sigma_r(A)=\varnothing$.

证 A 是线性有界算子且 $\|A\|=1$. 事实上,设

$$x=(x_1,x_2,\cdots,x_{n-1},x_n,\cdots)\in l^2,$$

则

$$y=Ax=(x_2,\cdots,x_{n-1},x_n,\cdots),$$

即

$$(Ax)_1=x_2,\ (Ax)_2=x_3,\ \cdots,\ (Ax)_k=x_{k+1},\ \cdots,$$

$$\|Ax\|^2=\sum_{n=2}^{\infty}|x_n|^2\leqslant\sum_{n=1}^{\infty}|x_n|^2=\|x\|^2\Longrightarrow\|Ax\|\leqslant\|x\|.$$

又 $x'=(0,1,0,\cdots)$,$Ax'=(1,0,\cdots)\Longrightarrow\|Ax'\|=\|x'\|$,所以

$$\|A\|=\sup_{x\neq\theta}\frac{\|Ax\|}{\|x\|}=1.$$

(1) 证当 $|\lambda|>1$ 时,$\lambda\in\rho(A)$. 事实上,按例 4 中(2)的推理有

$$|\lambda|>1\Longrightarrow|\lambda|>\|A\|\Longrightarrow\lambda\in\rho(A).$$

(2) 记 $D=\{\lambda\in\mathbb{C}\mid|\lambda|<1\}$. 对于 $\lambda\in D$,数列 $\{\lambda^n\}_0^\infty\in l^2$. 因为

$$A(1,\lambda,\lambda^2,\cdots)=(\lambda,\lambda^2,\cdots)=\lambda(1,\lambda,\lambda^2,\cdots),$$

所以 $\lambda\in\sigma_p(A)$,而 $(1,\lambda,\lambda^2,\cdots)$ 便是相应的特征向量.

反之,设 $Ax=\lambda x$,$x\neq\theta$,$x\in l^2$,则

$$\lambda^n x=A^n x=(x_{n+1},x_{n+2},\cdots)\to\theta$$
$$\Longrightarrow\lambda^n\to 0\Longrightarrow|\lambda|<1\Longrightarrow\lambda\in D.$$

(3) 先看 $\lambda=1$. 首先证 $(I-A)^{-1}$ 是存在的.

事实上,$\forall x=(x_1,x_2,\cdots,x_{n-1},x_n,\cdots)\in l^2$,$(I-A)x=0$,即

$$(x_1,x_2,\cdots,x_{n-1},x_n,\cdots)=(x_2,x_3,\cdots,x_{n-1},x_n,\cdots)$$

$$\Longrightarrow x_1 = x_2 = \cdots = x_n = \cdots$$
$$\Longrightarrow x = x_1(1,1,\cdots).$$

因为 $x \in l^2$,所以 $x_1=0$,从而 $x=\theta$.

记 $C=\{\lambda \in \mathbb{C} \mid |\lambda|=1\}$. $y=(I-A)x \Longleftrightarrow y_k=x_k-x_{k+1}$,即

$$y_1 = x_1 - x_2,$$
$$y_2 = x_2 - x_3,$$
$$y_3 = x_3 - x_4,$$
$$\cdots\cdots\cdots\cdots\cdots$$
$$y_{k-1} = x_{k-1} - x_k,$$
$$y_k = x_k - x_{k+1},$$

将上面第 1,2,…,k 个等式相加,得到

$$\sum_{j=1}^{k} y_j = x_1 - x_{k+1} \Longrightarrow x_{k+1} = x_1 - \sum_{j=1}^{k} y_j.$$

利用这个公式,我们可以从 y 求出 x,即 $\exists (I-A)^{-1}$.

显然,非零分量个数有限的 y 在 $R(I-A)$中.

事实上,设 y 的非零分量个数为 K,取 $x_1=\sum_{j=1}^{K} y_j$,

$$\begin{cases} x_{k+1} = x_1 - \sum_{j=1}^{k} y_j \ (k=1,2,\cdots,K), \\ x_{k+1} = 0 \ (\forall\, k > K) \end{cases} \Longrightarrow x \in l^2.$$

注意到非零分量个数有限的 y 在 l^2 中稠密,故有

$$\overline{R(I-A)} = l^2, \quad R(I-A) \neq l^2.$$

例如 $y=\left\{\frac{1}{j}\right\}_{j=1}^{\infty} \in l^2$,但是 $y \notin R(I-A)$. 事实上,按

$$x_{k+1} = x_1 - \sum_{j=1}^{k} \frac{1}{j},$$

求得的 $x=\{x_k\}_{k=1}^{\infty}$,使得 $x_k \to -\infty\ (k\to\infty)$,故 $x \notin l^2$. 于是 $\lambda=1 \in \sigma_c(A)$.

对于适合 $|\lambda|=1$ 的一般 λ,可以化归为 $\lambda=1$ 情形. 事实上,

$$(\lambda I - A)x = y \Longleftrightarrow \lambda x_k - x_{k+1} = y_k$$
$$\Longleftrightarrow \frac{x_k}{\lambda^k} - \frac{x_{k+1}}{\lambda^{k+1}} = \frac{y_k}{\lambda^{k+1}} \quad (k=1,2,\cdots).$$

令 $\xi_k=\frac{x_k}{\lambda^k},\eta_k=\frac{y_k}{\lambda^{k+1}}$ $(k=1,2,\cdots)$，则有

$$\xi_k-\xi_{k+1}=\eta_k \quad (k=1,2,\cdots).$$

此即化归为 $\lambda=1$ 情形.

(4) 总结起来，参见图 2.14，我们有

$$\sigma_p(A)=\{\lambda\in\mathbb{C}\mid|\lambda|<1\},$$

$$\sigma_c(A)=\{\lambda\in\mathbb{C}\mid|\lambda|=1\},$$

$$\sigma_r(A)=\varnothing.$$

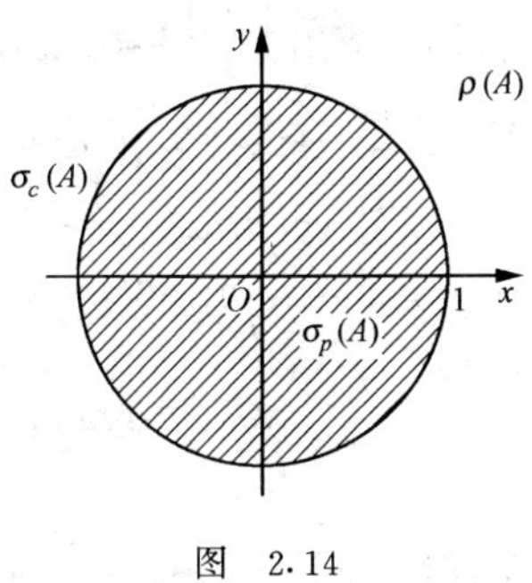

图 2.14

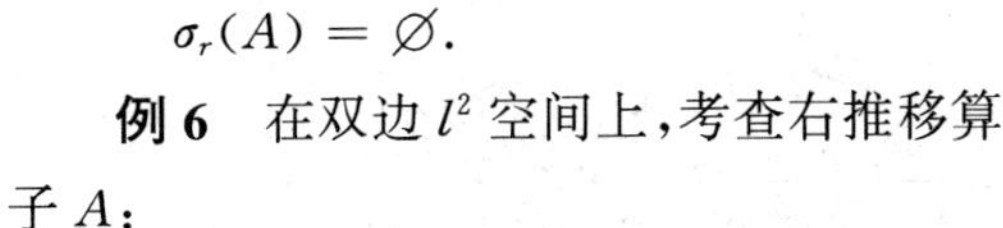

例 6 在双边 l^2 空间上，考查右推移算子 A：

$$x=(\cdots,\xi_{-n},\xi_{-n+1},\cdots,\xi_{-1},\xi_0,\xi_1,\cdots,\xi_{n-1},\xi_n,\cdots)\in l^2,$$

$$y=Ax=(\cdots,\eta_{-n},\eta_{-n+1},\cdots,\eta_{-1},\eta_0,\eta_1,\cdots,\eta_{n-1},\eta_n,\cdots),$$

其中 $\eta_m=\xi_{m-1}(m\in\mathbb{Z})$. 求证：$\sigma_c(A)=\sigma(A)=$单位圆周.

证 (1) 证 $\sigma_p(A)=\varnothing$. 由 Ax 表达式知 $\|Ax\|=\|x\|\Longrightarrow\|A\|=1$，又由

$$\|A^nx\|=\|x\|\Longrightarrow\|A^n\|=1\Longrightarrow r_\sigma(A)=\lim_{n\to\infty}\|A^n\|=1.$$

当 $\lambda=0$ 时，由 $(\lambda I-A)x=0\Longrightarrow Ax=0\Longrightarrow x=0$.

当 $\lambda\neq0$ 时，由 $(\lambda I-A)x=0$，两边比较各分量有

$$\lambda\xi_k-\xi_{k-1}=0 \quad (k\in\mathbb{Z}). \tag{1}$$

由此有

$$\xi_1=\frac{1}{\lambda}\xi_0,\ \xi_2=\frac{1}{\lambda}\xi_1=\frac{1}{\lambda^2}\xi_0,\ \cdots,\ \xi_n=\frac{1}{\lambda^n}\xi_0,$$

同理 $\xi_{-n}=\lambda^n\xi_0$.

由此可见，如果 $\xi_0=0$，则

$$\xi_n=0 \quad (\forall n\in\mathbb{Z})\Longrightarrow x=0.$$

如果 $\xi_0\neq0$，由 $x\in l^2$，有

$$\sum_{n=-\infty}^{+\infty}|\xi_n|^2<+\infty\Longrightarrow|\xi_0|^2+\sum_{n=1}^{+\infty}|\xi_n|^2+\sum_{n=1}^{+\infty}|\xi_{-n}|^2<+\infty,$$

即得

$$|\xi_0|^2+|\xi_0|^2\sum_{n=1}^{+\infty}\left|\frac{1}{\lambda}\right|^{2n}+|\xi_0|^2\sum_{n=1}^{+\infty}|\lambda|^{2n}<+\infty,$$

由此既推出 $\left|\frac{1}{\lambda}\right| \to 0$，又推出 $|\lambda| \to 0$，矛盾. 因此只能 $\xi_0=0 \Longrightarrow \xi_n=0$ $(\forall n\in\mathbb{Z}) \Longrightarrow x=0$. 于是 $\sigma_p(A)=\varnothing$.

(2) 证 $\sigma_r(A)=\varnothing$. 按定义只要证明 $\overline{R(\lambda I-A)}=l^2$，即证 $R(\lambda I-A)^{\perp}=\{\theta\}$. 设 $z\perp R(\lambda I-A)$，$z=(z_1,z_2,\cdots,z_k,\cdots)$，则对 $\forall x\in l^2$，

$$((\lambda I-A)x,z)=0 \Longrightarrow \sum_{k=-\infty}^{+\infty}(\lambda\xi_k-\xi_{k-1})z_k=0.$$

特别取 $x^{(n)}=(\overbrace{0,0,\cdots,0,1}^{n\text{个}},0,\cdots)\in l^2$，则有

$$\lambda x^{(n)}=(\overbrace{0,0,\cdots,0,\lambda}^{n\text{个}},0,\cdots),$$

$$Ax^{(n)}=(\overbrace{0,0,\cdots,0,1}^{n+1\text{个}},0,\cdots),$$

$$\lambda x^{(n)}-Ax^{(n)}=(\overbrace{0,0,\cdots,\lambda,-1}^{n+1\text{个}},0,\cdots).$$

因此由

$$(\lambda x^{(n)}-Ax^{(n)},z)=0 \Longrightarrow \lambda z_n-z_{n+1}=0 \quad (\forall\, n\in\mathbb{Z}). \tag{2}$$

从形式上看(2)式与(1)式完全类似，按(1)式推理可得 $z=\theta$.

(3) 证 $\sigma_c(A)=\{|\lambda|=1\}$. 先看 $\lambda=1$. 我们要证

$$\begin{cases} R(I-A)\neq l^2, \\ \overline{R(I-A)}=l^2. \end{cases}$$

首先注意到 $\forall x\in l^2$，

$$(I-A)x=y \Longleftrightarrow y_k=x_k-x_{k-1} \quad (k\in\mathbb{Z}). \tag{3}$$

特别对

$$y=(\cdots,0,0,\cdots,0,\underset{\uparrow}{\overset{k=0}{1}},0,\cdots,0,\cdots)\in l^2, \tag{4}$$

有

$$x_0-x_{-1}=1.$$

但是由(3)式与(4)式的关系又推出

$$\left.\begin{array}{l} x_0=x_1=x_2=\cdots \overset{\text{因}x\in l^2}{\Longrightarrow} x_0=0 \\ \cdots=x_{-2}=x_{-1} \overset{\text{因}x\in l^2}{\Longrightarrow} x_{-1}=0 \end{array}\right\} \Longrightarrow x_0-x_{-1}=0,\text{矛盾}.$$

由此可见，$y\notin R(I-A)$，即有 $R(I-A)\neq l^2$.

再证 $\overline{R(I-A)}=l^2$. 设

$$\xi = (\cdots, \xi_{-n}, \xi_{-n+1}, \cdots, \xi_{-1}, \xi_0, \xi_1, \cdots, \xi_{n-1}, \xi_n, \cdots) \in l^2.$$

$\forall \varepsilon > 0$,取 N,使得 $\sum\limits_{n=N+1}^{\infty} |\xi_n|^2 < \varepsilon^2$. 令

$$y_j = \begin{cases} \xi_j, & |j| \leqslant N, \\ 0, & |j| > N+1, \end{cases}$$

则 y 有表示式:

$$y = (\cdots, 0, 0, \xi_{-N}, \cdots, \xi_{-1}, \xi_0, \xi_1, \cdots, \xi_N, 0, 0 \cdots),$$

由此得

$$\|y - \xi\|^2 = \sum_{|j|=N+1}^{\infty} |\xi_j|^2 < \varepsilon^2 \Longrightarrow \|y - \xi\| < \varepsilon.$$

为了证明 $y \in R(I-A)$,即证 $\exists\, x \in l^2$,使得

$$(I - A)x = y \Longleftrightarrow y_k = x_k - x_{k-1} \quad (k \in \mathbb{Z}).$$

注意到

$$y_j = \begin{cases} \xi_j, & |j| \leqslant N, \\ 0, & |j| > N+1, \end{cases} \qquad x_k - x_{k-1} = \xi_k \quad (|k| \leqslant N),$$

由 $x_k - x_{k-1} = 0$ $(|k| > N+1) \Longrightarrow x_k = x_{N+1} (|k| > N+1)$. 令

$$x_k = \begin{cases} -\sum\limits_{j=k+1}^{N+1} \xi_j, & |k| \leqslant N, \\ 0, & |k| \geqslant N+1, \end{cases}$$

显然 $x = \{x_k\} \in l^2$,并满足 $y_k = x_k - x_{k-1} (k \in \mathbb{Z})$,从而 $(I-A)x = y$,即 $y \in R(I-A)$. 由于 y 在 l^2 中稠密,所以 $\overline{R(I-A)} = l^2$. 由此得 $\lambda = 1 \in \sigma_c(A)$.

对于一般的 $|\lambda| = 1$,可以化归 $\lambda = 1$ 的情况. 考虑下述 U 形串即可:

$$\begin{array}{ccc} y = (\lambda I - A)x & & \eta_k = \xi_k - \xi_{k-1} \\ \Updownarrow & & \Updownarrow \\ y_k = \lambda x_k - x_{k-1} & \Longleftrightarrow & \lambda^{k-1} y_k = \lambda^k x_k - \lambda^{k-1} x_{k-1} \end{array}$$

当 $|\lambda| = 1$ 时,参见例 5 可知

$$\xi = \{\xi_k\} \in l^2 \Longleftrightarrow x \in l^2,$$

$$\eta = \{\eta_k\} \in l^2 \Longleftrightarrow y \in l^2.$$

重复上面证明即可.

第三章　广义函数与 Sobolev 空间

记多重指标 $\alpha=(\alpha_1,\alpha_2,\cdots,\alpha_n)$，其中 $\alpha_i\geqslant 0\ (i=1,2,\cdots,n)$，而且是整数. 以下是多重指标常用的约定记号：

$|\alpha|=\sum_{i=1}^{n}\alpha_i,\quad \alpha!=\alpha_1!\alpha_2!\cdots\alpha_N!$；

$x^\alpha=x_1^{\alpha_1}x_2^{\alpha_2}\cdots x_n^{\alpha_n}\quad (\forall x=(x_1,x_2,\cdots,x_n)\in\mathbb{R}^n)$；

$\partial^\alpha=\partial_{x_1}^{\alpha_1}\partial_{x_2}^{\alpha_2}\cdots\partial_{x_n}^{\alpha_n}$，特别地 $\partial^0=I$（恒同）；

$$\binom{\alpha}{\beta}=\frac{\alpha!}{\beta!(\alpha-\beta)!}=\binom{\alpha_1}{\beta_1}\binom{\alpha_2}{\beta_2}\cdots\binom{\alpha_n}{\beta_n},$$

其中 $\beta\leqslant\alpha$（即 $\beta_i\leqslant\alpha_i,i=1,2,\cdots,n$）.

用上述记号，Leibniz 公式可以写成：

$$\partial^e(uv)(x)=\sum_{\beta\leqslant e}\binom{e}{\beta}\partial^\beta u(x)\partial^{e-\beta}v(x).$$

§1　广义函数的概念

基 本 内 容

设 $\Omega\subset\mathbb{R}^n$ 是一个开集，$u\in C(\overline{\Omega})$，集合 $\{x\in\Omega\,|\,u(x)\neq 0\}$ 在 Ω 中的闭包称为 u 关于 Ω 的**支集**，记做 $\mathrm{supp}u$.

$K\subset\subset\Omega$ 是指 $K\subset\Omega$，且 $\overline{K}$ 是 $\mathbb{R}^n$ 中的紧子集.

$$C_0^\infty(\Omega)\xlongequal{\text{def}}\{u\in C^\infty(\Omega)\,|\,\mathrm{supp}u\subset\subset\Omega\},$$

$$C_0^k(\Omega)\xlongequal{\text{def}}\{u\in C^k(\Omega)\,|\,\mathrm{supp}u\subset\subset\Omega\}.$$

软化子(磨光函数)

设函数

$$j(x) = \begin{cases} C_n e^{-\frac{1}{1-|x|^2}}, & |x| < 1, \\ 0, & |x| \geqslant 1, \end{cases}$$

其中

$$C_n \xlongequal{\text{def}} \left(\int_{|x| \leqslant 1} e^{-\frac{1}{1-|x|^2}} \mathrm{d}x \right)^{-1}$$

是一个仅依赖于维数的常数,我们称 $j(x)$是**软化子**. $j(x) \in C_0^{\infty}(\mathbb{R}^n)$满足:

(1) $j(x) \geqslant 0$, $j(x) = 0(|x| \geqslant 1)$;

(2) $\int_{\mathbb{R}^n} j(x)\mathrm{d}x = 1$.

从 $j(x)$出发,可以得到许多 $C_0^{\infty}(\mathbb{R}^n)$的函数. 例如,$\forall \delta > 0$,构造函数

$$j_\delta(x) = \frac{1}{\delta^n} j\left(\frac{x}{\delta}\right),$$

则有 $j_\delta(x) \in C_0^{\infty}(\mathbb{R}^n)$,且满足:

(1) $j_\delta(x) \geqslant 0, j_\delta(x) = 0(|x| \geqslant \delta)$;

(2) $\int_{\mathbb{R}^n} j_\delta(x)\mathrm{d}x = 1$.

命题 1 设 u 是一个可积函数,并在 Ω 的一个紧子集 K 外恒为 0,则当 δ 充分小时,函数

$$u_\delta(x) \xlongequal{\text{def}} \int_\Omega u(y) j_\delta(x - y)\mathrm{d}y \quad (= j_\delta * u)$$

是 $C_0^{\infty}(\Omega)$的函数.

定理 2 若 $u \in C_0^k(\Omega)$,则

$$\|u_\delta - u\|_{C^k(\bar{\Omega})} \to 0 \quad (\delta \to 0).$$

推论 3 (1) $C_0^{\infty}(\Omega)$在 $C_0^k(\Omega)$中稠密;

(2) 若 μ 是 Ω 上的一个完全可加测度,由

$$\int_\Omega \varphi(x)\mathrm{d}\mu = 0 \quad (\forall\, \varphi \in C_0^{\infty}(\Omega))$$

便能推出

$$\int_{\Omega}\varphi(x)\mathrm{d}\mu=0 \quad (\forall\varphi\in C_0^0(\Omega)).$$

基本函数空间 $\mathscr{D}(\Omega)$

定义 4 设 $\varphi_n,\varphi_0\in C_0^\infty(\Omega)$,我们说 $\varphi_n\to\varphi_0$ 是指:

(1) $\exists K\subset\subset\Omega$,使得 $\mathrm{supp}\varphi_j\subset K$ $(j=1,2,\cdots)$,即$\{\varphi_n\}$有一个公共的紧支集;

(2) $\forall\alpha=(\alpha_1,\cdots,\alpha_n)$,有

$$\max_{x\in K}|\partial^\alpha\varphi_j(x)-\partial^\alpha\varphi_0(x)|\to 0 \quad (j\to\infty),$$

即$\{\varphi_n\}$的任意阶导数一致收敛.

赋予上述收敛性的线性空间 $C_0^\infty(\Omega)$称为**基本空间**,记做 $\mathscr{D}(\Omega)$.

注 不可能在 $\mathscr{D}(\Omega)$上引进距离 ρ,使得 $\mathscr{D}(\Omega)$中的收敛等价于按 ρ 收敛.

命题 5 $\mathscr{D}(\Omega)$是序列完备的,即若$\{\varphi_j\}_0^\infty$ 是一个基本列,它适合:

(1) $\exists K\subset\subset\Omega$,使得 $\mathrm{supp}\varphi_j\subset K(j=1,2,\cdots)$,即$\{\varphi_j\}$有一个公共的紧支集 K;

(2) $\forall\varepsilon>0,\forall\alpha=(\alpha_1,\cdots,\alpha_n),\exists N=N(\varepsilon,\alpha)\in\mathbb{N}$,使得

$$\max_{x\in K}|\partial^\alpha\varphi_m(x)-\partial^\alpha\varphi_n(x)|<\varepsilon \quad (\text{当 } m,n>N \text{ 时}),$$

则必有 $\varphi_0\in\mathscr{D}(\Omega)$,使得 $\varphi_j\to\varphi_0$ $(j\to\infty)$.

广义函数的定义和基本性质

定义 6 $\mathscr{D}(\Omega)$上的一切线性连续泛函都称为**广义函数**,即广义函数是这样的泛函 f: $\mathscr{D}(\Omega)\to\mathbb{R}^1$,满足:

(1) 线性:

$$\langle f,\lambda_1\phi_1+\lambda_2\phi_2\rangle=\lambda_1\langle f,\phi_1\rangle+\lambda_2\langle f,\phi_2\rangle;$$

(2) 连续性:对于任意的 $\varphi_j\to\varphi_0(\mathscr{D}(\Omega))$,都有

$$\langle f,\varphi_j\rangle\to\langle f,\varphi_0\rangle \quad (j\to\infty).$$

一切广义函数的集合记做 $\mathscr{D}'(\Omega)$.

注 称 $f(x)$是 Ω 上的一个**局部可积函数**,记做 $f(x)\in L_{\mathrm{loc}}^1(\Omega)$,是指:对于任意相对于 Ω 的紧集 K,积分

$$\int_K|f(x)|\mathrm{d}x<\infty.$$

广义函数的收敛性

在 $\mathscr{D}'(\Omega)$上可以规定加法与数乘：

$$\langle \lambda_1 f_1 + \lambda_2 f_2, \varphi\rangle \xlongequal{\text{def}} \lambda_1\langle f_1,\varphi\rangle + \lambda_2\langle f_2,\varphi\rangle \quad (\forall\ f \in \mathscr{D}'(\Omega)),$$

从而 $\mathscr{D}'(\Omega)$构成一个线性空间. 现在在 $\mathscr{D}'(\Omega)$上引入 $*$ 弱收敛.

定义 7 称$\{f_j\}\subset\mathscr{D}'(\Omega)$ $*$ 弱**收敛**到 $f_0\in\mathscr{D}'(\Omega)$，是指：

$$\langle f_j,\varphi\rangle \to \langle f_0,\varphi\rangle \quad (\forall\ \varphi\in\mathscr{D}(\Omega)).$$

典型例题精解

例 1 求证：δ 函数不是局部可积函数.

证 用反证法. 如果 $\exists f(x)\in L^1_{\text{loc}}$，使得

$$\langle \delta,\varphi\rangle = \int_\Omega f(x)\varphi(x)\mathrm{d}x \quad (\forall\ \varphi\in \mathscr{D}(\Omega)),$$

取 $\varphi_k(x)=j(kx)$ $(\forall k\in \mathbb{N})$，其中

$$j(x) = \begin{cases} C_n \mathrm{e}^{-\frac{1}{1-|x|^2}}, & |x|<1, \\ 0, & |x|\geqslant 1, \end{cases}$$

则有：一方面，根据积分的绝对连续性

$$\left|\int_{B(\theta,1/k)} f(x)\varphi_k(x)\mathrm{d}x\right| \leqslant C_n\int_{B(\theta,1/k)} |f(x)|\mathrm{d}x \to 0 \quad (k\to\infty),$$

故有

$$\int_\Omega f(x)\varphi_k(x)\mathrm{d}x = \int_{B(\theta,1/k)} f(x)\varphi_k(x)\mathrm{d}x \to 0 \quad (k\to\infty);$$

另一方面，

$$\langle\delta,\varphi_k\rangle = \varphi_k(0) = C_n\mathrm{e}^{-1} \to C_n\mathrm{e}^{-1} \quad (k\to\infty).$$

于是有 $0=C_n\mathrm{e}^{-1}\neq 0$，矛盾.

例 2 求证：$\sqrt{n/\pi}\mathrm{e}^{-nx^2}\to\delta(x)$ $(n\to\infty)$.

证 令 $f_n(x)=\sqrt{n/\pi}\mathrm{e}^{-nx^2}$（见图 3.1），则有

$$\int_{-\infty}^{\infty} f_n(x)\mathrm{d}x = \int_{-\infty}^{\infty}\frac{1}{\sqrt{\pi}}\mathrm{e}^{-u^2}\mathrm{d}u = 1.$$

对 $\forall\varphi\in\mathscr{D}(\Omega)$，不妨设 $\operatorname{supp}\varphi\subset\subset[-T,T]$，则有

$$|\langle f_n,\varphi\rangle - \langle\delta,\varphi\rangle| = \left|\int_{-\infty}^{\infty} f_n(x)[\varphi(x)-\varphi(0)]\mathrm{d}x\right|$$

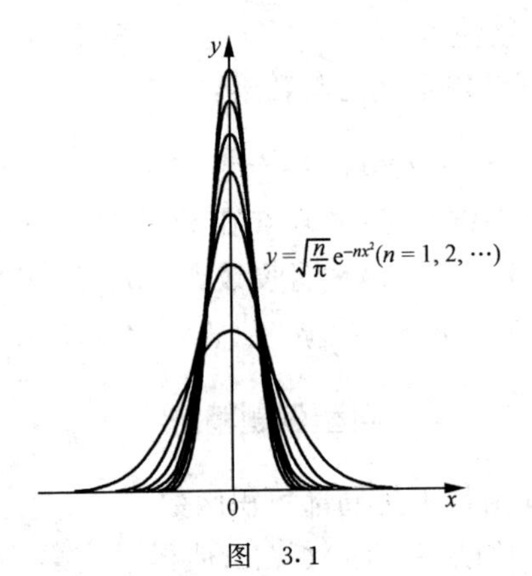

图 3.1

$$\leqslant\left|\varphi(0)\int_{|x|\geqslant T}f_n(x)\mathrm{d}x\right|+\left|\int_{-T}^{T}f_n(x)[\varphi(x)-\varphi(0)]\mathrm{d}x\right|, \tag{1}$$

$$\int_{|x|\geqslant T}f_n(x)\mathrm{d}x\xlongequal{x=u/\sqrt{n}}\frac{1}{\sqrt{\pi}}\int_{|u|\geqslant\sqrt{n}T}\mathrm{e}^{-u^2}\mathrm{d}u\to 0\quad(n\to\infty). \tag{2}$$

应用微分中值定理,得

$$\varphi(x)-\varphi(0)=\varphi'(\xi)x\quad(\xi\in(0,x)),$$

令 $M=\sup\limits_{|x|\leqslant T}|\varphi'(x)|$,则有

$$\begin{aligned}\left|\int_{-T}^{T}f_n(x)[\varphi(x)-\varphi(0)]\mathrm{d}x\right|&\leqslant M\int_{-T}^{T}|x|f_n(x)\mathrm{d}x\\&=M\sqrt{\frac{n}{\pi}}\int_{-T}^{T}|x|\mathrm{e}^{-nx^2}\mathrm{d}x=\frac{M}{\sqrt{\pi n}}\int_{-\sqrt{n}T}^{\sqrt{n}T}|u|\mathrm{e}^{-u^2}\mathrm{d}u\\&\leqslant\frac{2M}{\sqrt{\pi n}}\int_0^{\infty}u\mathrm{e}^{-u^2}\mathrm{d}u=\frac{M}{\sqrt{\pi n}}\to 0\quad(n\to\infty).\end{aligned} \tag{3}$$

联合(1),(2),(3)式即得

$$|\langle f_n,\varphi\rangle-\langle\delta,\varphi\rangle|\to 0\quad(n\to\infty),$$

于是

$$\langle f_n,\varphi\rangle\to\langle\delta,\varphi\rangle\quad(\forall\ \varphi\in\mathscr{D}(\Omega)).$$

例 3 设 $\Omega\subset\mathbb{R}^n$ 是一个开集,又设 $K\subset\Omega$ 是 Ω 的一个紧子集,求证:存在一个函数 $\varphi\in C_0^{\infty}(\Omega)$,使得 $0\leqslant\varphi(x)\leqslant 1$,且 $\varphi(x)$ 在 K 的一个邻域内恒等于 1.

证 作开集 Ω_1,使得 $K\subset\Omega_1,\overline{\Omega}_1\subset\Omega$,记 $\chi(x)$为 Ω_1 的特征函数,令

$$\delta=\frac{1}{3}\min\{\rho(K,\partial\Omega_1),\rho(\Omega_1,\partial\Omega)\},$$

$$\varphi(x)=\int_\Omega\chi(y)j_\delta(x-y)\mathrm{d}y=\int_{\Omega_1}j_\delta(x-y)\mathrm{d}y,$$

则有 $\varphi\in C_0^\infty(\Omega)$,且 $\varphi(x)=\int_{\Omega_1}j_\delta(x-y)\mathrm{d}y$,以及

$$0\leqslant\varphi(x)\leqslant1.$$

又令

$$K_\delta=\{x\in\Omega\,|\,\rho(x,K)\leqslant\delta\}.$$

$\forall x\in K_\delta$,注意到

$$\begin{array}{ccc}
\varphi(x) & & 1\\
\| & & \|\\
\displaystyle\int_\Omega\chi(y)j_\delta(x-y)\mathrm{d}y & & \displaystyle\int_{|t|\leqslant\delta}j_\delta(t)\mathrm{d}y\\
\| & & \|\\
\displaystyle\int_{\Omega_1}j_\delta(x-y)\mathrm{d}y & & \displaystyle\int_{|y-x|\leqslant\delta}j_\delta(x-y)\mathrm{d}y\\
\| & & \|\\
L_1+L_2 & = & \displaystyle\int_{\Omega_1(|y-x|\leqslant\delta)}j_\delta(x-y)\mathrm{d}y
\end{array}$$

其中 $L_1=\int_{\Omega_1(|y-x|\leqslant\delta)}j_\delta(x-y)\mathrm{d}y,L_2=\int_{\Omega_1(|y-x|>\delta)}j_\delta(x-y)\mathrm{d}y$. 从此 U 形等式串的两端即知 $\varphi(x)$在 K 的 δ 邻域 K_δ 内恒等于 1.

例 4 在 $L^2(-\infty,\infty)$上考虑算子序列$\{J_n\}$,

$$(J_nu)(x)=\int_{-\infty}^{\infty}j_n(x-t)u(t)\mathrm{d}t,\quad\forall\,u\in L^2(-\infty,\infty),$$

求证:

(1) $J_nu\in L^2(-\infty,\infty)$,并且$\|J_n\|\leqslant1$ $(n=1,2,\cdots)$;

(2) 算子序列$\{J_n\}$在 $L^2(-\infty,\infty)$上强收敛到恒同算子 I.

证 (1) 应用 Schwarz 不等式,注意到 $\int_{-\infty}^{\infty}j_n(x-t)\mathrm{d}t=1$,有

$$|J_n u(x)|^2 \leqslant \int_{-\infty}^{\infty} j_n(x-t)\mathrm{d}t \int_{-\infty}^{\infty} j_n(x-t)|u(t)|^2 \mathrm{d}t$$
$$= \int_{-\infty}^{\infty} j_n(x-t)|u(t)|^2 \mathrm{d}t.$$

于是,根据实变函数论中的 Fubini 定理,有

$$\int_a^b |J_n u(x)|^2 \mathrm{d}x \leqslant \int_a^b \int_{-\infty}^{\infty} j_n(x-t)|u(t)|^2 \mathrm{d}t\mathrm{d}x$$
$$= \int_{-\infty}^{\infty} \int_a^b j_n(x-t)|u(t)|^2 \mathrm{d}x\mathrm{d}t.$$

因为

$$\int_a^b j_n(x-t)\mathrm{d}x \leqslant \int_{-\infty}^{\infty} j_n(x-t)\mathrm{d}x = 1,$$

所以

$$\int_a^b |J_n u(x)|^2 \mathrm{d}x \leqslant \int_{-\infty}^{\infty} |u(t)|^2 \mathrm{d}t = \|u\|^2.$$

令 $a \to -\infty, b \to \infty$,得到

$$\int_{-\infty}^{\infty} |J_n u(x)|^2 \mathrm{d}x \leqslant \|u\|^2.$$

故有 $J_n u \in L^2$,并且 $\|J_n u\| \leqslant \|u\| \Longrightarrow \|J_n\| \leqslant 1 \ (n=1,2,\cdots)$.

(2) 因为有了(1)以及 $C(-\infty,\infty)$ 在 $L^2(-\infty,\infty)$ 稠密,根据第二章§3 定理 18(Banach-Steinhaus 定理),为了证明算子序列 $\{J_n\}$ 在 $L^2(-\infty,\infty)$ 上强收敛到恒同算子 I,只需证明对 $\forall u \in C(-\infty,\infty) \cap L^2(-\infty,\infty)$,有

$$\|J_n u - u\| \to 0 \quad (n \to \infty).$$

事实上,对 $\forall \varepsilon > 0$,取 T 足够大,使得

$$\int_{|t|>T-1} |u(t)|^2 \mathrm{d}t < \frac{\varepsilon}{16}.$$

因为 $u(t)$ 在有界闭区间 $[-T,T]$ 上一致连续,所以 $\exists \delta > 0$,使得

$$|u(s+t) - u(t)|^2 < \frac{\varepsilon}{4T}, \quad |t| \leqslant T, \ |s| \leqslant \delta.$$

于是

$$\int_{-T}^{T} |u(s+t) - u(t)|^2 \mathrm{d}t < \frac{\varepsilon}{2}, \quad |s| \leqslant \delta.$$

我们可以假定 $\delta\leqslant 1$,那么

$$\int_T^{\infty}|u(s+t)-u(t)|^2\mathrm{d}t \leqslant 2\int_T^{\infty}|u(s+t)|^2\mathrm{d}t+2\int_T^{\infty}|u(t)|^2\mathrm{d}t=2\int_{T+s}^{\infty}|u(t)|^2\mathrm{d}t+2\int_T^{\infty}|u(t)|^2\mathrm{d}t < \frac{\varepsilon}{4}$$

同理,我们有

$$\int_{-\infty}^{-T}|u(s+t)-u(t)|^2\mathrm{d}t<\frac{\varepsilon}{4}.$$

综合之,我们有

$$\int_{-\infty}^{\infty}|u(s+t)-u(t)|^2\mathrm{d}t<\varepsilon,\quad |s|\leqslant\delta. \tag{1}$$

令 $x-t=s$,改写

$$(J_n u)(x)=\int_{-\infty}^{\infty}j_n(x-t)u(t)\mathrm{d}t=\int_{-\infty}^{\infty}j_n(s)u(x-s)\mathrm{d}s,$$

并利用 $\int_{-\infty}^{\infty}j_n(s)\mathrm{d}s=1$,我们有

$$\begin{aligned}(J_n u)(x)-u(x)&=\int_{-\infty}^{\infty}j_n(s)[u(x-s)-u(x)]\mathrm{d}s\\&=\int_{-\infty}^{\infty}\sqrt{j_n(s)}\sqrt{j_n(s)}[u(x-s)-u(x)]\mathrm{d}s.\end{aligned}$$

应用 Schwarz 不等式,便得

$$\begin{aligned}|(J_n u)(x)-u(x)|^2&\leqslant\int_{-\infty}^{\infty}j_n(s)\mathrm{d}s\int_{-\infty}^{\infty}j_n(s)|u(x-s)-u(x)|^2\mathrm{d}s\\&=\int_{-\infty}^{\infty}j_n(s)|u(x-s)-u(x)|^2\mathrm{d}s,\end{aligned}$$

故有

$$\int_{-\infty}^{\infty}|(J_n u)(x)-u(x)|^2\mathrm{d}x\leqslant\int_{-\infty}^{\infty}j_n(s)\mathrm{d}s\int_{-\infty}^{\infty}|u(x-s)-u(x)|^2\mathrm{d}x. \tag{2}$$

因为当 $|ns|>1$ 时,$j_n(s)=0$,所以不等式(2)右端积分实际上只在 $|s|<\frac{1}{n}$ 上进行. 因此,只要 $n>\frac{1}{\delta}$,便有 $|s|<\frac{1}{n}<\delta$,于是不等式(1)成立.

联合不等式(1),(2)得到

$$\|J_n u - u\|^2 \leqslant \varepsilon \int_{-\infty}^{\infty} j_n(s)\mathrm{d}s = \varepsilon, \quad \forall\ n > \frac{1}{\delta}.$$

例 5 在 $L^2(-\infty,\infty)$ 上考虑微分算子 $Au=\dfrac{\mathrm{d}u(t)}{\mathrm{d}t}$,

$$D(A)=\left\{u(t)\in L^2(-\infty,\infty)\,\middle|\,\frac{\mathrm{d}u(t)}{\mathrm{d}t}\in C(-\infty,\infty)\cap L^2(-\infty,\infty)\right\}.$$

求证:A 不是有界算子,也不是闭算子.

证 先证 A 不是有界算子. 事实上,设

$$j_n(t) = nj(nt) \quad (n = 1,2,\cdots),$$

那么 $j_n\in D(A)$并且

$$\|j_n\|^2 = n^2\int_{-\infty}^{\infty} |j(nt)|^2\mathrm{d}t = n\int_{-\infty}^{\infty} |j(t)|^2\mathrm{d}t = n\,\|j\|^2,$$

但是

$$\|Aj_n\|^2 = n^4\int_{-\infty}^{\infty} |j'(nt)|^2\mathrm{d}t = n^3\int_{-\infty}^{\infty} |j'(u)|^2\mathrm{d}u = n^3\,\|Aj\|^2.$$

因为 $Aj=\dfrac{\mathrm{d}j(t)}{\mathrm{d}t}\neq\theta$,所以

$$\frac{\|Aj_n\|}{\|j_n\|} = \frac{n\sqrt{n}\,\|Aj\|}{\sqrt{n}\,\|j\|} = \frac{n\,\|Aj\|}{\|j\|} \quad (n\to\infty).$$

由此可见,A 不是有界算子.

再证 A 不是闭算子. 用反证法. 取

$$u(t) = \begin{cases} 1+t, & -1\leqslant t\leqslant 0, \\ 1-t, & 0< t\leqslant 1, \\ 0, & |t|>1. \end{cases}$$

显然 $u(t)\in C(-\infty,\infty)$. 因为在 $t=\pm1,0$ 处 $u'(t)$不存在,所以 $u'(t)\notin C(-\infty,\infty)$,从而 $u(t)\notin D(A)$. 令

$$v(t) = \begin{cases} 1, & -1\leqslant t\leqslant 0, \\ -1, & 0< t\leqslant 1, \\ 0, & |t|>1, \end{cases}$$

则有 $v(t)\in L^2(-\infty,\infty)$,且

$$
\begin{array}{ccc}
AJ_n u(x) & & J_n v(x) \\
\| & & \| \\
\int_{-1}^{1} j_n'(x-t)u(t)\mathrm{d}t & & \int_{-1}^{1} j_n(x-t)v(t)\mathrm{d}t \\
\| & & \| \\
L_1 + L_2 & = & \int_{-1}^{0} j_n(x-t)\mathrm{d}t - \int_{0}^{1} j_n(x-t)\mathrm{d}t
\end{array}
$$

其中 $L_1=\int_{-1}^{0} j_n'(x-t)(1+t)\mathrm{d}t$，$L_2=\int_{0}^{1} j_n'(x-t)(1-t)\mathrm{d}t$. 从此 U 形等式串的两端即知

$$AJ_n u(x) = J_n v(x).$$

记 $u_n=J_n u$，根据例 4(2)，我们有

$$\begin{cases} \|u_n - u\| = \|J_n u - u\| \to 0, \\ \|Au_n - v\| = \|J_n v - v\| \to 0 \end{cases} \quad (n \to \infty). \tag{3}$$

如果 A 是闭算子，那么由(3)式应该推出 $u\in D(A)$. 这与 $u\notin D(A)$矛盾.

§2 B_0 空 间

基 本 内 容

设 $K\subset\subset\Omega$，

$$\mathscr{D}_k(\Omega) \xlongequal{\text{def}} \{\varphi \in C^\infty(\Omega) \,|\, \mathrm{supp}\varphi \subset K\},$$

$\varphi_j\to\varphi_0(\mathscr{D}_k(\Omega))$是指：对任意的多重指标 $\forall\alpha$，

$$\max_{x\in K} |\partial^\alpha(\varphi_j - \varphi_0)(x)| \to 0 \quad (j \to \infty).$$

我们当然想用模来刻画这种收敛性，但是无论如何这种收敛性不能用一个模来描写. 事实上，可以引入可数个模：

$$\|\varphi\|_m = \sum_{|\alpha|\leqslant m} \max_{x\in K} |\partial^\alpha \varphi(x)| \quad (m = 1,2,\cdots).$$

$\mathscr{D}_k(\Omega)$上的收敛性是由这可数多个模$\{\|\varphi\|_m\}$来描写的，即

$$\varphi_j \to \varphi_0(\mathscr{D}_k(\Omega)) \Longleftrightarrow \forall\, m\in \mathbb{N}, \|\varphi_j - \varphi_0\|_m \to 0 \quad (j \to \infty)$$

(即 $\forall\,\varepsilon>0, \forall\, m\in \mathbb{N}, \exists\, N=N(\varepsilon,m)$，使$\|\varphi_j-\varphi_0\|_m<\varepsilon$).

定义 1 设 $\mathscr{X}$ 是一个线性空间,称它是**可数模空间**(或 B_0^* 空间),是指在它上面有可数个半模 $\{\|\cdot\|_m\}_1^{\infty}$,满足:

(1) $\|x+y\|_m \leqslant \|x\|_m + \|y\|_m$;

(2) $\|\lambda x\|_m = |\lambda| \|x\|_m$;

(3) $\|x\|_m \geqslant 0, \|\theta\|_m = 0$;

(4) $\|x\|_m = 0 (m=1,2,\cdots) \Longleftrightarrow x=\theta$.

在 B_0^* 中,$x_n \to x_0$ 是指 $\forall m \in \mathbb{N}, \|x_n - x_0\|_m \to 0\ (n\to\infty)$.

注 在可数模空间定义中,可数个半模可以换成满足下列条件的可数个半模:

$$\|x\|_1' \leqslant \|x\|_2' \leqslant \|x\|_3' \leqslant \cdots \leqslant \|x\|_m' \leqslant \cdots \quad (\forall\ x \in \mathscr{X}).$$

事实上,只需令

$$\|x\|_m' = \max\{\|x\|_1, \|x\|_2, \cdots, \|x\|_m\} \quad (\forall\ x \in \mathscr{X}).$$

定义 2 在线性空间上给定两组可数个半模

$$\{\|\cdot\|_m\}_1^{\infty} \quad 与 \quad \{\|\cdot\|_m'\}_1^{\infty},$$

称它们是**等价的**,如果它们导出相同的收敛性.

定义 3 一个 B_0^* 空间 $\mathscr{X}$ 称为是**完备的**,是指其中的任何基本列都是收敛的.完备的 B_0^* 空间称做 B_0 空间.

定义 4 若 $\varphi \in C^{\infty}(\mathbb{R}^n)$,满足条件:对于任意的 $m, |\alpha| = 0,1,2,\cdots$,有

$$\sup_{x\in\mathbb{R}^n} |(1+|x|^2)^{\frac{m}{2}} \partial^{\alpha}\varphi(x)| \leqslant M_{m,\alpha} < \infty,$$

则称 $\varphi(x)$ 为**速降函数**.将 $\mathbb{R}^n$ 上速降函数全体构成的集合记做 $\mathscr{S}(\mathbb{R}^n)$.

注 $\varphi(x)$之所以称为速降函数,是因为

$$(1+|x|^2)|(1+|x|^2)^{\frac{m}{2}} \partial^{\alpha}\varphi(x)| \leqslant M_{m+2,\alpha},$$

从而

$$\lim_{|x|\to\infty} (1+|x|^2)^{\frac{m}{2}} |\partial^{\alpha}\varphi(x)| = 0, \quad \forall\ m, |\alpha| = 0,1,2,\cdots.$$

因此,$\mathscr{S}(\mathbb{R}^n)$中的函数的任意阶导数在无穷远处比任何负幂次幂函数下降得都快.在 $\mathscr{S}(\mathbb{R}^n)$中定义半模为

$$\|\varphi\|_m = \sup_{\substack{|\alpha|\leqslant m \\ x\in\mathbb{R}^n}} |(1+|x|^2)^{\frac{m}{2}}\partial^\alpha\varphi(x)| \quad (m=0,1,2,\cdots),$$

则 $\mathscr{S}(\mathbb{R}^n)$是 B_0 空间.

定理 5 任意 B_0 空间 $\mathscr{X}$ 具有足够多的连续线性泛函.

命题 6 如果有一个 B_0 空间 $\mathscr{X}$,满足 $\mathscr{D}(\Omega)\to\mathscr{X}$,即

$$\begin{cases}\mathscr{D}(\Omega)\subset\mathscr{X}, \\ \varphi_j\to\varphi_0(\mathscr{D}(\Omega))\Longrightarrow\varphi_j\to\varphi_0(\mathscr{X}),\end{cases}$$

那么 $\mathscr{X}$ 上的任意一个线性连续泛函 f,必有 $f\in\mathscr{D}'(\Omega)$.

定理 7 为了 $f\in\mathscr{S}'$,必须且仅须 $\exists m\in\mathbb{N}$ 及 $u_\alpha\in L^2(\mathbb{R}^n)(|\alpha|\leqslant m)$,使得

$$\langle f,\varphi\rangle = \sum_{|\alpha|\leqslant m}\int_{\mathbb{R}^n} u_\alpha(x)\partial^\alpha\varphi(x)(1+|x|^2)^{\frac{m}{2}}\mathrm{d}x \quad (\forall\,\varphi\in\mathscr{S}).$$

典型例题精解

例 1 在线性空间 $\mathscr{X}$ 上,为了两组可数个半模

$$\{\|\cdot\|_m\}_1^\infty \quad 与 \quad \{\|\cdot\|_m'\}_1^\infty$$

是等价的,必须且仅须:$\forall m\in\mathbb{N},\exists m'\in\mathbb{N},C_{mm'}>0$,使得

$$\|x\|_m\leqslant C_{mm'}\|x\|_{m'}' \quad (\forall\,x\in\mathscr{X}),$$

并且 $\forall n'\in\mathbb{N},\exists n\in\mathbb{N},C_{n'n}>0$,使得

$$\|x\|_{n'}'\leqslant C_{n'n}\|x\|_n \quad (\forall\,x\in\mathscr{X}).$$

证 充分性是显然的. 必要性用反证法. 如果 $\exists m\in\mathbb{N}$,对 $\forall j\in\mathbb{N}$,$\exists x_j\in\mathscr{X}$,使得$\|x_j\|_m>j\|x_j\|_m'$,令 $y_j=\dfrac{x_j}{\|x_j\|_m}$,则有

$$\begin{cases}\|y_j\|_m'<\dfrac{1}{j}, & (1)\\ \|y_j\|_m=1. & (2)\end{cases}$$

当 $j\to\infty$时,由(1)$\Longrightarrow y_j\xrightarrow{\|\cdot\|_m'}\theta$,由必要性假定便有 $y_j\xrightarrow{\|\cdot\|_m}\theta$. 这与(2)式矛盾.

例 2 设

$$\|\varphi\|_m' = \sup_{\substack{|\alpha|,|\beta|\leqslant 2m \\ x\in\mathbb{R}^n}} |x^\alpha\partial^\beta\varphi(x)| \quad (m=1,2,\cdots),$$

求证：$\|\cdot\|_m'$ 是 $\mathscr{S}(\mathbb{R}^n)$上的等价模.

证 等价模就是导出相同的收敛性，当$|x|\leqslant 1$时，$\|\cdot\|_m'$与$\|\cdot\|_m$都等价于$\partial^\alpha\varphi(x)$的一致收敛性. 故只需考虑$|x|>1$. 用一个辅助不等式：

$$|x|^2 = x_1^2 + x_2^2 + \cdots + x_n^2, \quad |x| > 1,$$

$$|x|^{2k} < (1 + |x|^2)^k < (2|x|^2)^k < 2^k|x|^{2k}. \tag{1}$$

在(1)式右端不等式

$$(1 + |x|^2)^k < 2^k|x|^{2k}$$

中，取$k=m/2$，便有

$$\begin{aligned}(1 + |x|^2)^{\frac{m}{2}}|\partial^\alpha\varphi(x)| &\leqslant 2^{\frac{m}{2}}|x|^m|\partial^\alpha\varphi(x)| \\ &\overset{|x|>1}{\leqslant} 2^{\frac{m}{2}}|x|^{2m}|\partial^\alpha\varphi(x)|,\end{aligned}$$

$$|x|^{2m} = (|x|^2)^m = (x_1^2 + x_2^2 + \cdots + x_n^2)^m.$$

再应用展开公式：

$$(t_1+t_2+\cdots+t_n)^m=\sum_{|\alpha|=m}\frac{m!}{\alpha!}t^\alpha \quad (\forall t\in \mathbb{R}^n,\forall n\in \mathbb{N}).$$

取$t_k=x_k^2$，便有

$$|x|^{2m}= \sum_{|\alpha|=m}\frac{m!}{\alpha!}x^{2\alpha},$$

$$\begin{aligned}|x|^{2m}|\partial^\beta\varphi(x)| &= \sum_{|\alpha|=m}\frac{m!}{\alpha!}x^{2\alpha}|\partial^\beta\varphi(x)| \\ &\leqslant C_m \sup_{\substack{|\alpha|,|\beta|\leqslant 2m \\ x\in\mathbb{R}^n}}|x^\alpha\partial^\beta\varphi(x)|,\end{aligned}$$

故有

$$\sup_{\substack{|\alpha|\leqslant m \\ x\in\mathbb{R}^n}}(1 + |x|^2)^{\frac{m}{2}}|\partial^\alpha\varphi(x)| \leqslant C_m \sup_{\substack{|\alpha|,|\beta|\leqslant 2m \\ x\in\mathbb{R}^n}}|x^\alpha\partial^\beta\varphi(x)|,$$

即$\|\varphi\|_m\leqslant C_m\|\varphi\|_m'$.

在(1)式左端不等式

$$|x|^{2k} < (1 + |x|^2)^k$$

中，取$k=m/2$，便有

$$|x|^m < (1 + |x|^2)^{\frac{m}{2}},$$

而

$$|x|^m \overset{|\alpha|\leqslant m}{\geqslant} |x|^{|\alpha|} = |x_1|^{\alpha_1}|x_2|^{\alpha_2}\cdots|x_n|^{\alpha_n}$$
$$\geqslant |x_1^{\alpha_1}x_2^{\alpha_2}\cdots x_n^{\alpha_n}| = |x^\alpha|,$$

故

$$|x^\alpha| < (1+|x|^2)^{\frac{m}{2}}.$$

于是

$$\sup_{\substack{|\alpha|,|\beta|\leqslant m\\ x\in\mathbb{R}^n}} |x^\alpha\partial^\beta\varphi(x)| \leqslant \sup_{\substack{|\alpha|\leqslant m\\ x\in\mathbb{R}^n}} (1+|x|^2)^{\frac{m}{2}}|\partial^\alpha\varphi(x)|,$$

即

$$\sup_{\substack{|\alpha|,|\beta|\leqslant 2m\\ x\in\mathbb{R}^n}} |x^\alpha\partial^\beta\varphi(x)| \leqslant \sup_{\substack{|\alpha|\leqslant 2m\\ x\in\mathbb{R}^n}} (1+|x|^2)^{\frac{2m}{2}}|\partial^\alpha\varphi(x)|,$$

故有$\|\varphi\|_m' \leqslant \|\varphi\|_{2m}$.

上述两方面结合起来,就得$\|\cdot\|_m'$是$\mathscr{S}(\mathbb{R}^n)$上的等价模.

§3 广义函数的运算

基本内容

$\mathscr{D}(\Omega)$中的运算(指若干$\mathscr{D}(\Omega)$到自身的连续线性算子的运算)

线性算子A: $\mathscr{D}(\Omega)\to\mathscr{D}(\Omega)$称为连续的,是指:

$$\varphi_j \to \varphi(\mathscr{D}(\Omega)) \Longrightarrow A\varphi_j \to A\varphi(\mathscr{D}(\Omega)).$$

A是连续线性算子$\Longleftrightarrow \varphi_j \to 0(\mathscr{D}(\Omega)) \Longrightarrow A\varphi_j \to 0(\mathscr{D}(\Omega))$,记做$A\in\mathscr{L}(\mathscr{D}(\Omega))$.

$\mathscr{D}'(\Omega)$中的运算(指若干$\mathscr{D}'(\Omega)$到自身的连续线性算子的运算)

在$\mathscr{D}'(\Omega)$上定义算子A^*如下:

设A: $\mathscr{D}(\Omega)\to\mathscr{D}(\Omega)$为线性算子,$\forall f\in\mathscr{D}'(\Omega)$,$A^*f\in\mathscr{D}'(\Omega)$由下式确定:

$$\langle A^*f,\varphi\rangle = \langle f, A\varphi\rangle \quad (\forall\ \varphi\in\mathscr{D}(\Omega)),$$

则A^*: $\mathscr{D}'(\Omega)\to\mathscr{D}'(\Omega)$并且是连续的.

按照这种方式我们来定义广义函数的各种运算.

广义微商

定义 1 设 $f\in C^1(\Omega),\varphi\in\mathscr{D}(\Omega)$,

$$\begin{aligned}\langle\partial_{x_i}f,\varphi\rangle &\overset{\text{def}}{=\!=}\int_\Omega\partial_{x_i}f(x)\varphi(x)\mathrm{d}x\\ &=-\int_\Omega f(x)\partial_{x_i}\varphi(x)\mathrm{d}x\\ &=-\langle f,\partial_{x_i}\varphi\rangle.\end{aligned}$$

定义 2 称$\widetilde{\partial}^\alpha\overset{\text{def}}{=\!=}(-1)^{|\alpha|}(\partial^\alpha)^*$为 α 阶**广义微商运算**,即 $\forall f\in\mathscr{D}'(\Omega),\widetilde{\partial}^\alpha f\in\mathscr{D}'(\Omega)$由下式规定:

$$\langle\widetilde{\partial}^\alpha f,\varphi\rangle=(-1)^{|\alpha|}\langle f,\partial^\alpha\varphi\rangle\quad(\forall\ \varphi\in\mathscr{D}(\Omega)).$$

命题 3 (1) 设 $f\in C^1(\Omega)$,依自然对应

$$\langle f,\varphi\rangle=\int_\Omega f(x)\varphi(x)\mathrm{d}x\quad(\forall\ \varphi\in\mathscr{D}(\Omega))$$

产生的广义函数仍记做 f,有广义微商$\widetilde{\partial}_{x_i}f$ (即$\widetilde{\partial}^\alpha f$, $\alpha=(\overbrace{0,\cdots,0,1}^{i\text{个}},0,\cdots,0)$). 同时 $f(x)$有普通的微商 $\partial_{x_i}f$,则$\widetilde{\partial}_{x_i}f$ 正是 $\partial_{x_i}f$ 对应的广义函数.

(2) 广义函数对微商运算是封闭的,即任意广义函数 $f\in\mathscr{D}'(\Omega)$都可以作任意次广义微商.

(3) 若 α,β 是任意两个多重指标,则

$$\widetilde{\partial}^\alpha\cdot\widetilde{\partial}^\beta=\widetilde{\partial}^{\alpha+\beta}=\widetilde{\partial}^\beta\cdot\widetilde{\partial}^\alpha.$$

(4) 广义函数收敛列可逐项求导,即

$$f_j\to f_0\Longrightarrow\widetilde{\partial}^\alpha f_j\to\widetilde{\partial}^\alpha f_0.$$

注意在普通微积分中,求导与取极限交换必须要求导数一致收敛,但在广义函数中却无这种限制,换句话说,广义微商与极限总是可交换的.

广义函数的乘法

对于任意的 $\psi\in C^\infty(\Omega)$以及 $\forall f\in\mathscr{D}'(\Omega)$,定义

$$\langle\psi f,\varphi\rangle=\langle f,\psi\varphi\rangle\quad(\forall\ \varphi\in\mathscr{D}(\Omega)),$$

即定义广义函数对 $C^\infty(\Omega)$函数的乘法为 $\mathscr{D}(\Omega)$上的乘法算子的共轭算子. 显然它也是连续算子.

平移算子与反射算子

定义 4 $\forall x_0\in \mathbb{R}^n$,定义 $\tau_{x_0}: \mathscr{D}(\mathbb{R}^n)\to\mathscr{D}(\mathbb{R}^n)$为

$$(\tau_{x_0}\varphi)(x)=\varphi(x-x_0)\quad(\forall\ \varphi\in\mathscr{D}(\mathbb{R}^n)),$$

我们称 τ_{x_0} 为**平移算子**.

定义 5 $\forall x_0\in \mathbb{R}^n$,$\tilde{\tau}_{x_0}\xlongequal{\text{def}}(\tau_{-x_0})^*$,即对 $\forall f\in\mathscr{D}'(\mathbb{R}^n)$,我们有
$\langle\tilde{\tau}_{x_0}f,\varphi\rangle=\langle f,\tau_{-x_0}\varphi\rangle=\langle f,\varphi(x+x_0)\rangle\quad(\forall\ \varphi\in\mathscr{D}(\mathbb{R}^n)).$

注 $\tilde{\tau}_{x_0}$是平移算子的推广.

定义 6 定义 $\sigma: \mathscr{D}(\mathbb{R}^n)\to\mathscr{D}(\mathbb{R}^n)$为

$$(\sigma\varphi)(x)=\varphi(-x)\quad(\forall\ \varphi\in\mathscr{D}(\mathbb{R}^n)),$$

我们称 σ 为**反射算子**.

定义 7 $\tilde{\sigma}\xlongequal{\text{def}}\sigma^*$,即对 $\forall f\in\mathscr{D}'(\mathbb{R}^n)$,我们有

$$\langle\tilde{\sigma}f,\varphi\rangle=\langle f,\sigma\varphi\rangle\quad(\forall\ \varphi\in\mathscr{D}(\mathbb{R}^n)).$$

注 $\tilde{\sigma}$是反射算子的推广.

几个公式

公式 1 若 $H(x)=\begin{cases}1, & x>0,\\ 0, & x\leqslant 0,\end{cases}$ 则

$$\tilde{\partial}_x H(x)=\delta(x),$$

$$\tilde{\partial}_x H(x-x_0)=\tilde{\tau}_{x_0}\delta\xlongequal{\text{def}}\delta(x-x_0).$$

公式 2 若对 $\forall\alpha=(\alpha_1,\cdots,\alpha_n)$,定义

$$\langle\delta^{(\alpha)},\varphi\rangle=(-1)^{|\alpha|}(\partial^\alpha\varphi)(\theta)\quad(\forall\ \varphi\in\mathscr{D}(\Omega)),$$

则 $\delta^{(\alpha)}\in\mathscr{D}'(\Omega)$,并且$\tilde{\partial}^\alpha\delta=\delta^{(\alpha)}$.

公式 3 若 $\tilde{\Delta}=\partial_{x_1}^2+\cdots+\partial_{x_n}^2$,则

$$\begin{cases}\tilde{\Delta}|x|^{2-n}=(2-n)\Omega_n\delta(x), & n\geqslant 3,\\ \tilde{\Delta}\ln|x|=2\pi\delta(x), & n=2,\end{cases}$$

其中 Ω_n 是 $\mathbb{R}^n$ 中单位球面的面积.

公式 4 $$x^n\,\tilde{\partial}^m\delta(x)=\begin{cases}(-1)^n\dfrac{m!}{(m-n)!}\delta^{(m-n)}(x), & m\geqslant n,\\ 0, & m<n.\end{cases}$$

典型例题精解

例 1 求 $\widetilde{\partial}^n|x|$.

解 $\forall\varphi\in C_0^\infty(\mathbb{R}^1)$,有

$$
\begin{array}{ccc}
\langle\widetilde{\partial}|x|,\varphi\rangle & & \langle\mathrm{sgn}x,\varphi\rangle \\
\| & & \| \\
-\langle|x|,\varphi'\rangle & & -\int_{-\infty}^{0}\varphi\mathrm{d}x+\int_{0}^{+\infty}\varphi\mathrm{d}x \\
\| & & \| \\
-\int_{-\infty}^{+\infty}|x|\varphi'\mathrm{d}x & = & \int_{-\infty}^{0}x\varphi'\mathrm{d}x-\int_{0}^{+\infty}x\varphi'\mathrm{d}x
\end{array}
$$

故$\widetilde{\partial}|x|=\mathrm{sgn}x$.

进一步,$\widetilde{\partial}^2|x|=\widetilde{\partial}(\mathrm{sgn}x)$,对 $\forall\varphi\in C_0^\infty(\mathbb{R}^1)$,有

$$
\begin{array}{ccc}
\langle\widetilde{\partial}(\mathrm{sgn}x),\varphi\rangle & & 2\langle\delta,\varphi\rangle \\
\| & & \| \\
-\langle\mathrm{sgn}x,\varphi'\rangle & & 2\varphi(0) \\
\| & & \| \\
-\int_{-\infty}^{+\infty}(\mathrm{sgn}x)\varphi'\mathrm{d}x & = & \int_{-\infty}^{0}\varphi'\mathrm{d}x-\int_{0}^{+\infty}\varphi'\mathrm{d}x
\end{array}
$$

故

$$\widetilde{\partial}^2|x|=2\delta.$$

利用这个结果及公式 2,有

$$
\begin{array}{ccc}
\widetilde{\partial}^n|x| & & 2\delta^{(n-2)} \\
\| & & \| \\
\widetilde{\partial}^{n-2}(\widetilde{\partial}^2|x|) & = \widetilde{\partial}^{n-2}(2\delta) = & 2\,\widetilde{\partial}^{n-2}(\delta)
\end{array}
$$

从此 U 形等式串的两端即知

$$\widetilde{\partial}^n|x|=2\delta^{(n-2)}.$$

例 2 设

$$x_+^{\lambda}=\begin{cases}x^{\lambda}, & x>0,\\ 0, & x\leqslant 0,\end{cases}\quad \lambda\in\mathbb{R}^1,\lambda\neq -1,-2,\cdots.$$

求 $\widetilde{\partial} x_+^{\lambda}$.

解 对 $\forall \varphi\in C_0^{\infty}(\mathbb{R}^1)$,有

$$\begin{array}{ccc}
\langle \widetilde{\partial} x_+^{\lambda},\varphi\rangle & & \displaystyle\int_{-\infty}^{+\infty}\lambda|x|^{\lambda-1}H(x)\varphi\mathrm{d}x \\
\Vert & & \Vert \\
-\langle x_+^{\lambda},\varphi'\rangle & & \displaystyle -\int_0^{+\infty}|x|^{\lambda}\varphi'\mathrm{d}x \\
\Vert & & \Vert \\
\displaystyle -\int_{-\infty}^{+\infty}x_+^{\lambda}\varphi'\mathrm{d}x & = & \displaystyle -\int_0^{+\infty}x^{\lambda}\varphi'\mathrm{d}x
\end{array}$$

从此 U 形等式串的两端即知

$$\widetilde{\partial}\, x_+^{\lambda}=\lambda|x|^{\lambda-1}H(x).$$

例 3 求证：

$$\widetilde{\partial}\ln|x| = \mathrm{P.V.}\left(\frac{1}{x}\right),$$

即

$$\left\langle \frac{\widetilde{\mathrm{d}}}{\mathrm{d}x}\ln|x|,\varphi\right\rangle = \lim_{\varepsilon\to 0}\int_{|x|\geqslant\varepsilon}\frac{\varphi(x)}{x}\mathrm{d}x\quad (\forall\ \varphi\in\mathscr{D}(\mathbb{R}^1)).$$

证 对 $\forall \varphi\in C_0^{\infty}(\mathbb{R}^1)$,有

$$\begin{array}{ccc}
\langle \widetilde{\partial}\ln|x|,\varphi\rangle & & \displaystyle\lim_{\varepsilon\to 0^+}\int_{|x|\geqslant\varepsilon}\frac{\varphi(x)}{x}\mathrm{d}x \\
\Vert & & \Vert\ \text{注} \\
-\langle \ln|x|,\varphi'\rangle & & \displaystyle\lim_{\varepsilon\to 0^+}\left(-\int_{-\infty}^{-\varepsilon}\ln|x|\varphi'\mathrm{d}x-\int_{\varepsilon}^{+\infty}\ln|x|\varphi'\mathrm{d}x\right) \\
\Vert & & \Vert \\
\displaystyle -\int_{-\infty}^{+\infty}\ln|x|\varphi'\mathrm{d}x & = & \displaystyle -\lim_{\varepsilon\to 0^+}\int_{|x|\geqslant\varepsilon}\ln|x|\varphi'\mathrm{d}x
\end{array}$$

从此 U 形等式串的两端即知

$$\widetilde{\partial}\ln|x| = \mathrm{P.V.}\left(\frac{1}{x}\right).$$

注 对 $\forall \varphi \in C_0^\infty(\mathbb{R}^1)$，有

$$\begin{array}{ccc} -\int_{-\infty}^{-\varepsilon} \ln|x|\varphi' \mathrm{d}x & -\varphi(-\varepsilon)\ln|\varepsilon| + \int_{-\infty}^{-\varepsilon} \frac{\varphi(x)}{x}\mathrm{d}x \\ \| & \| \\ -\int_{-\infty}^{-\varepsilon} \ln|x|\mathrm{d}\varphi & = -\varphi\ln|x|\Big|_{-\infty}^{-\varepsilon} + \int_{-\infty}^{-\varepsilon} \frac{\varphi(x)}{x}\mathrm{d}x \end{array}$$

与

$$\begin{array}{ccc} \int_{\varepsilon}^{+\infty} \ln|x|\varphi' \mathrm{d}x & \varphi(\varepsilon)\ln|\varepsilon| + \int_{\varepsilon}^{+\infty} \frac{\varphi(x)}{x}\mathrm{d}x \\ \| & \| \\ \int_{\varepsilon}^{+\infty} \ln|x|\mathrm{d}\varphi & = -\varphi\ln|x|\Big|_{\varepsilon}^{+\infty} + \int_{\varepsilon}^{+\infty} \frac{\varphi(x)}{x}\mathrm{d}x \end{array}$$

再注意到

$$\begin{aligned} & -\varphi(-\varepsilon)\ln|\varepsilon| + \varphi(\varepsilon)\ln|\varepsilon| \\ & \quad = \varepsilon\ln|\varepsilon| \frac{\varphi(\varepsilon) - \varphi(-\varepsilon)}{\varepsilon} \to 0 \quad (\varepsilon \to 0^+), \end{aligned}$$

即知

$$\lim_{\varepsilon\to 0^+}\left(-\int_{-\infty}^{-\varepsilon} \ln|x|\varphi' \mathrm{d}x - \int_{\varepsilon}^{+\infty} \ln|x|\varphi' \mathrm{d}x\right) = \lim_{\varepsilon\to 0^+}\int_{|x|\geqslant\varepsilon} \frac{\varphi(x)}{x}\mathrm{d}x.$$

§4 $\mathscr{S}'$ 上的 Fourier 变换

基 本 内 容

Fourier 变换的定义

定义 1 给定 $f \in \mathscr{S}(\mathbb{R}^n)$. 令

$$\hat{f}(\xi) = \int_{\mathbb{R}^n} f(x)\mathrm{e}^{-2\pi\mathrm{i}\xi\cdot x}\mathrm{d}x,$$

其中

$$\xi \cdot x = \sum_{i=1}^n \xi_i x_i,$$

称 $\hat{f}$ 是 f 的 **Fourier 变换**.

有时记 $\mathscr{F}: f \to \hat{f}$，于是 $\mathscr{F}f = \hat{f}$. 给定 $g \in \mathscr{S}(\mathbb{R}^n)$，令

$$(\overline{\mathscr{F}}g)(\xi)=\int_{\mathbb{R}^n}g(x)\mathrm{e}^{2\pi i\xi\cdot x}\mathrm{d}x,$$

称为 g 的 **Fourier 逆变换**.

Fourier 变换的性质

(1) $\mathscr{F}(\partial^\alpha\varphi)=(2\pi i\xi)^\alpha\mathscr{F}\varphi$(其中分部积分的负号与复合函数求导产生的负号抵消).

(2) $\mathscr{F}((-2\pi ix)^\alpha\varphi)(\xi)=\partial^\alpha(\mathscr{F}\varphi)(\xi)$.

命题 2 $\mathscr{F}\in\mathscr{L}(\mathscr{S})$.

定义 3 在空间 $\mathscr{S}'$ 上定义

$$\widetilde{\mathscr{F}}=\mathscr{F}^*\quad(\widetilde{\overline{\mathscr{F}}}=(\overline{\mathscr{F}}))^*$$

称为广义 Fourier(逆)变换. 在不会混淆时,记号～可以略去. 有时为了方便简记 $\mathscr{F}\varphi=\hat{\varphi}(\overline{\mathscr{F}}\varphi=\check{\varphi})$.

几个公式

下面我们用 $f\circ\!-\!\bullet\, g$ 表示

$$g=\mathscr{F}f\quad 或\quad f=\overline{\mathscr{F}}g.$$

公式 1 $\tilde{\partial}^\alpha f\circ\!-\!\bullet\,(2\pi i\xi)^\alpha g$.

公式 2 $(-2\pi ix)^\alpha f\circ\!-\!\bullet\,\tilde{\partial}^\alpha g$.

公式 3 $\tilde{\tau}_a f\circ\!-\!\bullet\,\mathrm{e}^{-2\pi ia\cdot\xi}g$ (位移变相移公式).

公式 4 $\mathrm{e}^{2\pi ia\cdot x}g\circ\!-\!\bullet\,\tilde{\tau}_a g$ (相移变位移公式).

公式 5 $\mathrm{e}^{-\pi|x|^2}\circ\!-\!\bullet\,\mathrm{e}^{-\pi|\xi|^2}$.

公式 6 $\delta\circ\!-\!\bullet\,1$.

公式 7 $1\circ\!-\!\bullet\,\delta$.

定理 4 $\mathscr{F}\overline{\mathscr{F}}=I=\overline{\mathscr{F}}\mathscr{F}$, 即 $\overline{\mathscr{F}}=\mathscr{F}^{-1}$.

定理 5(Plancherel 定理) 设 $f\in L^2(\mathbb{R}^n)$,则由

$$f\in L^2(\mathbb{R}^n)\Longrightarrow\begin{cases}\widetilde{\mathscr{F}}f=\hat{f}\in L^2(\mathbb{R}^n),\\ \|\hat{f}\|_{L^2}=\|f\|_{L^2}\ (\widetilde{\mathscr{F}}\text{保持范数不变}).\end{cases}$$

定理 6 若 $f,g\in L^2(\mathbb{R}^n)$,则

$$(f,g)=(\widetilde{\mathscr{F}}f,\widetilde{\mathscr{F}}g)\quad(\widetilde{\mathscr{F}}\text{保持内积不变}).$$

典型例题精解

例 1 设

$$H^m(\mathbb{R}^n)=\{u\in L^2(\mathbb{R}^n)\,|\,\partial^\alpha u\in L^2(\mathbb{R}^n),\forall|\alpha|\leqslant m\},$$

其中范数定义为

$$\|u\|_m=\Big(\sum_{|\alpha|\leqslant m}\|\partial^\alpha u\|_{L^2}^2\Big)^{1/2}.$$

又对 $\forall u\in H^m(\mathbb{R}^n)$，定义

$$\|u\|_m'=\left(\int_{\mathbb{R}^n}(1+|\xi|^2)^m|\hat{u}|^2\mathrm{d}\xi\right)^{1/2}=\|(1+|\xi|^2)^{\frac{m}{2}}\hat{u}(\xi)\|_{L^2}.$$

求证：

(1) $\|u\|_m'<\infty$；

(2) $\|\cdot\|_m'$ 是 $H^m(\mathbb{R}^n)$的等价模；

(3) $H^m(\mathbb{R}^n)$完备.

证 首先

$$\begin{aligned}\|u\|_m^2 &= \sum_{|\alpha|\leqslant m}\|\partial^\alpha u\|_{L^2}^2 \overset{\text{Plancherel 定理}}{=\!=\!=} \sum_{|\alpha|\leqslant m}\|\widehat{\partial^\alpha u}\|_{L^2}^2=\sum_{|\alpha|\leqslant m}\|(2\pi\mathrm{i}x)^\alpha\hat{u}\|_{L^2}^2 \\ &= \sum_{|\alpha|\leqslant m}\int_{\mathbb{R}^n}(2\pi x)^{2\alpha}|\hat{u}|^2\mathrm{d}x\end{aligned}$$

从此 U 形等式串的两端即知

$$\|u\|_m^2=\sum_{|\alpha|\leqslant m}\int_{\mathbb{R}^n}(2\pi x)^{2\alpha}|\hat{u}|^2\mathrm{d}x.$$

又

$$\|u\|_m'^2=\|(1+|x|^2)^{\frac{m}{2}}\hat{u}(x)\|_{L^2}^2,$$

再根据一个常用不等式：

$$c_1(1+|x|^2)^m\leqslant\sum_{|\alpha|\leqslant m}x^{2\alpha}\leqslant c_2(1+|x|^2)^m,$$

便有

$$c_1\|u\|_m'\leqslant\|u\|_m\leqslant c_2\|u\|_m'.$$

到 此(1)，(2)结论已证. 下证(3). 由(2)只需证$(H^m(\mathbb{R}^n),\|u\|_m')$完备.

事实上,设$\{u_n\}$是基本列,即

$$\|u_{n+p}-u_n\|_m'\to 0,$$

也就是

$$\int_{\mathbb{R}^n}(1+|x|^2)^m|\hat{u}_{n+p}-\hat{u}_n|^2\mathrm{d}x\to 0\quad(n\to\infty)$$

对 $\forall p$ 一致成立.由此可见

$$\{(1+|x|^2)^{\frac{m}{2}}\hat{u}_n(x)\}$$

是 $L^2(\mathbb{R}^n)$的基本列,从而$\{\hat{u}_n(x)\}$也为 $L^2(\mathbb{R}^n)$的基本列.因为 $L^2(\mathbb{R}^n)$完备,所以设

$$\begin{cases}\hat{u}_n\xrightarrow{L^2}v,\\(1+|x|^2)^{\frac{m}{2}}\hat{u}_n(x)\xrightarrow{L^2}w,\end{cases}$$

则存在 a.e.收敛子列

$$\{\hat{u}_{n_k}\},\quad\{(1+|x|^2)^{\frac{m}{2}}\hat{u}_{n_{k_j}}(x)\},$$

使得

$$\hat{u}_{n_{k_j}}\xrightarrow{\text{a.e.}}v,\quad(1+|x|^2)^{\frac{m}{2}}\hat{u}_{n_{k_j}}\xrightarrow{\text{a.e.}}w=(1+|x|^2)^{\frac{m}{2}}v,$$

故有

$$(1+|x|^2)^{\frac{m}{2}}\hat{u}_n(x)\xrightarrow{L^2}(1+|x|^2)^{\frac{m}{2}}v.$$

由此即知

$$(1+|x|^2)^{\frac{m}{2}}v\in L^2(\mathbb{R}^n),$$
$$(1+|x|^2)^{\frac{m}{2}}\hat{u}_n(x)\xrightarrow{L^2}(1+|x|^2)^{\frac{m}{2}}\hat{u},$$

其中 $\hat{u}=v$.故有$\|u_n-u\|_m'\to 0\ (n\to\infty)$.于是$(H^m(\mathbb{R}^n),\|u\|_m')$完备.

例 2 对任意的 $s\in\mathbb{N}$,设

$$H^s(\mathbb{R}^n)=\{u\in L^2(\mathbb{R}^n)\mid(1+|\xi|^2)^{\frac{s}{2}}\hat{u}(\xi)\in L^2(\mathbb{R}^n)\},$$

其中范数定义为

$$\|u\|_s=\|(1+|\xi|^2)^{\frac{s}{2}}\hat{u}(\xi)\|_{L^2}=\left(\int_{\mathbb{R}^n}(1+|\xi|^2)^s|\hat{u}|^2\mathrm{d}\xi\right)^{\frac{1}{2}}.$$

求证:

(1) 在 $H^s(\mathbb{R}^n)$中可引进内积$(\cdot,\cdot)$,使得

$$\|u\|_s = (u,u)^{\frac{1}{2}};$$

(2) 对 $\forall u \in H^s(\mathbb{R}^n)'$,存在 $\tilde{u} \in L^1_{\text{loc}}(\mathbb{R}^n)$,使得

$$(1 + |\xi|^2)^{-\frac{s}{2}}\tilde{u}(\xi) \in L^2(\mathbb{R}^n),$$

并且

$$(u,\mathscr{F}\varphi) = \int_{\mathbb{R}^n}\varphi(\xi)\cdot\tilde{u}(\xi)\mathrm{d}\xi \quad (\forall\ \varphi \in \mathscr{S}(\mathbb{R}^n)).$$

证 (1) 令

$$(u,v) = \int_{\mathbb{R}^n}(1 + |\xi|^2)^s\hat{u}\,\bar{\hat{v}}\,\mathrm{d}\xi \quad (\forall\ u,v \in H^s(\mathbb{R}^n)).$$

与例 1 同理可证 $H^s(\mathbb{R}^n)$完备,故是 Hilbert 空间. 显然

$$(u,u)^{\frac{1}{2}} = \|u\|_s.$$

(2) 对 $\forall u \in H^s(\mathbb{R}^n)'$,由 Riesz 表示定理,$\exists v \in H^s(\mathbb{R}^n)$,使得

$$(\hat{\varphi}\ ,v) = \langle u,\hat{\varphi}\ \rangle, \quad \forall\,\hat{\varphi} \in H^s(\mathbb{R}^n),$$

即有如下 U 形等式串的两端:

$$\begin{array}{ccc} \langle u,\hat{\varphi}\ \rangle & & \displaystyle\int_{\mathbb{R}^n}(1 + |\xi|^2)^s\varphi(\xi)\,\bar{\hat{v}}(-\xi)\mathrm{d}\xi \\ \| & & \| \\ \displaystyle\int_{\mathbb{R}^n}(1 + |\xi|^2)^s\,\hat{\hat{\varphi}}(\xi)\,\bar{\hat{v}}\,\mathrm{d}\xi & = & \displaystyle\int_{\mathbb{R}^n}(1 + |\xi|^2)^s\varphi(-\xi)\,\bar{\hat{v}}(\xi)\mathrm{d}\xi \end{array}$$

令

$$\tilde{u}(\xi) = (1 + |\xi|^2)^s\,\bar{\hat{v}}(-\xi)$$
$$(= (1 + |\xi|^2)^{s/2}(1 + |\xi|^2)^{s/2}\,\bar{\hat{v}}(-\xi)),$$

则有

$$(1 + |\xi|^2)^{-\frac{s}{2}}\tilde{u}(\xi) = (1 + |\xi|^2)^{\frac{s}{2}}\,\bar{\hat{v}}(-\xi).$$

因为 $v \in H^s(\mathbb{R}^n)$,所以

$$\begin{cases} v \in L^2(\mathbb{R}^n), \\ (1 + |\xi|^2)^{\frac{s}{2}}\hat{v}(\xi) \in L^2(\mathbb{R}^n) \Longrightarrow (1 + |\xi|^2)^{\frac{s}{2}}\,\bar{\hat{v}}(-\xi) \in L^2(\mathbb{R}^n), \end{cases}$$

即得

$$\begin{cases}\widetilde{u}(\xi) \in L^1_{\text{loc}}(\mathbb{R}^n),\\ (1+|\xi|^2)^{-\frac{s}{2}}\widetilde{u}(\xi) \in L^2(\mathbb{R}^n),\end{cases}$$

且对 $\forall \varphi \in \mathscr{S}$,有

$$\begin{array}{ccc}(u,\mathscr{F}\varphi) & & \int_{\mathbb{R}^n}\varphi(\xi)\cdot\widetilde{u}(\xi)\mathrm{d}\xi\\ \| & & \|\\ \langle u,\hat{\varphi}\rangle & & \int_{\mathbb{R}^n}\varphi(\xi)(1+|\xi|^2)^s\,\bar{\hat{v}}(-\xi)\mathrm{d}\xi\\ \| & & \|\end{array}$$

$$\int_{\mathbb{R}^n}(1+|\xi|^2)^s\,\hat{\hat{\varphi}}(\xi)\,\bar{\hat{v}}\,\mathrm{d}\xi=\int_{\mathbb{R}^n}(1+|\xi|^2)^s\varphi(-\xi)\,\bar{\hat{v}}(\xi)\mathrm{d}\xi$$

从此 U 形等式-不等式串的两端即知

$$(u,\mathscr{F}\varphi)=\int_{\mathbb{R}^n}\varphi(\xi)\cdot\widetilde{u}(\xi)\mathrm{d}\xi\quad(\forall\ \varphi\in\mathscr{S}(\mathbb{R}^n)).$$

例 3 设 $f(x)\in L^1(\mathbb{R}^n)$,求证:

$$(\widetilde{\mathscr{F}}\ f)(\xi)=\int_{\mathbb{R}^n}f(x)\mathrm{e}^{-2\pi\mathrm{i}x\cdot\xi}\mathrm{d}x,$$

即 $f(x)$按 $\mathscr{S}'(\mathbb{R}^n)$的 Fourier 变换与普通的 Fourier 变换一致.

证 对 $\forall\varphi\in C_0^\infty(\mathbb{R}^n)$,

$$\begin{array}{ccc}\langle\widetilde{\mathscr{F}}f,\varphi\rangle & & \langle\mathscr{F}f,\varphi\rangle\\ \| & & \|\\ \langle f,\mathscr{F}\varphi\rangle & & \int_{\mathbb{R}^n}\varphi(\xi)\left\{\int_{\mathbb{R}^n}\mathrm{e}^{-2\pi\mathrm{i}x\cdot\xi}f(x)\mathrm{d}x\right\}\mathrm{d}\xi\\ \| & & \|\ \text{交换积分顺序}\\ \langle f,\hat{\varphi}\rangle & = & \int_{\mathbb{R}^n}f(x)\left\{\int_{\mathbb{R}^n}\mathrm{e}^{-2\pi\mathrm{i}x\cdot\xi}\varphi(\xi)\mathrm{d}\xi\right\}\mathrm{d}x\end{array}$$

从此 U 形等式串的两端即知 $\widetilde{\mathscr{F}}f=\mathscr{F}f$.

例 4 求证方程 $\Delta f=f$ 在 $\mathscr{S}(\mathbb{R}^n)$中无非零解.

证 根据公式 1,即 $\partial^\alpha f\circ\!-\!\bullet\,(2\pi\mathrm{i}\xi)^\alpha\hat{f}$,有

$$\partial_{x_1}^2 f \circ\!\!-\!\!\bullet (2\pi \mathrm{i}\xi)^{(2,0,\cdots,0)} \hat{f} = -4\pi^2 \xi_1^2 \hat{f},$$

$$\partial_{x_2}^2 f \circ\!\!-\!\!\bullet (2\pi \mathrm{i}\xi)^{(0,2,\cdots,0)} \hat{f} = -4\pi^2 \xi_2^2 \hat{f},$$

$$\cdots\cdots\cdots\cdots$$

$$\partial_{x_n}^2 f \circ\!\!-\!\!\bullet (2\pi \mathrm{i}\xi)^{(0,0,\cdots,2)} \hat{f} = -4\pi^2 \xi_n^2 \hat{f},$$

因为 $\Delta = \partial_{x_1}^2 + \partial_{x_2}^2 + \cdots + \partial_{x_n}^2$，所以

$$\Delta f \circ\!\!-\!\!\bullet -4\pi^2 |\xi|^2 \hat{f}.$$

于是，对方程 $\Delta f = f$ 两边作 Fourier 变换得到

$$-4\pi^2 |\xi|^2 \hat{f} = \hat{f}.$$

接着有推理：

$$\begin{array}{ccc} -4\pi^2 |\xi|^2 \hat{f} = \hat{f} & & f = 0 \\ \Downarrow & & \Uparrow \\ (1 + 4\pi^2 |\xi|^2) \hat{f} = 0 & \Longrightarrow & \hat{f} = 0 \end{array}$$

从此 U 形推理串的两端即知方程 $\Delta f = f$ 在 $\mathscr{S}(\mathbb{R}^n)$ 中无非零解.

§5 Sobolev 空间与嵌入定理

基本内容

定义 1 设 $\Omega \subset \mathbb{R}^n$ 是一个开集，m 为非负整数，$1 \leqslant p \leqslant \infty$. 集合

$$W^{m,p}(\Omega) \xlongequal{\text{def}} \{u \in L^p(\Omega) \mid \widetilde{\partial}^\alpha u \in L^p(\Omega), |\alpha| \leqslant m\}$$

按模

$$\|u\|_{m,p} = \Big\{ \sum_{|\alpha| \leqslant m} \|\widetilde{\partial}^\alpha u\|_{L^p}^p \Big\}^{1/p} = \Big\{ \sum_{|\alpha| \leqslant m} \int_\Omega |\widetilde{\partial}^\alpha u(\xi)|^p \mathrm{d}\xi \Big\}^{1/p}$$

$$(1 \leqslant p < \infty),$$

$$\|u\|_{m,\infty} = \max_{|\alpha| \leqslant m} \|\widetilde{\partial}^\alpha u\|_\infty$$

构成的空间 $(W^{m,p}(\Omega), \|\cdot\|_{m,p})$ 称为 **Sobolev 空间**，记做 $W^{m,p}(\Omega)$.

定理 2 空间 $W^{m,p}(\Omega)$ 是完备的.

定理 3 $\mathscr{D}(\mathbb{R}^n)$ 在 $W^{m,p}(\mathbb{R}^n)$ 中是稠密的.

定理 4 空间$(C^m(\overline{\Omega}),\|\cdot\|_{m,p})$不完备,其完备化空间为

$$(H^{m,p}(\Omega),\|\cdot\|_{m,p}).$$

当 $1\leqslant p<\infty$时,$H^{m,p}(\Omega)=W^{m,p}(\Omega)$.

定义 5 $\mathbb{R}^n$ 中的开区域 Ω 称为是**可扩张的**,如果 $\forall m\in \mathbb{N},\forall p\in[1,\infty]$,$\exists T: W^{m,p}(\Omega)\to W^{m,p}(\mathbb{R}^n)$是连续线性算子,并满足

$$Tu|_\Omega = u \quad (\forall\ u\in W^{m,p}(\Omega)).$$

定理 6(Sobolev 嵌入定理) 若 $\Omega\subset\mathbb{R}^n$ 是一个可扩张的区域,$m>n/2$,则 $W^{m,2}(\mathbb{R}^n)$可以连续地嵌入 $C(\mathbb{R}^n)$,即

$$W^{m,2}(\mathbb{R}^n)\hookrightarrow C(\mathbb{R}^n).$$

定理 7 设 K 是 $\mathbb{R}^n$ 中的紧集,则集合

$$W_k=\{v\in W^{1,2}(\mathbb{R}^n)\mid \|v\|_{W^{1,2}}\leqslant 1, v(x)=0\ (x\notin K)\}$$

在 $L^2(\mathbb{R}^n)$中是列紧集.

定理 8 $H_0^m(\Omega)$是 Hilbert 空间,其内积为

$$(u,v)=\sum_{|\alpha|\leqslant m}\int_\Omega \widetilde{\partial}^\alpha u(x)\,\overline{\widetilde{\partial}^\alpha v(x)}\mathrm{d}x.$$

设 $H^{-m}(\Omega)=H_0^m(\Omega)^*$,那么为了 $f\in H^{-m}(\Omega)$,必须且仅须 $\exists\, g_\alpha\in L^2(\Omega)\ (|\alpha|\leqslant m)$,使得

$$\langle f,\varphi\rangle=\sum_{|\alpha|\leqslant m}\int_\Omega g_\alpha(x)\,\widetilde{\partial}^\alpha\varphi(x)\mathrm{d}x \quad (\forall\ \varphi\in H_0^m(\Omega)).$$

推论 9 每个 $f\in H^{-m}(\Omega)$是 $L^2(\Omega)$函数的广义微商之有限和:

$$f=(-1)^{|\alpha|}\sum_{|\alpha|\leqslant m}\widetilde{\partial}^\alpha g_\alpha \quad (\forall\ g_\alpha\in H_0^m(\Omega)).$$

特别当 $m>n/2$ 时,$H_0^m(\Omega)$可以连续地嵌入 $C(\overline{\Omega})$. 因此当 $m>n/2$ 时,$C(\overline{\Omega})$上的线性连续泛函属于 $H^{-m}(\Omega)$,即

$$H_0^m(\Omega)\subset C(\overline{\Omega})\Longrightarrow C(\overline{\Omega})^*\subset H_0^m(\Omega)^*=H^{-m}(\Omega).$$

特别是 δ 函数属于 $H^{-m}(\Omega)$. 例如当 $n=1$ 时,设 $x_0\in(a,b)$,则

$$\varphi\mapsto\langle\delta_{x_0},\varphi\rangle=\varphi(x_0)$$

在 $C(\overline{\Omega})$上是线性连续的,从而

$$\delta_{x_0}\in H^{-1}(\Omega).$$

典型例题精解

例 1 若 $a\in C_0^\infty(\mathbb{R}^n)$，$u\in W^{m,p}(\mathbb{R}^n)$，则 $a\cdot u\in W^{m,p}(\mathbb{R}^n)$，并且存在常数 C（依赖于 a），使得

$$\|a\cdot u\|_{m,p}\leqslant C\|u\|_{m,p}.$$

证 $\forall a\in C_0^\infty(\mathbb{R}^n)$，考虑两个函数乘积的广义导数：

$$|\tilde{\partial}^\alpha(a\cdot\phi)|=\left|\sum_{\beta\leqslant\alpha}\binom{\alpha}{\beta}\tilde{\partial}^\beta\phi\cdot\tilde{\partial}^{\alpha-\beta}a\right|\leqslant M\sum_{\beta\leqslant\alpha}\binom{\alpha}{\beta}|\tilde{\partial}^\beta\phi(x)|,$$

由此推出

$$\|a\cdot\phi\|_{m,p}\leqslant C\|\phi\|_{m,p}. \tag{1}$$

$\forall u\in W^{m,p}(\mathbb{R}^n)$，根据本节定理 3，$\exists\varphi_k\in C_0^\infty(\mathbb{R}^n)$，使得

$$\varphi_k\to u\quad(\text{在 } W^{m,p}(\mathbb{R}^n)\text{ 中}),$$

根据不等式(1)，有

$$\begin{cases}a\cdot\varphi_k\text{ 是 } W^{m,p}(\mathbb{R}^n)\text{ 中的基本列},\\ a\cdot\varphi_k\to au\ (\text{在 } L^2(\mathbb{R}^n)\text{ 中}).\end{cases}$$

由此推出 $a\cdot\varphi_k\to au$（在 $W^{m,p}(\mathbb{R}^n)$中），故有

$$\begin{cases}\varphi_k\longrightarrow u\ (\text{在 } W^{m,p}(\mathbb{R}^n)\text{ 中}),\\ a\cdot\varphi_k\longrightarrow au\ (\text{在 } W^{m,p}(\mathbb{R}^n)\text{ 中}),\\ (1)\ \Longrightarrow\|a\cdot\varphi_k\|_{m,p}\leqslant C\|\varphi_k\|_{m,p}.\end{cases}$$

令 $k\to\infty$，即得

$$\|a\cdot u\|_{m,p}\leqslant C\|u\|_{m,p}.$$

例 2 设 $\Omega=(a,b)$，$\forall f\in L^2(\Omega)$. 求证：存在唯一的 $x\in H_0^1(\Omega)$，使得

$$\frac{\tilde{\mathrm{d}}^2x}{\mathrm{d}t^2}=f,$$

并且 $T: f\mapsto x$ 是 $L^2(\Omega)$ 到 $H^2(\Omega)$ 的线性连续算子.

证 设 $\Omega=(a,b)$，

$$(u,v)_1\xlongequal{\text{def}}\int_\Omega u'v'\mathrm{d}t\quad(\forall\ u,v\in H_0^1(\Omega))$$

是 $H_0^1(\Omega)$上的一个内积，而对 $\forall f\in L^2(\Omega)$，根据 Poincaré 不等式，有

$$\left|\int_\Omega - fv\mathrm{d}t\right| \leqslant \left(\int_\Omega |f|^2\mathrm{d}x\right)^{\frac{1}{2}}\left(\int_\Omega |v|^2\mathrm{d}x\right)^{\frac{1}{2}}$$
$$\leqslant C\,\|f\|\|v\|_1 \quad (\forall\ v\in H_0^1(\Omega)).$$

这表明 $v\mapsto\int_\Omega - fv\mathrm{d}t$ 是 $H_0^1(\Omega)$上的一个线性连续泛函. 应用 Riesz 表示定理,$\exists\, x\in H_0^1(\Omega)$,使得

$$(x,v)_1 = \int_\Omega - fv\mathrm{d}t \quad (\forall\ v\in H_0^1(\Omega)),$$

即有

$$-\int_\Omega x''\cdot v\mathrm{d}t = \int_\Omega x'\cdot v'\mathrm{d}t = \int_\Omega - fv\mathrm{d}t \quad (\forall\ v\in C_0^\infty(\Omega)),$$

由此推出 $x''=f$.

为了证 x 的唯一性,我们用反证法. 如果还有

$$(\bar{x},v)_1 = \int_\Omega - fv\mathrm{d}t \quad (\forall\ v\in H_0^1(\Omega)),$$

则有

$$(\bar{x}-x,v)_1 = 0 \quad (\forall\ v\in H_0^1(\Omega)) \overset{v=\bar{x}-x}{\Longrightarrow} \bar{x}=x.$$

于是

$$\left.\begin{aligned} &x''=f\in L^2(\Omega)\\ &x\in H_0^1(\Omega)\Longrightarrow x'\in L^2(\Omega)\end{aligned}\right\}\Longrightarrow x\in H^2(\Omega).$$

再根据 Poincaré 不等式,有

$$\begin{array}{ccc} \|x\|_{H^2(\Omega)}^2 & & C\,\|x'\|_1^2 \\ \| & & \| \\ \int_\Omega |x''|^2\mathrm{d}t + \int_\Omega |x'|^2\mathrm{d}t + \int_\Omega |x|^2\mathrm{d}t & \leqslant & C\left(\int_\Omega |x''|^2\mathrm{d}t + \int_\Omega |x'|^2\mathrm{d}t\right)\end{array}$$

从此 U 形等式-不等式串的两端即知

$$\|x\|_{H^2(\Omega)}^2 \leqslant C\,\|x'\|_1^2. \tag{1}$$

再在

$$(x,v)_1 = \int_\Omega - fv\mathrm{d}t \quad (\forall\ v\in H_0^1(\Omega))$$

中令 $v=x$,即得

$$\|x'\|_1^2 = \int_\Omega - fx\mathrm{d}t \leqslant \|f\|\|x\|. \tag{2}$$

联合(1),(2)两式,即得

$$\|x\|_{H^2(\Omega)}^2 \leqslant C\|f\|\|x\| \leqslant C\|f\|\|x\|_{H^2(\Omega)}.$$

由此推出

$$\|x\|_{H^2(\Omega)} \leqslant C\|f\|,$$

故 $T: f \mapsto x$ 是线性有界算子.

例 3 设 $f(x) \in H_0^1(-1,1)$,求证:

(1) $f(-1)=f(1)=0$;

(2) $f(x)$绝对连续;

(3) $f'(x) \in L^2(-1,1)$(这里"$'$"是指求 p.p. 微商).

证 (1) 由嵌入定理 6,$W^{m,p}(\Omega) \hookrightarrow C(\overline{\Omega})$($m>n/p$),而

$$H^1(\Omega) = H^{1,2}(\Omega) = W^{1,2}(\Omega),$$

由于

$$n=1, \quad m=1, \quad p=2 \Rightarrow m>n/p,$$

所以

$$f(x) \in H_0^1(-1,1) \Rightarrow f(x) \in C[-1,1].$$

此时,由 $f(x) \in H_0^1(-1,1) \Rightarrow \exists \varphi_j(x) \in C_0^\infty(-1,1)$,使得

$$\|\varphi_j(x) - f(x)\|_1 \to 0,$$

还由嵌入定理,有

$$\|\varphi_j(x) - f(x)\|_{C[-1,1]} \leqslant C\|\varphi_j(x) - f(x)\|_1.$$

进一步,有

$$\varphi_j(x) \rightrightarrows f(x) \Rightarrow f(\pm 1) = 0.$$

(2) 由于

$$f(x) \in H_0^1(-1,1) \Rightarrow f'(x) \in L^2(-1,1)$$

$$\Rightarrow f(x) = \int_{-1}^x f'(t)\mathrm{d}t, \tag{1}$$

所以 $f(x)$绝对连续.

(3) 由(1)式中 $f(x) \in H_0^1(-1,1)$知 $f'(x) \in L^2(-1,1)$.

例 4 设 $f \in H^s(\mathbb{R}^n)$,求证:当 $s>n/2$ 时,

(1) $\hat{f}(\xi)\in L^1(\mathbb{R}^n)$;

(2) $f(x)$与$\mathbb{R}^n$上的一个连续有界函数几乎处处相等.

证 (1) 由 $f\in H^s(\mathbb{R}^n)\Longrightarrow(1+|\xi|^2)^{\frac{s}{2}}\hat{f}(\xi)\in L^2(\mathbb{R}^n)$,又知

$$\hat{f}(\xi)=(1+|\xi|^2)^{\frac{s}{2}}\hat{f}(\xi)\cdot(1+|\xi|^2)^{-\frac{s}{2}},$$

因为当 $s>n/2$ 时,$(1+|\xi|^2)^{-\frac{s}{2}}\in L^2(\mathbb{R}^n)$(注),所以

$$\hat{f}(\xi)\in L^1(\mathbb{R}^n).$$

注 当 $s>n/2$ 时,设 $s=n\left(\frac{1}{2}+p\right)$,则有 $p>0$,

$$\begin{aligned}\int_{\mathbb{R}^n}(1+|\xi|^2)^{-s}\mathrm{d}\xi&=\int_{\mathbb{R}^n}\frac{1}{(1+\xi_1^2+\xi_2^2+\cdots+\xi_n^2)^s}\mathrm{d}\xi\\&\leqslant\int_{\mathbb{R}^n}\frac{1}{(1+\xi_1^2)^{\frac{1}{2}+p}(1+\xi_2^2)^{\frac{1}{2}+p}\cdots(1+\xi_n^2)^{\frac{1}{2}+p}}\mathrm{d}\xi\\&=\prod_{k=1}^{n}\int_{-\infty}^{\infty}\frac{1}{(1+\xi_k^2)^{\frac{1}{2}p}}\mathrm{d}\xi_k<\infty.\end{aligned}$$

(2) 因为$\hat{f}(\xi)\in L^1(\mathbb{R}^n)$,所以

$$f(x)=\int_{\mathbb{R}^n}\hat{f}(\xi)\mathrm{e}^{2\pi\mathrm{i}x\cdot\xi}\mathrm{d}\xi$$

是$\mathbb{R}^n$上有界的连续函数$\Big($有界性由$\hat{f}\in L^1(\mathbb{R}^n)$保证,连续性由控制收敛定理可在积分号下取极限 $\lim\limits_{x\to x_0}f(x)=\int_{\mathbb{R}^n}\lim\limits_{x\to x_0}\hat{f}(\xi)\mathrm{e}^{2\pi\mathrm{i}x\cdot\xi}\mathrm{d}\xi=f(x_0)$得到$\Big)$.

例 5 设 $m\in\mathbb{N},m\geqslant2$,又设

$$H^{-m}=\{f\in\mathscr{S}'\mid(1+|\xi|^2)^{-\frac{m}{2}}\hat{f}(\xi)\in L^2(\mathbb{R}^n)\},$$

在H^{-m}中定义范数

$$\|f\|_{-m}=\|(1+|\xi|^2)^{-\frac{m}{2}}\hat{f}(\xi)\|_{L^2(\mathbb{R}^n)}\quad(\forall\ f\in H^{-m}).$$

求证:若 $f\in H^{-m}$,则它可以表为有限个 $L^2(\mathbb{R}^n)$函数的导数之和.

证 首先证明:

$$(1+|\xi|^2)^{-\frac{m}{2}}\hat{f}(\xi)\in L^2(\mathbb{R}^n)$$

$$\Longrightarrow \frac{\hat{f}(\xi)}{1+|\xi_1|^m+|\xi_2|^m+\cdots+|\xi_n|^m} \in L^2(\mathbb{R}^n).$$

事实上,当 $m=2$ 时,“$\Longrightarrow$”两头是一样的,当然正确.而当 $m>2$ 时,$p=\frac{m}{2}>1$,$g(x)=x^p$ 是凸函数,所以,若令 $\xi_0=1$,则有

$$\begin{array}{ccc}
\left(\dfrac{1+|\xi|^2}{n+1}\right)^{\frac{m}{2}} & & \dfrac{1+|\xi_1|^m+|\xi_2|^m+\cdots+|\xi_n|^m}{n+1} \\
\| & & \| \\
g\left(\dfrac{1}{n+1}\displaystyle\sum_{k=0}^{n}|\xi_k|^2\right) & \leqslant & \dfrac{1}{n+1}\displaystyle\sum_{k=0}^{n}g(|\xi_k|^2)
\end{array}$$

从此 U 形等式-不等式串的两端即知

$$\frac{1}{1+|\xi_1|^m+|\xi_2|^m+\cdots+|\xi_n|^m} \leqslant c(n,m)(1+|\xi|^2)^{-\frac{m}{2}},$$

因此

$$\begin{aligned}
&(1+|\xi|^2)^{-\frac{m}{2}}\hat{f}(\xi) \in L^2(\mathbb{R}^n) \\
&\qquad \Longrightarrow \frac{\hat{f}(\xi)}{1+|\xi_1|^m+|\xi_2|^m+\cdots+|\xi_n|^m} \in L^2(\mathbb{R}^n),
\end{aligned}$$

从而

$$\hat{g}(\xi) \xlongequal{\text{def}} \frac{\hat{f}(\xi)}{1+|\xi_1|^m+|\xi_2|^m+\cdots+|\xi_n|^m} \in L^2(\mathbb{R}^n).$$

由此得到

$$\begin{aligned}
\hat{f}(\xi) &= \hat{g}(\xi)(1+|\xi_1|^m+|\xi_2|^m+\cdots+|\xi_n|^m) \\
&= \hat{g}(\xi)+\sum_{k=1}^{n}\xi_k^m\left[\frac{|\xi_k|^m}{\xi_k^m}\hat{g}(\xi)\right] \\
&= \hat{g}(\xi)+\sum_{k=1}^{n}\xi_k^m\,\hat{g}_k(\xi), \qquad (1)
\end{aligned}$$

其中

$$\hat{g}_k(\xi) \xlongequal{\text{def}} \left[\frac{|\xi_k|^m}{\xi_k^m}\hat{g}(\xi)\right].$$

因为 $\frac{|\xi_k|^m}{\xi_k^m}=\pm 1$,所以 $\hat{g}_k(\xi)\in L^2(\mathbb{R}^n)$.进一步改写(1)右端为

$$\hat{f}(\xi)=\hat{g}(\xi)+\sum_{k=1}^{n}\xi_k^m\,\hat{g}_k(\xi)=\hat{g}(\xi)+\sum_{k=1}^{n}\frac{(2\pi\mathrm{i}\xi_k)^m}{(2\pi\mathrm{i})^m}\,\hat{g}_k(\xi).$$

再用反演公式,得到

$$f(x)=g(x)+\sum_{k=1}^{n}\frac{1}{(2\pi\mathrm{i})^m}\partial_{x_k}^m g_k(x),$$

这里 $g_k(x)=c_k\overline{\mathscr{F}}\hat{g}(x)\in L^2(\mathbb{R}^n)$,其中 c_k 是与 k 有关的系数,取值 1 或 -1.

例 6 在空间 $L^2(-\infty,\infty)$ 上,考查微分算子

$$A=\frac{\widetilde{\mathrm{d}}}{\mathrm{d}x},\quad D(A)=H^1(-\infty,\infty),$$

求证:

(1) $\rho(A)=\{\lambda\in\mathbb{C}\,|\,\mathrm{Re}\lambda\neq 0\}$;

(2) $\sigma_p(A)=\varnothing$;

(3) $\sigma(A)=\sigma_c(A)=\{\lambda\in\mathbb{C}\,|\,\mathrm{Re}\lambda=0\}$.

证 设 $f\in L^2(-\infty,\infty)$,并且 $u\in D(A)$ 是方程

$$(A-\lambda)u=f$$

的解.根据广义微商的定义,有

$$(Au,v)=-(u,v'),\quad \forall\, v\in C_0^\infty(-\infty,\infty).$$

下面我们证明上式对 $\forall\in H^1(-\infty,\infty)$成立.根据本节定理 3,对 $\forall v\in H^1(-\infty,\infty)$,$\exists\, v_n\in C_0^\infty(-\infty,\infty)$,使得 $v_n\xrightarrow{H^1}v\ (n\to\infty)$,即有

$$\begin{cases} v_n\xrightarrow{L^2}v, & n\to\infty,\\ v_n'\xrightarrow{L^2}v', & n\to\infty,\end{cases}$$

故有

$$(Au,v_n)=-(u,v_n')\overset{n\to\infty}{\Longrightarrow}(Au,v)=-(u,v'),\quad \forall\, v\in H^1(-\infty,\infty).$$

因为 $\mathscr{S}(-\infty,\infty)\subset H^1(-\infty,\infty)$,所以有

$$(Au,v)=-(u,v'),\quad \forall\, v\in\mathscr{S}(-\infty,\infty).$$

于是对 $\forall f\in L^2,v\in\mathscr{S}$,我们有

$$\begin{array}{ccc} (f,v) & & -(u,v'+\bar{\lambda}v) \\ \| & & \| \\ (Au-\lambda u,v) & = & (Au,v)-(\lambda u,v) \end{array}$$

从此 U 形等式串的两端即知

$$(f,v)=-(u,v'+\bar{\lambda}v).$$

由此,根据本章§4 定理 6 和公式 1,对 $\forall v\in\mathscr{S}$,有

$$\begin{array}{ccc}(\mathscr{F}f,\mathscr{F}v) & & ([2\pi\mathrm{i}x-\lambda]\mathscr{F}u,\mathscr{F}v)\\ \| & & \|\\ -(\mathscr{F}u,\mathscr{F}[v'+\bar{\lambda}v]) & = & -(\mathscr{F}u,[2\pi\mathrm{i}x+\bar{\lambda}]\mathscr{F}v)\end{array}$$

从此 U 形等式串的两端即知

$$(\mathscr{F}f,\mathscr{F}v)=([2\pi\mathrm{i}x-\lambda]\mathscr{F}u,\mathscr{F}v),\quad \forall v\in\mathscr{S}.$$

进一步,在上式中,对 $\forall w\in\mathscr{S}$,令 $v=\overline{\mathscr{F}}w$,便有

$$(\mathscr{F}f,w)=([2\pi\mathrm{i}x-\lambda]\mathscr{F}u,w),\quad \forall w\in\mathscr{S}.$$

由此即知

$$\mathscr{F}f=(2\pi\mathrm{i}x-\lambda)\mathscr{F}u\Rightarrow\mathscr{F}u=\frac{\mathscr{F}f}{2\pi\mathrm{i}x-\lambda}. \tag{1}$$

等式(1)告诉我们:

(1) 如果 $\lambda=\alpha+\beta\mathrm{i},\alpha\neq0$.

$$|\mathscr{F}u|=\frac{|\mathscr{F}f|}{|2\pi\mathrm{i}x-\lambda|}\leqslant\frac{|\mathscr{F}f|}{|\alpha|}\Rightarrow\|\mathscr{F}u\|\leqslant\frac{\|\mathscr{F}f\|}{|\alpha|},$$

再根据本章§4 定理 5,有

$$\begin{cases}\|\mathscr{F}u\|=\|u\|\\ \|\mathscr{F}f\|=\|f\|\end{cases}\Rightarrow\|u\|\leqslant\frac{\|f\|}{|\alpha|},$$

故有 $u\in L^2(-\infty,\infty)$,

再由本章§4 公式 1,有

$$\mathscr{F}u'=2\pi\mathrm{i}x\mathscr{F}u=\frac{2\pi\mathrm{i}x}{2\pi\mathrm{i}x-\lambda}\mathscr{F}f,$$

而

$$\left|\frac{2\pi\mathrm{i}x}{2\pi\mathrm{i}x-\lambda}\right|=\frac{2\pi|x|}{\sqrt{4\pi^2x^2+\alpha^2+\beta^2-4\pi\beta x}},$$

因为

$$\lim_{x\to\infty}\frac{2\pi|x|}{\sqrt{4\pi^2x^2+\alpha^2+\beta^2-4\pi\beta x}}=1,$$

所以 $\left|\dfrac{2\pi\mathrm{i}x}{2\pi\mathrm{i}x-\lambda}\right|$ 在 $(-\infty,\infty)$ 上有界. 设 $\left|\dfrac{2\pi\mathrm{i}x}{2\pi\mathrm{i}x-\lambda}\right|\leqslant M$,由§4 定理 5

则有

$$\|\mathscr{F}u'\| \leqslant M\|\mathscr{F}f\| \Longrightarrow \|u'\| \leqslant M\|f\|.$$

故有 $u' \in L^2(-\infty,\infty)$. 联合

$$\begin{cases} u \in L^2(-\infty,\infty) \\ u' \in L^2(-\infty,\infty) \end{cases} \Longrightarrow u \in D(A).$$

综上所述，当 $\alpha \neq 0$ 时，$\lambda = \alpha + \beta\mathrm{i} \in \rho(A)$，并且有

$$\|(\lambda I - A)^{-1}\| \leqslant \frac{1}{|\alpha|}.$$

(2) $\sigma_p(A) = \varnothing$. 事实上，如果 $f=0$，由等式(1)即知

$$\mathscr{F}u = 0 \Longrightarrow u = 0 \Longrightarrow N(\lambda I - A) = \{\theta\}.$$

(3) 如果 $\lambda = \alpha + \beta\mathrm{i}, \alpha = 0$，即 $\lambda = \beta\mathrm{i}$，由等式(1)可见，当 $x = \dfrac{\beta}{2\pi}$ 时，右端分母是零，$\mathscr{F}u$ 不可能属于 $L^2(-\infty,\infty)$，除非等式(1)右端分子也为零，即

$$\mathscr{F}f\left(\frac{\beta}{2\pi}\right) = 0 \Longrightarrow \int_{-\infty}^{\infty} \mathrm{e}^{-\mathrm{i}\beta t} f(t)\mathrm{d}t = 0. \tag{2}$$

现在，一方面，举出一个函数

$$f(t) = \frac{\mathrm{e}^{\mathrm{i}\beta t}}{t} \in L^2(-\infty,\infty),$$

显然不满足(2)式，但 $f(t) \in L^2(-\infty,\infty)$，故

$$R(\mathrm{i}\beta I - A) \neq L^2(-\infty,\infty).$$

另一方面，对 $\forall f \in C_0^\infty(-\infty,\infty), \lambda = \alpha + \beta\mathrm{i} \in \mathbb{C}$，方程

$$u' - \lambda u = f$$

两边同乘以 $\mathrm{e}^{-\lambda t}$，两边再从 0 到 x 积分得到

$$\mathrm{e}^{-\lambda x}u(x) = u(0) + \int_0^x \mathrm{e}^{-\lambda t} f(t)\mathrm{d}t,$$

方程两边同乘以 $\mathrm{e}^{\lambda x}$，并取绝对值得到

$$|u(x)| = |\mathrm{e}^{\lambda x}| \left| u(0) + \int_0^x \mathrm{e}^{-\lambda t} f(t)\mathrm{d}t \right|. \tag{3}$$

由(3)式可见，当 $\alpha > 0$ 时，

$$|u(x)| \to \infty \quad (x \to \infty),$$

除非

$$u(0) + \int_0^{\infty} \mathrm{e}^{-\lambda t} f(t)\mathrm{d}t = 0. \tag{4}$$

于是,当 $\alpha>0$ 时,为了 $u(x)\in L^2(-\infty,\infty)$,必须(4)式成立.当(4)式成立时,

$$\begin{array}{ccc} \mathrm{e}^{-\lambda x}u(x) & & -\int_x^{\infty} \mathrm{e}^{-\lambda t} f(t)\mathrm{d}t \\ \| & & \| \\ u(0) + \int_0^x \mathrm{e}^{-\lambda t} f(t)\mathrm{d}t & = & -\int_0^{\infty} \mathrm{e}^{-\lambda t} f(t)\mathrm{d}t + \int_0^x \mathrm{e}^{-\lambda t} f(t)\mathrm{d}t \end{array}$$

从此 U 形等式串的两端即知,方程 $u'-\lambda u=f$ 的解

$$u(x) = -\int_x^{\infty} \mathrm{e}^{\lambda(x-t)} f(t)\mathrm{d}t. \tag{5}$$

由(3)式还可见,当 $\alpha<0$ 时,

$$|u(x)| \to \infty \quad (x \to -\infty),$$

除非

$$u(0) = \int_{-\infty}^{0} \mathrm{e}^{-\lambda t} f(t)\mathrm{d}t. \tag{6}$$

于是,当 $\alpha<0$ 时,为了 $u(x)\in L^2(-\infty,\infty)$,必须(6)式成立.当(6)式成立时,

$$\begin{array}{ccc} \mathrm{e}^{-\lambda x}u(x) & & \int_{-\infty}^{x} \mathrm{e}^{-\lambda t} f(t)\mathrm{d}t \\ \| & & \| \\ u(0) + \int_0^x \mathrm{e}^{-\lambda t} f(t)\mathrm{d}t & = & \int_{-\infty}^{0} \mathrm{e}^{-\lambda t} f(t)\mathrm{d}t + \int_0^x \mathrm{e}^{-\lambda t} f(t)\mathrm{d}t \end{array}$$

从此 U 形等式串的两端即知,方程 $u'-\lambda u=f$ 的解

$$u(x) = \int_{-\infty}^{x} \mathrm{e}^{\lambda(x-t)} f(t)\mathrm{d}t. \tag{7}$$

在(4),(6)式中,令 $\alpha\to 0$,应用 Lebesgue 控制收敛定理,得到

$$\begin{cases} u(0) + \int_0^{\infty} \mathrm{e}^{-\mathrm{i}\beta t} f(t)\mathrm{d}t = 0, \\ u(0) = \int_{-\infty}^{0} \mathrm{e}^{-\mathrm{i}\beta t} f(t)\mathrm{d}t \end{cases} \Longrightarrow \int_{-\infty}^{+\infty} \mathrm{e}^{-\mathrm{i}\beta t} f(t)\mathrm{d}t = 0,$$

即(2)式成立.在(5),(7)式中,令 $\alpha\to 0$,应用 Lebesgue 控制收敛定理,

得到

$$\begin{cases} u(x) = -\int_x^{\infty} e^{i\beta(x-t)} f(t)dt, \\ u(x) = \int_{-\infty}^{x} e^{i\beta(x-t)} f(t)dt. \end{cases} \tag{8}$$

因为(2)式成立,所以(8)式的两个表达式是兼容的.

根据(8)式易知,对 $\forall f\in C_0^\infty(-\infty,\infty)$,方程 $u'-i\beta u=f$ 的解 $u\in C_0^\infty(-\infty,\infty)$. 因为 $C_0^\infty(\mathbb{R}^1)$在 $L^2(-\infty,\infty)$中稠密,所以

$$\overline{R(i\beta I - A)} = L^2(-\infty,\infty).$$

联合

$$\begin{cases} R(i\beta I - A) \neq L^2(-\infty,\infty), \\ \overline{R(i\beta I - A)} = L^2(-\infty,\infty) \end{cases} \Rightarrow i\beta \in \sigma_c(A),\ \forall\ \beta \in \mathbb{R}^1.$$

最后,因为

$$\mathbb{C} = \{\mathrm{Re}\lambda \neq 0\} \cup \{\mathrm{Re}\lambda = 0\} = \rho(A) \cup \sigma_c(A),$$

所以

$$\sigma(A) = \sigma_c(A) = \{\lambda \in \mathbb{C} \mid \mathrm{Re}\lambda = 0\}.$$

第四章　紧算子与 Fredholm 算子

§1　紧算子定义和基本性质

基本内容

定义 1　设 $\mathscr{X}$,$\mathscr{Y}$ 是 Banach 空间,A 是 $\mathscr{X}$ 到 $\mathscr{Y}$ 的线性算子,又设 $B_1=\{x\in\mathscr{X}\mid\|x\|\leqslant 1\}$为 $\mathscr{X}$ 中的单位球,若$\overline{A(B_1)}$在 $\mathscr{Y}$ 中是紧集,则称 A 是**紧算子**. $\mathfrak{C}(\mathscr{X},\mathscr{Y})$表示所有紧算子构成的集合;当 $\mathscr{Y}=\mathscr{X}$ 时,将其简记做 $\mathfrak{C}(\mathscr{X})$. 易知

$A\in\mathfrak{C}(\mathscr{X},\mathscr{Y})$

$\Longleftrightarrow$对于 $\mathscr{X}$ 中有界集 B,有 $\overline{A(B)}$ 在 $\mathscr{Y}$ 中紧

$\Longleftrightarrow$对于 $\mathscr{X}$ 中任意有界点列$\{x_n\}$,$\{Ax_n\}$ 在 $\mathscr{Y}$ 中列紧.

命题 2　关于紧算子有以下简单性质:

(1) $\mathfrak{C}(\mathscr{X},\mathscr{Y})$是线性空间;

(2) $\mathfrak{C}(\mathscr{X},\mathscr{Y})\subset\mathscr{L}(\mathscr{X},\mathscr{Y})$;

(3) $\mathfrak{C}(\mathscr{X},\mathscr{Y})$在 $\mathscr{L}(\mathscr{X},\mathscr{Y})$中是闭子空间;

(4) 设 $A\in\mathfrak{C}(\mathscr{X},\mathscr{Y})$,$\mathscr{X}_0\subset\mathscr{X}$ 是闭线性子空间,则

$$A_0\xlongequal{\text{def}}A|_{\mathscr{X}_0}\in\mathfrak{C}(\mathscr{X},\mathscr{Y});$$

(5) 若 $A\in\mathfrak{C}(\mathscr{X},\mathscr{Y})$,则 $R(A)$可分;

(6) 若 $A\in\mathscr{L}(\mathscr{X},\mathscr{Y})$,$B\in\mathscr{L}(\mathscr{Y},\mathscr{Z})$,且 A,B 中有一个是紧算子,则 $BA\in\mathfrak{C}(\mathscr{X},\mathscr{Z})$.

定义 3　A **全连续算子**是指,$A\in\mathscr{L}(\mathscr{X},\mathscr{Y})$,且

$$x_n\rightharpoonup x\Longrightarrow Ax_n\to Ax(\text{强收敛}).$$

命题 4　$A\in\mathfrak{C}(\mathscr{X},\mathscr{Y})\underset{\mathscr{X}\text{自反}}{\overset{\Longrightarrow}{\Longleftarrow}}A$ 全连续.

定理 5　$T\in\mathfrak{C}(\mathscr{X},\mathscr{Y})\Longleftrightarrow T^*\in\mathfrak{C}(\mathscr{Y}^*,\mathscr{X}^*)$.

定义 6　设 $T\in\mathfrak{C}(\mathscr{X},\mathscr{Y})$,若 $\dim R(T)<\infty$,则称 T 是**有穷秩算**

子. 一切有穷秩算子的集合记做 $F(\mathscr{X},\mathscr{Y})$. 显然有

$$F(\mathscr{X},\mathscr{Y}) \subset \mathfrak{C}(\mathscr{X},\mathscr{Y}).$$

若 $T\in F(\mathscr{X},\mathscr{Y})$,则

$$T^* \in F(\mathscr{Y},\mathscr{X}) \quad 且 \quad \dim R(T) = \dim R(T^*).$$

定义 7 对于 $f\in\mathscr{X}^*$,$y\in\mathscr{Y}$,用 $y\otimes f$ 表示下列算子:

$$y\otimes f: x \longmapsto \langle f,x\rangle y, \quad \forall\ x\in\mathscr{X},$$

称它为**秩 1 算子**.

定理 8 为了 $T\in F(\mathscr{X},\mathscr{Y})$,必须且仅须 $\exists\ y_i\in\mathscr{Y}$,$f_i\in\mathscr{X}^*$ $(i=1,2,\cdots,n)$,使得

$$T = \sum_{i=1}^{n} y_i \otimes f_i.$$

定义 9 设 $\mathscr{X}$ 是一个可分的 B 空间,$\{e_n\}_1^\infty\subset\mathscr{X}$,称为是 $\mathscr{X}$ 的一组 **Schauder 基**是指: $\forall\ x\in\mathscr{X}$,存在唯一的一个序列 $\{C_n(x)\}$,使得

$$x = \lim_{N\to\infty}\sum_{n=1}^{N} C_n(x)e_n \quad (于\ \mathscr{X}\ 中).$$

定理 10 若可分 B 空间 $\mathscr{X}$ 上有一组 Schauder 基,则

$$\overline{F(\mathscr{X})} = \mathfrak{C}(\mathscr{X}).$$

典型例题精解

例 1 设 $\mathscr{X}$ 是一个无穷维 B 空间,求证: 若 $A\in\mathfrak{C}(\mathscr{X})$,则 A 没有有界逆.

证 用反证法. 如果 A 有有界逆 A^{-1},则有 $AA^{-1}=A^{-1}A=I$. 根据命题 2(6),$I\in\mathfrak{C}(\mathscr{X})$,从而 $B(\theta,1)$是列紧的,于是根据第一章 §4 推论 15,$\mathscr{X}$ 是有穷维的,矛盾.

例 2 设 $\mathscr{X}$ 是一个 B 空间,$A\in\mathscr{L}(\mathscr{X})$满足$\|Ax\|\geqslant\alpha\|x\|$($\forall\ x\in\mathscr{X}$),其中 α 是正常数. 求证: $A\in\mathfrak{C}(\mathscr{X})$的充分必要条件是 $\mathscr{X}$ 是有穷维的.

证 必要性 因为$\|Ax\|\geqslant\alpha\|x\|$($\forall\ x\in\mathscr{X}$)表明 A 有有界逆,所以根据例 1,$\mathscr{X}$ 是有穷维的.

充分性 因为 $\mathscr{X}$ 是有穷维的,所以 $B(\theta,1)$是列紧的,从而 $\overline{AB(\theta,1)}$是列紧的,故 $A\in\mathfrak{C}(\mathscr{X})$.

例 3 设 $\mathscr{X}$ 是 B 空间，$A\in\mathfrak{C}(\mathscr{X})$，$\mathscr{X}_0$ 是 $\mathscr{X}$ 的闭子空间并使得 $A\mathscr{X}_0\subset\mathscr{X}_0$. 求证：映射 $T:[x]\longmapsto[Ax]$是商空间 $\mathscr{X}/\mathscr{X}_0$ 上的紧算子.

证 只要证映射 T 映 $\mathscr{X}/\mathscr{X}_0$ 上的有界集为列紧集.

事实上，设$\|[x_n]\|\leqslant C$，根据第一章 §4 例 13(2)，$\exists\ \tilde{x}_n\in[x_n]$，使得 $\|\tilde{x}_n\|\leqslant 2C$. 又因为 $A\mathscr{X}_0\subset\mathscr{X}_0$，所以

$$\begin{array}{ccc}\tilde{x}_n\in[x_n] & & [Ax_n]=[A\tilde{x}_n]\\ \Downarrow & & \Uparrow\\ \tilde{x}_n-x_n\in\mathscr{X}_0 & \Longrightarrow & A\tilde{x}_n-Ax_n\in A\mathscr{X}_0\subset\mathscr{X}_0\end{array}$$

从此 U 形推理串的两端即知

$$\tilde{x}_n\in[x_n]\Longrightarrow[Ax_n]=[A\tilde{x}_n].$$

因此

$$T[x_n]=[Ax_n]=[A\tilde{x}_n].$$

进一步，因为$\|\tilde{x}_n\|\leqslant 2C$，$A\in\mathfrak{C}(\mathscr{X})$，所以 $\exists\ A\tilde{x}_{n_k}\to y$. 又$[\cdot]$是线性连续映射，故有

$$T[x_{n_k}]=[A\tilde{x}_{n_k}]\to[y].$$

由此可见，映射 T 映 $\mathscr{X}/\mathscr{X}_0$ 上的有界集为列紧集，故

$$T\in\mathfrak{C}(\mathscr{X}/\mathscr{X}_0).$$

例 4 设 $A\in\mathscr{L}(\mathscr{X},\mathscr{Y})$，$K\in\mathfrak{C}(\mathscr{X},\mathscr{Y})$，若 $R(A)\subset R(K)$，求证：

$$A\in\mathfrak{C}(\mathscr{X},\mathscr{Y}).$$

证 对 $\forall\ [x]\in\mathscr{X}/N(K)$，$\tilde{K}[x]\xlongequal{\text{def}}Kx$，因为 $K\in\mathfrak{C}(\mathscr{X},\mathscr{Y})$，所以 $\tilde{K}\in\mathfrak{C}(\mathscr{X},\mathscr{Y})$. 令 S 为 $\mathscr{X}$ 空间的闭单位球，则 $S+N(K)$是 $\mathscr{X}/N(K)$中的单位球，且 $\tilde{K}(S+N(K))=K(S)$是列紧的，从而 $\tilde{K}$ 是紧算子. 又 $\tilde{K}$ 是单射连续算子，故 $\tilde{K}^{-1}$闭，且

$$D(\tilde{K}^{-1})=R(K)\supset R(A),$$

从而 $\tilde{K}^{-1}A:\mathscr{Y}\to\mathscr{X}/N(K)$是闭算子，且定义域是全空间(当然闭). 根据闭图像定理，$\tilde{K}^{-1}A$ 有界，因此，根据命题 2(6)，有

$$A=\underbrace{\tilde{K}}_{\text{紧}}\underbrace{(\tilde{K}^{-1}A)}_{\text{有界}}\in\mathfrak{C}(\mathscr{X},\mathscr{Y}).$$

例 5 设 $\mathscr{H}$ 是 Hilbert 空间，$A:\mathscr{H}\to\mathscr{H}$ 是紧算子，又设 $x_n\rightharpoonup x_0$，

$y_n \rightharpoonup y_0$,求证:

$$(x_n, Ay_n) \to (x_0, Ay_0) \quad (n \to \infty).$$

证 因为在 Hilbert 空间中,紧算子是全连续算子,所以

$$y_n \rightharpoonup y_0 \Longrightarrow Ay_n \to Ay_0 \ (n \to \infty).$$

进一步,有

$$\begin{aligned} &|(x_n, Ay_n) - (x_0, Ay_0)| \\ &\quad = |(x_n, Ay_n) - (x_n, Ay_0) + (x_n, Ay_0) - (x_0, Ay_0)| \\ &\quad \leqslant |(x_n, Ay_n - Ay_0)| + |(x_n, Ay_0) - (x_0, Ay_0)| \\ &\quad \leqslant \|x_n\| \|Ay_n - Ay_0\| + |(x_n - x_0, Ay_0)|. \end{aligned} \tag{1}$$

又因为 $x_n \rightharpoonup x_0$,所以

$$|(x_n - x_0, Ay_0)| \to 0 \ (n \to \infty). \tag{2}$$

还因为 $x_n \rightharpoonup x_0$,所以$\{\|x_n\|\}$有界,故有

$$\|x_n\| \|Ay_n - Ay_0\| \to 0 \ (n \to \infty). \tag{3}$$

联合(1),(2),(3)式即知

$$(x_n, Ay_n) \to (x_0, Ay_0) \quad (n \to \infty).$$

例 6 设 $\mathscr{X}, \mathscr{Y}$ 是 B 空间,$A \in \mathscr{L}(\mathscr{X}, \mathscr{Y})$,如果 $R(A)$闭,且 $\dim R(A) = \infty$,求证:$A \notin \mathfrak{C}(\mathscr{X}, \mathscr{Y})$.

证 用反证法. 如果 $A \in \mathfrak{C}(\mathscr{X}, \mathscr{Y})$,令 $\mathscr{Y}_0 = R(A)$,则 $\mathscr{Y}_0$ 是无穷维 B 空间. 令

$$\mathscr{X}_0 = \mathscr{X}/N(A), \quad \widetilde{A}[x] = Ax \quad (\forall\ x \in [x]),$$

则有 $\widetilde{A} \in \mathscr{L}(\mathscr{X}_0, \mathscr{Y}_0)$,并且是单射、满射. 由逆算子定理,$\exists\ \widetilde{A}^{-1} \in \mathscr{L}(\mathscr{Y}_0, \mathscr{X}_0)$,于是 $I = \widetilde{A}\widetilde{A}^{-1} \in \mathfrak{C}(\mathscr{Y}_0)$,从而 $\mathscr{Y}_0$ 中的单位球 $B(\theta, 1)$是列紧的. 于是根据第一章 §4 推论 15,$\mathscr{Y}_0$ 是有穷维的. 这与 $\dim \mathscr{Y}_0 = \infty$矛盾.

例 7 设 $\omega_n \in \mathbb{K}, \omega_n \to 0 (n \to \infty)$,求证:映射

$$T: \{\xi_n\} \longmapsto \{\omega_n \xi_n\} \quad (\forall\ \{\xi_n\} \in l^p)$$

是 $l^p (p \geqslant 1)$上的紧算子.

证 $\forall\ \xi = (\xi_1, \xi_2, \cdots, \xi_{n-1}, \xi_n, \cdots) \in l^p$,令

$$T_N \xi = (\overbrace{\xi_1, \xi_2, \cdots, \xi_{N-1}, \xi_N}^{N个}, 0, 0, \cdots),$$

则有 $\dim R(T_N)<\infty$,因此 $T_N\in\mathfrak{C}(l^p)$. 又

$$\|T\xi-T_N\xi\|_{l^p}=\left\{\sum_{n=N+1}^{\infty}|\omega_n\xi_n|^p\right\}^{\frac{1}{p}}\leqslant\sup_{n\geqslant N}|\omega_n|\cdot\|\xi\|_{l^p},$$

由此可见,

$$\|T-T_N\|_{l^p}\leqslant\sup_{n\geqslant N}|\omega_n|\to 0\quad(N\to\infty),$$

于是根据命题 2(3),

$$T\in\mathfrak{C}(l^p).$$

例 8 设 $\Omega\subset\mathbb{R}^n$ 是一个可测集,又设 $K(x,y)\in L^2(\Omega\times\Omega)$,求证:

$$A:u(x)\longmapsto\int_{\Omega}K(x,y)u(y)\mathrm{d}y\quad(\forall\, u\in L^2(\Omega))$$

是 $L^2(\Omega)$上的紧算子.

证 因为 $L^2(\Omega)$自反,所以只要证 A 全连续,即

$$u_n\rightharpoonup 0\Longrightarrow Au_n\to 0\ (n\to\infty).$$

由第二章 § 5 例 23,只要证$\|Au_n\|_{L^2}\to 0$.

事实上,因为 $u_n\rightharpoonup 0$,所以

$$\int_{\Omega}K(x,y)u_n(y)\mathrm{d}y\to 0\ (n\to\infty)\quad \text{a.e.}\quad\forall\, x\in\Omega,$$

因而

$$\|Au_n\|_{L^2}^2=\int_{\Omega}\left|\int_{\Omega}K(x,y)u_n(y)\mathrm{d}y\right|^2\mathrm{d}x\to 0\ (n\to\infty).$$

例 9 若 $A\in\mathfrak{C}(\mathscr{H})$,$\{e_n\}$是 Hilbert 空间 $\mathscr{H}$ 的正交规范集,求证:$\lim\limits_{n\to\infty}(Ae_n,e_n)=0$.

证 因为$\{e_n\}$是 $\mathscr{H}$ 的正交规范集,所以根据第一章 § 6 定理 18 (Bessel 不等式),对 $\forall\, x\in\mathscr{H}$,有

$$\sum_{k=1}^{\infty}|(x,e_n)|^2\leqslant\|x\|^2.$$

根据收敛级数的必要条件,有

$$\lim_{n\to\infty}(x,e_n)=0,\quad\forall\, x\in\mathscr{H}.$$

这意味着 $e_n\rightharpoonup 0$. 接着由命题 4,$A\in\mathfrak{C}(\mathscr{H})$蕴含 A 是全连续算子,故有

$$e_n\rightharpoonup 0\Longrightarrow Ae_n\to 0.$$

最后,根据第二章 § 5 例 21 推出

$$(Ae_n, e_n) \to 0.$$

例 10 设 $\mathscr{X}, \mathscr{Y}, \mathscr{Z}$ 是 B 空间，$\mathscr{X} \subset \mathscr{Y} \subset \mathscr{Z}$，如果 $\mathscr{X} \hookrightarrow \mathscr{Y}$ 的嵌入映射是紧的，$\mathscr{Y} \hookrightarrow \mathscr{Z}$ 的嵌入映射是连续的，求证：对 $\forall\ \varepsilon > 0$，$\exists\ C(\varepsilon) > 0$，使得

$$\|u\|_2 \leqslant \varepsilon \|u\|_1 + C(\varepsilon) \|u\|_3 \quad (\forall\ u \in \mathscr{X}),$$

其中 $\|\cdot\|_1, \|\cdot\|_2, \|\cdot\|_3$ 分别表示 $\mathscr{X}, \mathscr{Y}, \mathscr{Z}$ 空间上的范数.

证 $\forall\ u \in \mathscr{X}$，令 $v = \dfrac{u}{\|u\|_1}$，则 $\|v\|_1 = 1$. 要证的结论可改述为：对 $\forall\ \varepsilon > 0$，存在 $C(\varepsilon)$，使得

$$\|v\|_2 \leqslant \varepsilon + C(\varepsilon) \|v\|_3 \quad (\forall\ v \in B_1(\theta, 1)),$$

其中 $B_1(\theta, 1)$ 表示 $\mathscr{X}$ 空间上的开单位球.

用反证法. 如果上述结论不对，即 $\exists\ \varepsilon_0 > 0$，对 $\forall\ n \in \mathbb{N}$，$\exists\ v_n \in B_1(\theta, 1)$，使得

$$\|v_n\|_2 > \varepsilon_0 + n \|v_n\|_3. \tag{1}$$

显然由(1)式可推出

$$\begin{cases} \|v_n\|_2 > \varepsilon_0, \\ \|v_n\|_3 < \dfrac{1}{n} \|v_n\|_2. \end{cases} \tag{2}$$

进一步，由条件 $\mathscr{X} \hookrightarrow \mathscr{Y}$ 的嵌入映射是紧的，从而是有界的，故 $\exists\ M > 0$，使得

$$\|u\|_2 \leqslant M \|u\|_1 \quad (\forall\ u \in \mathscr{X}).$$

这样便有

$$\begin{aligned} \|v_n\|_3 &< \frac{1}{n} \|v_n\|_2 \leqslant \frac{M}{n} \|v_n\|_1 \\ &= \frac{M}{n} \to 0 \quad (n \to \infty). \end{aligned}$$

由此可见，

$$v_n \xrightarrow{\|\cdot\|_3} 0 \quad (n \to \infty). \tag{3}$$

但是，从 $\|v_n\|_1 = 1$ 和 $\mathscr{X} \hookrightarrow \mathscr{Y}$ 的嵌入映射是紧的可推出 $\exists\ v_{n_k} \xrightarrow{\|\cdot\|_2} v$，再从 $\mathscr{Y} \hookrightarrow \mathscr{Z}$ 嵌入映射是连续的，又有

$$v_{n_k} \xrightarrow{\|\cdot\|_3} v \quad (n \to \infty). \tag{4}$$

这样,一方面,联合(3)和(4)式,得到

$$v = \theta \Longrightarrow \|v\|_2 = 0. \tag{5}$$

另一方面,(2)式中的$\|v_n\|_2 > \varepsilon_0$,令$n \to \infty$,推得

$$\|v\|_2 \geqslant \varepsilon_0. \tag{6}$$

这使(5)和(6)式矛盾.

例 11 设无穷维向量

$$\delta^{(n)} = (\underbrace{0,0,\cdots,0,1}_{n\text{个}},0,\cdots),$$

即第n个坐标是1,其余坐标全是0;又设C_0表示以0为极限的$x=(x_1,x_2,\cdots,x_n,\cdots)$的全体(即$\lim\limits_{n\to\infty} x_n = 0$),并在$C_0$中赋以范数$\|x\| = \sup\limits_{n\geqslant 1}|x_n|$. 求证:集合$\{\delta^{(n)}\}_1^\infty$是$C_0$空间的 Schauder 基.

证 设$x=(x_1,x_2,\cdots,x_n,\cdots)\in C_0$,则对$\forall\ \varepsilon>0$,$\exists\ N\in\mathbb{N}$,使得$|x_n|<\varepsilon\ (\forall\ n\geqslant N)$,从而

$$\begin{array}{ccc}
\left\|x-\sum\limits_{k=1}^n x_k\delta^{(k)}\right\| & & \varepsilon \\
\| & & \vee\!\!/ \\
\|x-(x_1,x_2,\cdots,x_n,0,0,\cdots)\| = \|(0,0,\cdots,0,x_{n+1},x_{n+2},\cdots)\| & = & \sup\limits_{k\geqslant n+1}|x_k|
\end{array}$$

从此U形等式-不等式串的两端即知

$$x = \sum_{n=1}^\infty x_n\delta^{(n)}.$$

进一步证明表示系数的唯一性.事实上,设$x = \sum\limits_{n=1}^\infty y_n\delta^{(n)}$,则对$\forall\ \varepsilon>0$,$\exists\ N_1,N_2\in\mathbb{N}$,使得

$$\begin{cases}
\Delta_1 = \left\|x - \sum\limits_{k=1}^n x_k\delta^{(k)}\right\| < \dfrac{\varepsilon}{2}, & \forall\ n\geqslant N_1, \\
\Delta_2 = \left\|x - \sum\limits_{k=1}^n y_k\delta^{(k)}\right\| < \dfrac{\varepsilon}{2}, & \forall\ n\geqslant N_2.
\end{cases}$$

现在当$n\geqslant\max\{N_1,N_2\}$时,即有

$$\begin{array}{ccc}
\left\| \sum_{k=1}^{n} (x_k - y_k)\delta^{(k)} \right\| & & \varepsilon \\
\| & & \| \\
\left\| \left(x - \sum_{k=1}^{n} x_k \delta^{(k)} \right) - \left(x - \sum_{k=1}^{n} y_k \delta^{(k)} \right) \right\| & \leqslant \Delta_1 + \Delta_2 < & \frac{\varepsilon}{2} + \frac{\varepsilon}{2}
\end{array}$$

从此 U 形等式-不等式串的两端即知

$$\left\| \sum_{k=1}^{n} (x_k - y_k)\delta^{(k)} \right\| \leqslant \varepsilon, \quad \forall\, n \geqslant \max\{N_1, N_2\}.$$

再注意到

$$\sum_{k=1}^{n} (x_k - y_k)\delta^{(k)} = (x_1 - y_1, x_2 - y_2, \cdots, x_n - y_n, \cdots),$$

便有

$$\begin{array}{ccc}
\sup\limits_{1 \leqslant k \leqslant n} |x_k - y_k| & & \varepsilon \\
\| & & \vee \\
\|(x_1 - y_1, x_2 - y_2, \cdots, x_n - y_n, \cdots)\| & = & \left\| \sum_{k=1}^{n} (x_k - y_k)\delta^{(k)} \right\|
\end{array}$$

从此 U 形等式-不等式串的两端即知 $y_n = x_n$.

例 12 设 $\mathscr{X}$ 是 Banach 空间, $S = \{x \in \mathscr{X} \mid \|x\| = 1\}$. 求证:

(1) 如果 $T \in \mathfrak{C}(\mathscr{X})$, $\inf\limits_{x \in S}\{\|Tx\|\} = 0$, 那么 $\theta \in \overline{T(S)}$;

(2) 如果 $T \in \mathfrak{C}(\mathscr{X}) \backslash F(\mathscr{X})$, 那么 $\theta \in \overline{T(S)}$.

证 (1) 因为 $\inf\limits_{x \in S}\{\|Tx\|\} = 0$, 所以对 $\forall\, n$, $\exists\, x_n \in S$, 使得

$$0 \leqslant \|Tx_n\| < \frac{1}{n}.$$

又因为 $T \in \mathfrak{C}(\mathscr{X})$, 所以 $\exists\, \{x_{n_k}\}$, 使得 $\{Tx_{n_k}\}$ 收敛. 由

$$0 \leqslant \|Tx_{n_k}\| < \frac{1}{n_k}$$

即知

$$\|Tx_{n_k}\| \to 0 \Longrightarrow Tx_{n_k} \to \theta \Longrightarrow \theta \in \overline{T(S)}.$$

(2) 用反证法. 假设 $\theta \notin \overline{T(S)}$, 由第(1)小题, 即知

$$\inf_{x \in S}\{\|Tx\|\} > 0.$$

对 $\forall\ x\neq\theta$,因为$\frac{x}{\|x\|}\in S$,所以

$$\frac{\|Tx\|}{\|x\|}=\left\|T\frac{x}{\|x\|}\right\|\geqslant\inf_{x\in S}\{\|Tx\|\},$$

从而

$$\|Tx\|\geqslant\inf_{x\in S}\{\|Tx\|\}\|x\|,\quad\forall\ x\in\mathscr{X}.$$

因此 $R(T)$在 $\mathscr{X}$ 中是闭集. 事实上,记 $m=\inf\limits_{x\in S}\{\|Tx\|\}$,设 $Tx_n\to y(n\to\infty)$,则有$\{Tx_n\}$是基本列. 由

$$\|T(x_n-x_m)\|\geqslant m\|x_n-x_m\|$$

即知$\{x_n\}$是基本列. 因为 $\mathscr{X}$ 是 Banach 空间,所以$\{x_n\}$是收敛列. 设 $x_n\to x(n\to\infty)$,由 T 的连续性,有 $Tx_n\to Tx(n\to\infty)$,联合

$$\begin{cases}Tx_n\to y\\ Tx_n\to Tx\end{cases}\Longrightarrow y=Tx\in R(T).$$

这就证明了 $R(T)$在 $\mathscr{X}$ 中是闭集,从而 $R(T)$是 B 空间. 将 T 看做 $\mathscr{X}\to R(T)$的映射,便是满射. 根据第二章 § 3 定理 7(开映像定理),T 是开映射. 因此,根据第二章 § 3 命题 6,$\exists\ \delta>0$,使得

$$U(\theta,\delta)\subset T(B(\theta,1)),\tag{1}$$

其中 $U(\theta,\delta)$表示 $R(T)$中以 θ 为中心,以 δ 为半径的开球.

进一步,对 $R(T)$中的任意有界集 K,$\exists\ M>0$,使得

$$K\subset U(\theta,M\delta).\tag{2}$$

因为 T 是线性算子,所以由(1),有

$$U(\theta,M\delta)\subset T(B(\theta,M)).\tag{3}$$

联合(2),(3)式,即知

$$K\subset T(B(\theta,M)).\tag{4}$$

因为 $T\in\mathfrak{C}(\mathscr{X})$,所以 $T(B(\theta,M))$列紧,从而完全有界. 因此根据(4),K 也完全有界,于是 K 是列紧集. 再根据第一章 § 4 推论 15,$\dim R(T)<\infty$. 这与 $T\notin F(\mathscr{X})$矛盾. 这矛盾表明 $\theta\in\overline{T(S)}$.

例 13 求证:$\mathfrak{C}(l^2)$与 l^2 等距同构.

证 对 $\forall\ y=(y_1,y_2,\cdots)\in l^2$,定义 $T_y\in\mathscr{L}(l^2)$为

$$T_yx=\left(\sum_{n=1}^{\infty}x_ny_n\right)e_1,\quad\forall\ x=(x_1,x_2,\cdots),$$

其中 $e_1 \xlongequal{\text{def}} (1,0,0,\cdots) \in l^2$. 因为 T_y 是秩 1 算子,所以

$$T_y \in \mathfrak{C}(l^2),$$

并且 $y \longmapsto T_y$ 是一个线性映射. 应用不等式

$$\|T_y x\| = \left|\sum_{n=1}^{\infty} x_n y_n\right| \leqslant \|x\| \, \|y\|,$$

我们得到

$$\|T_y\| = \sup_{x \neq \theta} \frac{\|T_y x\|}{\|x\|} \leqslant \|y\|. \tag{1}$$

又若取 $\widetilde{x} = \{x_n\} = \{\overline{y_n}\}$,则有

$$\|T_y \widetilde{x}\| = \left|\sum_{n=1}^{\infty} \overline{y_n} y_n\right| = \sum_{n=1}^{\infty} |y_n|^2 = \|y\|^2,$$

由此可见,

$$\|T_y\| = \sup_{x \neq \theta} \frac{\|T_y x\|}{\|x\|} \geqslant \frac{\|T_y \widetilde{x}\|}{\|\widetilde{x}\|} = \|y\|. \tag{2}$$

联合(1),(2)两式即得

$$\|T_y\| = \|y\|.$$

于是 $\mathfrak{C}(l^2)$ 与 l^2 等距同构.

§2 Riesz-Fredholm 理论

基本内容

记号

对 $\forall\, T \in \mathscr{L}(\mathscr{X}, \mathscr{Y}), R(T) \xlongequal{\text{def}} T(\mathscr{X})$,

$$N(T) \xlongequal{\text{def}} \{x \in \mathscr{X} \mid Tx = \theta\}.$$

对任意的 $M \subset \mathscr{X}, N \subset \mathscr{X}^*$,

$${}^{\perp}M \xlongequal{\text{def}} \{f \in \mathscr{X}^* \mid \langle f, x\rangle = 0 \ (\forall\, x \in M)\},$$

$$N^{\perp} \xlongequal{\text{def}} \{x \in \mathscr{X} \mid \langle f, x\rangle = 0 \ (\forall\, f \in N)\}.$$

又若 $f \in \mathscr{X}^*, x \in \mathscr{X}$ 满足 $\langle f, x\rangle = 0$,便简单地记做 $f \perp x$.

记 $T = I - A$,其中

$$A: x(t) \longmapsto \int_0^1 K(t,s)x(s)\mathrm{d}s,$$

而 $K(s,t)\in C([0,1]\times[0,1])$. 由 T 的定义可得一些重要结论.

重要结论

引理 1 若 $T\in\mathscr{L}(\mathscr{X})$,则

$$\overline{R(T)} = N(T^*)^{\perp}, \quad \overline{R(T^*)} = {}^{\perp}N(T).$$

定义 2 称 $T\in\mathscr{L}(\mathscr{X})$是**闭值域算子**,是指

$$R(T) = \overline{R(T)}.$$

定理 3 若 $A\in\mathfrak{C}(\mathscr{X})$,则 $T=I-A$ 是闭值域算子.

推论 4 若 $A\in\mathfrak{C}(\mathscr{X})$,$T=I-A$,则

$$R(T) = N(T^*)^{\perp}, \quad R(T^*) = {}^{\perp}N(T).$$

定理 5 $A\in\mathscr{L}(\mathscr{X})\Longrightarrow\sigma(A)=\sigma(A^*)$,其中 $\sigma(A)$表示 A 的谱集.

定理 6 若 $A\in\mathfrak{C}(\mathscr{X})$, $T=I-A$,则

$$N(T) = \{\theta\}\Longleftrightarrow R(T) = \mathscr{X}.$$

定义 7 设 $M\subset\mathscr{X}$ 是一个闭线性子空间,称

$$\mathrm{codim}M \xlongequal{\mathrm{def}} \dim(\mathscr{X}/M)$$

为 M 的**余维数**.

引理 8 设 $M\subset\mathscr{X}$ 是一个闭线性子空间,那么$(\mathscr{X}/M)^*\cong{}^{\perp}M$.

引理 9 若 $A\in\mathfrak{C}(\mathscr{X})$,$T=I-A$,则

$$\mathrm{codim}R(T) \leqslant \dim N(T).$$

定理 10 若 $A\in\mathfrak{C}(\mathscr{X})$,$T=I-A$,则

(1) $N(T)=\{\theta\}\Longleftrightarrow R(T)=\mathscr{X}$;

(2) $\sigma(T)=\sigma(T^*)$;

(3) $\dim N(T)=\dim N(T^*)<\infty$;

(4) $R(T)=N(T^*)^{\perp}$, $R(T^*)={}^{\perp}N(T)$;

(5) $\mathrm{codim}R(T)=\dim N(T)$.

典型例题精解

例 1 设 $\mathscr{X}$ 是 B 空间,$M\subset\mathscr{X}$ 是一个闭线性子空间,$\mathrm{codim}M=n$,求证:存在线性无关集$\{\varphi_k\}_{k=1}^n$,使得

$$M=\bigcap_{k=1}^{n}N(\varphi_k).$$

证 $\operatorname{codim}M=n\Longrightarrow\dim(\mathscr{X}/M)=n$. 设$[e_1],\cdots,[e_n]$是$\dim(\mathscr{X}/M)$上的一组基,由第二章§4例4, $\exists\ \tilde{\varphi}_k\in(\mathscr{X}/M)^*$,使得

$$\tilde{\varphi}_k([e_j])=\delta_{jk}=\begin{cases}1, & j=k,\\ 0, & j\neq k\end{cases}\quad(k=1,\cdots,n),$$

由 $\tilde{\varphi}_k$ 产生 φ_k 如下:

$$\varphi_k(x)\xlongequal{\text{def}}\tilde{\varphi}_k([x])\quad(\forall\ x\in\mathscr{X}).$$

下面首先证明$\{\varphi_k\}_{k=1}^{n}$是线性无关的. 事实上,若 $\sum\limits_{k=1}^{n}c_k\varphi_k=0$, 那么 $\forall\ x\in\mathscr{X}$,有

$$0=\sum_{k=1}^{n}c_k\varphi_k(x)=\sum_{k=1}^{n}c_k\tilde{\varphi}_k([x]).$$

在上式中,代入$[x]=[e_j]+M\ (j=1,\cdots,n)$,因为 $\tilde{\varphi}_k(M)=0,\tilde{\varphi}_k([e_j])=\delta_{jk}$,所以

$$0=\sum_{k=1}^{n}c_k\delta_{jk}\Longrightarrow c_j=0\quad(j=1,\cdots,n).$$

其次证 $M=\bigcap\limits_{k=1}^{n}N(\varphi_k)$. 事实上,$M\subset\bigcap\limits_{k=1}^{n}N(\varphi_k)$是显然的. 反之,若 $x\in\bigcap\limits_{k=1}^{n}N(\varphi_k)$,那么

$$\begin{array}{ccc} x\in\bigcap\limits_{k=1}^{n}N(\varphi_k) & & [x]\in\bigcap\limits_{k=1}^{n}N(\tilde{\varphi}_k)\\ \Downarrow & & \Uparrow\\ \varphi_k(x)=0(k=1,\cdots,n) & \Longrightarrow & \tilde{\varphi}_k([x])=0(k=1,\cdots,n)\end{array}$$

从此U形推理串的两端即知

$$\tilde{\varphi}_k([x])=0\quad(k=1,\cdots,n).\tag{1}$$

设 $[x]=\sum\limits_{j=1}^{n}c_j[e_j]$, 由(1)式知

$$0=\tilde{\varphi}_k\Big(\sum_{j=1}^{n}c_j[e_j]\Big)=\sum_{k=1}^{n}c_j\tilde{\varphi}_k[e_j]=\sum_{k=1}^{n}c_j\delta_{jk}$$

$$(k = 1, \cdots, n).$$

由此推出

$$c_1 = c_2 = \cdots = c_n = 0,$$

故有

$$[x] = [\theta] \Rightarrow x \in M.$$

例 2 设 $\mathscr{X}$ 是 B 空间,M,N_1,N_2 都是 $\mathscr{X}$ 的闭线性子空间,如果 $M \oplus N_1 = \mathscr{X} = M \oplus N_2$,求证: N_1 和 N_2 同胚.

证 只需证: 如果 $\mathscr{X} = M \oplus N, M \cap N = \{\theta\}$,则 N 与 $\mathscr{X}/M$ 同胚. 为此考虑 $T: N \to \mathscr{X}/M, Tx = [x], \forall\, x \in N$. T 线性显然. 进一步证明下述四个结论:

(1) 证 T 是单射. 这就是要证,若 $x \in N, Tx = \theta$,则有 $x = \theta$. 事实上,对 $x \in N$,

$$Tx = [x] = \theta \Rightarrow x \in M.$$

联合

$$\begin{cases} x \in N \\ x \in M \end{cases} \Rightarrow x \in M \cap N = \{\theta\} \Rightarrow x = \theta.$$

(2) 证 T 是满射. 这就是要证,对 $\forall\, [x] \in \mathscr{X}/M$,存在 $x_N \in N$,使得 $Tx_N = [x]$. 事实上,对任意给定的$[x] \in \mathscr{X}/M$,任取 $x \in [x]$,因为 $\mathscr{X} = M \oplus N, M \cap N = \{\theta\}$,对 x 进行直和分解:

$$x = x_N + x_M, \quad x_N \in N, \quad x_M \in M,$$

注意到 $x_M \in M \Rightarrow [x_M] = [\theta]$,故有

$$[x] = [x_N] \Rightarrow Tx_N = [x_N] = [x].$$

(3) 证 T 有界. 事实上,

$$\|Tx\| = \|[x]\| \leqslant \|x\|, \quad \forall\, x \in N.$$

(4) 因为 $N, \mathscr{X}/M$ 都是 B 空间,所以根据逆算子定理,有

$$T^{-1} \in \mathscr{L}(\mathscr{X}/M, N).$$

例 3 设 $A \in \mathfrak{C}(\mathscr{X}), T = I - A$,求证:

(1) $\forall\, [x] \in \mathscr{X}/N(T), \exists\, x_0 \in [x]$,使得

$$\|x_0\| = \|[x]\|;$$

(2) 若 $y \in \mathscr{X}$,使方程 $Tx = y$ 有解,则其中必有一个解达到范数

最小.

证 (1) $\forall\ [x]\in\mathscr{X}/N(T)$,因为

$$\|[x]\|=\inf_{x'\in[x]}\|x'\|=\rho(x,N(T)),\quad \forall\ x\in[x],$$

由定理 10(3),$\dim N(T)<\infty$,故存在 $z_0\in N(T)$,使得

$$\rho(x,N(T))=\|x-z_0\|.$$

令 $x_0=x-z_0\in[x]$,便有$\|x_0\|=\|[x]\|$.

(2) 若 x 是 $Tx=y$ 的解,则$[x]=x+N(T)$都是 $Tx=y$ 解. 由第(1)小题,存在 $x_0\in[x]$,使得

$$\|x_0\|=\|[x]\|=\inf_{x'\in[x]}\|x'\|,$$

即 x_0 是达到这个解集合中的范数最小者.

例 4 设 $A\in\mathfrak{C}(\mathscr{X})$,且 $T=I-A$,对$\forall\ k\in\mathbb{N}$,求证:

(1) $N(T^k)$有穷维; (2) $R(T^k)$是闭的.

证 (1) 由本节定理 10(3),对 $k=1$,结论正确;对 $k>1$,根据第四章§1 命题 2 的(6),$A^k\in\mathfrak{C}(\mathscr{X})$,故有

$$T^k=(I-A)^k=I-\underbrace{\sum_{j=1}^{k}\binom{k}{j}(-1)^{k-1}A^k}_{\in\mathfrak{C}(\mathscr{X})}=I-\text{紧算子}.$$

再由定理 10(3),$N(T^k)$是有限维的.

(2) 由本节定理 3,对 $k=1$,结论正确. 对 $k>1$,根据第四章§1 命题 2 的(6),$A^k\in\mathfrak{C}(\mathscr{X})$,故有

$$T^k=(I-A)^k=I-\underbrace{\sum_{j=1}^{k}\binom{k}{j}(-1)^{k-1}A^k}_{\in\mathfrak{C}(\mathscr{X})}=I-\text{紧算子}.$$

再由本节定理 3,$R(T^k)$闭.

例 5 设 M 是 B 空间 $\mathscr{X}$ 的闭线性子空间,称满足 $P^2=P$(幂等性)的由 $\mathscr{X}$ 到 M 上的一个有界线性算子 P 为由 $\mathscr{X}$ 到 M 上的**投影算子**. 求证:

(1) 若 M 是 $\mathscr{X}$ 的有穷维线性子空间,则必存在由 $\mathscr{X}$ 到 M 上的投影算子;

(2) 若 P 是由 $\mathscr{X}$ 到闭线性子空间 M 上的投影算子,则 $I-P$ 是由 $\mathscr{X}$ 到 $R(I-P)$上的投影算子;

(3) 若 P 是由 $\mathscr{X}$ 到 M 上的投影算子,则 $\mathscr{X}=M\oplus N$,其中 $N=R(I-P)$.

证 (1) 设 $\{x_1,x_2,\cdots,x_n\}$ 是 M 的一个基,根据第二章 §4 例 4,$\exists\ f_1,\cdots,f_n\in\mathscr{X}^*$,使得

$$\langle f_i,x_j\rangle=\delta_{ij}\quad(i,j=1,2,\cdots,n).$$

令 $P:x\longmapsto Px=\sum_{k=1}^{n}\langle f_k,x\rangle x_k$,则有

$$Px_j=x_j\quad(j=1,2,\cdots,n),$$

$$\|Px\|\leqslant\left(\sum_{k=1}^{n}\|f_k\|\|x_k\|\right)\|x\|.$$

由此可见,$P\in\mathscr{L}(\mathscr{X})$.

进一步要证明 $P\mathscr{X}=M$. 一方面,$P\mathscr{X}\subset M$ 是显然的. 另一方面,还需证明 $M\subset P\mathscr{X}$. 事实上,

$$\begin{array}{ccc}\forall\ x\in M & & x=Px\in P\mathscr{X}\\ \Downarrow & & \Uparrow\\ x=\sum_{k=1}^{n}\alpha_kx_k & \Longrightarrow Px=\sum_{k=1}^{n}\alpha_kP(x_k)= & \sum_{k=1}^{n}\alpha_kx_k=x\end{array}$$

从此 U 形推理串的两端即知 $M\subset P\mathscr{X}$.

现在,有了 $P\mathscr{X}=M$,P 的幂等性就容易证明了. 事实上,$\forall\ x\in\mathscr{X}$,因为 $Px\in M$,所以 $Px=\sum_{k=1}^{n}\beta_kx_k$,于是

$$\begin{array}{ccc}P^2x & & Px\\ \| & & \|\\ PPx= & \sum_{k=1}^{n}\beta_kP(x_k)= & \sum_{k=1}^{n}\beta_kx_k\end{array}$$

从此 U 形等式串的两端即知 $P^2x=Px$.

综上所述即知 P 是由 $\mathscr{X}$ 到 M 上的投影算子.

(2) 已知 $P^2=P$,$P\mathscr{X}=M$,要证 $I-P$ 是由 $\mathscr{X}$ 到 $R(I-P)$ 上的投影算子,就是要证

$$(I-P)^2=I-P,\quad(I-P)\mathscr{X}=R(I-P).$$

首先$(I-P)^2=I-2P+P^2 \xlongequal{P^2=P} I-P$；

其次证$(I-P)\mathscr{X}=R(I-P)$. 一方面，

$$(I-P)\mathscr{X} \subset R(I-P)$$

是显然的. 另一方面，

$$\begin{array}{ccc} \forall\ x\in R(I-P) & & x=(I-P)x \\ \Downarrow & & \Uparrow \end{array}$$

$\exists\ x_0$,使得 $x=(I-P)x_0 \Longrightarrow (I-P)x=(I-P)^2x_0=(I-P)x_0=x$

从此 U 形推理串的两端即知 $R(I-P)\subset(I-P)\mathscr{X}$.

综合以上两方面即知

$$R(I-P)=(I-P)\mathscr{X}.$$

(3) 分解 $x=Px+(I-P)x$,其中 $Px\in M$,且

$$(I-P)x\in R(I-P)=N.$$

又如果 $x\in M\cap N$,则

$$\left.\begin{array}{r} x\in M \Longrightarrow Px=x \\ x\in N \Longrightarrow (I-P)x=x \end{array}\right\} \Longrightarrow x=\theta.$$

故有 $\mathscr{X}=M\oplus N$,其中 $N=R(I-P)$.

例 6 若 $\mathscr{X}$ 是 B 空间,$M\subset\mathscr{X}$ 是闭线性子空间,求证:

(1) 若 $\dim(\mathscr{X}/M)<\infty$,则 $\exists\ N\subset\mathscr{X}$, $\dim N<\infty$,使得 $N\cong\mathscr{X}/M$,且 $\mathscr{X}=M\oplus N$;

(2) 若 $\dim M<\infty$,则

$$\mathscr{X}/M\cong R(I-P_M) \quad 且 \quad \mathscr{X}=M\oplus R(I-P_M).$$

证 (1) 若 $\dim(\mathscr{X}/M)=n$,设$[x_1],\cdots,[x_n]$是 $\mathscr{X}/M$ 上的一组基,任取

$$x_k\in[x_k] \quad (k=1,2,\cdots,n),$$

则$\{x_k\}$线性无关. 事实上,若

$$c_1x_1+c_2x_2+\cdots+c_nx_n=\theta,$$

则有
$$[c_1x_1+c_2x_2+\cdots+c_nx_n]=[\theta],$$

即
$$c_1[x_1]+c_2[x_2]+\cdots+c_n[x_n]=[\theta].$$

因为$[x_1],\cdots,[x_n]$是 $\mathscr{X}/M$ 上的一组基,所以

$$c_1 = c_2 = \cdots = c_n = 0.$$

又因为$[x_k] \neq [\theta]$,所以

$$x_k \notin M \quad (k = 1,2,\cdots,n).$$

于是,若令 $N=\mathrm{span}\{x_1,x_2,\cdots,x_n\}$,则有 $N\cap M=\{\theta\}$.

下证 $N\cong\mathscr{X}/M$. 令

$$\tau: x=\sum_{k=1}^{n}\alpha_k x_k \longmapsto \sum_{k=1}^{n}\alpha_k[x_k],$$

则有

$$\mathscr{X}/M=\mathrm{span}\{[x_1],[x_2],\cdots,[x_n]\} \underset{\tau^{-1}}{\overset{\tau}{\rightleftarrows}} N=\mathrm{span}\{x_1,x_2,\cdots,x_n\}$$

τ 的连续性:由$\|\tau x\|=\|[x]\|\leqslant\|x\|$得出 τ 是连续算子.

τ 是单射:

$$\tau x=0 \Longrightarrow [x]=[\theta] \Longrightarrow x\in N\cap M \Longrightarrow x=\theta.$$

τ 是满射:$\forall\ [x] = \sum_{k=1}^{n}\alpha_k[x_k] \in \mathscr{X}/M$,

$$\tau\Big(\underbrace{\sum_{k=1}^{n}\alpha_k x_k}_{\in N}\Big) = [x].$$

根据逆算子定理,τ^{-1}存在连续,故 $N\cong\mathscr{X}/M$.

进一步,令 $Px=\tau^{-1}[x]$($\forall\ x\in\mathscr{X}$),则有

$$Px_k = \tau^{-1}[x_k] = x_k. \tag{1}$$

对 $\forall\ x\in\mathscr{X}$, $[x] = \sum_{k=1}^{n}\alpha_k[x_k]$,

$$Px=\tau^{-1}[x]=\sum_{k=1}^{n}\alpha_k x_k\in N,$$

由(1)式,有

$$\begin{array}{ccc} P^2x & & Px \\ \| & & \| \\ \sum_{k=1}^{n}\alpha_k Px_k & = & \sum_{k=1}^{n}\alpha_k x_k \end{array}$$

从此 U 形等式串的两端即知 P 是幂等算子. 又显然 $R(P)=N$,故 P

为由 $\mathscr{X}$ 到 N 上的投影算子. 下面改写 $P=P_N$. 于是 $N=R(P_N)$. 又

$$\begin{array}{ccc} x \in M & & x \in R(I-P_N) \\ \Updownarrow & & \Updownarrow \\ [x]=[\theta] & \Longleftrightarrow P_N x=\tau^{-1}[x]=\theta \Longleftrightarrow & (I-P_N)x=x \end{array}$$

从此 U 形推理串的两端即知 $M=R(I-P_N)$. 于是,由例 5(3)知

$$\mathscr{X}=R(P_N)\oplus R(I-P_N)=N\oplus M.$$

(2) 只要将(1)中的 $\mathscr{X}/M$ 与 M 互换即可得证.

例 7 若 $\mathscr{X}$ 是 B 空间,$A\in\mathfrak{C}(\mathscr{X})$,$T=I-A$,则在代数与拓扑同构意义下,有

$$N(T)\oplus\mathscr{X}/N(T)=\mathscr{X}=R(T)\oplus\mathscr{X}/R(T).$$

证 因为 $A\in\mathfrak{C}(\mathscr{X})$,$T=I-A$,所以,由本节定理 10(3),$\dim N(T)<\infty$;并由本节定理 3,$R(T)$闭. 进一步,有

$$\begin{array}{ccc} \dim\mathscr{X}/R(T) & & \infty \\ \| & & \vee \\ \operatorname{codim}R(T) & \xlongequal{\text{本节定理 }10(5)} & \dim N(T) \end{array}$$

从此 U 形等式-不等式串的两端即知

$$\dim\mathscr{X}/R(T)<\infty.$$

于是,在例 6(1)中,令 $M=R(T)$,便有

$$\mathscr{X}=R(T)\oplus\mathscr{X}/R(T).$$

在例 6(2)中,令 $M=N(T)$,便有

$$\mathscr{X}=N(T)\oplus\mathscr{X}/N(T).$$

例 8 如果 M 是 B^*空间 $\mathscr{X}$ 的闭子空间,求证:

$$^{\perp}(M^{\perp})=M.$$

证 根据$^{\perp}(M^{\perp})$的定义,

$$x\in {}^{\perp}(M^{\perp})\Longleftrightarrow\langle f,x\rangle=0\quad(\forall\, f\in M^{\perp}).$$

一方面,$\forall\, x\in M, f\in M^{\perp}$,都有$\langle f,x\rangle=0$,因此 $M\subseteq{}^{\perp}(M^{\perp})$.

另一方面,要证$^{\perp}(M^{\perp})\subseteq M$,只要证

$$\forall\, x_1\in\mathscr{X}\setminus M\Longrightarrow x_1\notin{}^{\perp}(M^{\perp}).$$

事实上,任意给定 $x_1\in\mathscr{X}\setminus M$. 因为 M 是 $\mathscr{X}$ 的闭子空间,所以

$$d(x_1,M) \xlongequal{\text{def}} \inf_{z\in M}\|x_1 - z\| > 0.$$

根据第二章§4 定理 6,存在 $f\in\mathscr{X}^*$,使得

$$\begin{cases} f(x_1) = d(x_1,M), \\ \|f\| = 1, \\ f(x) = 0\ (\forall\ x\in M),\ 即\ f\in M^{\perp}. \end{cases}$$

因为 $f(x_1)\neq 0$,所以 $x_1\notin {}^{\perp}(M^{\perp})$.

综合以上两方面得到

$${}^{\perp}(M^{\perp}) = M.$$

例 9 如果 $S\subset\mathscr{X}$,M 是由 S 张成的闭子空间,求证: $M^{\perp}=S^{\perp}$,并且 $M={}^{\perp}(S^{\perp})$.

证 因为 M 闭,据例 8,本题第二个论断 $M={}^{\perp}(S^{\perp})$,是第一个论断 $M^{\perp}=S^{\perp}$的结果.

至于第一个论断,一方面,因为 $S\subseteq M$,所以显然有

$$M^{\perp}\subseteq S^{\perp}.$$

另一方面,如果 $f\in S^{\perp}$,那么

$$\langle f,x\rangle = 0,\quad \forall\ x\in S.$$

对 $\forall\ x\in M$,因为 M 是由 S 张成的闭子空间,所以 $\exists\ x_n\in S$,使得 $x_n\to x$,于是,由 f 的连续性,令 $n\to\infty$,

$$\langle f,x_n\rangle = 0 \Longrightarrow \langle f,x\rangle = 0 \Longrightarrow f\in M^{\perp}.$$

故有 $S^{\perp}\subseteq M^{\perp}$.

综合以上两方面得到 $M^{\perp}=S^{\perp}$.

例 10 设 $\mathscr{X},\mathscr{Y}$ 是 B^* 空间,$T\in\mathscr{L}(\mathscr{X},\mathscr{Y})$,求证: $R(T)=N(T^*)^{\perp}$的充分必要条件是 $R(T)$在 $\mathscr{Y}$ 中闭.

证 首先我们证明 ${}^{\perp}R(T)=N(T^*)$. 事实上,

$$\begin{array}{ccc} f\in{}^{\perp}R(T) & & f\in N(T^*) \\ \Big\Updownarrow & & \Big\Updownarrow \\ \langle f,Tx\rangle = 0(\forall\ x\in\mathscr{X}) & \Longleftrightarrow & \langle T^*f,x\rangle = 0(\forall\ x\in\mathscr{X}) \end{array}$$

从此 U 形推理串的两端即知 ${}^{\perp}R(T)=N(T^*)$.

进一步,若 $R(T)$在 $\mathscr{Y}$ 中闭,在例 8 中取 $M=R(T)$,则有

$$N(T^*)^{\perp} = [{}^{\perp}R(T)]^{\perp} = R(T).$$

反过来,若 $R(T) = N(T^*)^{\perp}$,则有

$$\overline{R(T)} = [{}^{\perp}R(T)]^{\perp} = N(T^*)^{\perp},$$

故有 $R(T) = \overline{R(T)}$,即 $R(T)$在 $\mathscr{Y}$ 中闭.

例 11 设 $\mathscr{X}$,$\mathscr{Y}$ 是 Banach 空间,$T \in \mathscr{L}(\mathscr{X},\mathscr{Y})$,$R(T)$在 $\mathscr{Y}$ 中闭. 求证: $R(T^*) = {}^{\perp}N(T)$.

证 首先证明 $R(T^*) \subset {}^{\perp}N(T)$. 这就是说,对任意给定的 $f \in R(T^*)$,要证明该 $f \in {}^{\perp}N(T)$,就是要证

$$\langle f, x\rangle = 0, \quad \forall\ x \in N(T). \tag{1}$$

事实上,对该 $f \in R(T^*)$,按定义,$\exists\ y^* \in \mathscr{Y}^*$,使得 $T^*y^* = f$. 所以对 $\forall\ x \in N(T)$,有 $Tx = 0$,从而

$$\begin{array}{ccc} \langle f, x\rangle & & 0 \\ \| & & \| \\ \langle T^*y^*, x\rangle & = & \langle y^*, Tx\rangle \end{array}$$

从此 U 形等式串的两端即知(1)式成立.

反过来,要证明 ${}^{\perp}N(T) \subset R(T^*)$. 为此,任取 $x^* \in {}^{\perp}N(T)$,作 $R(T)$上的线性泛函

$$r^*(y) = x^*(x) \quad (\text{当 } y = Tx \text{ 时}),$$

则 $r^*(y)$的值是唯一确定的. 事实上,当 $y = \theta$ 时,因为 $y = Tx$,所以 $x = \theta$,即 $x \in N(T)$. 而 $x^* \in {}^{\perp}N(T)$,故 $x^*(x) = 0$. 这表明 $r^*(y)$在 $y = \theta$ 的值是唯一确定的,因此在任何点处的值也唯一确定.

下面证明 r^* 在 $R(T)$上是有界的. 事实上,$\forall\ z \in N(T)$,

$$r^*(y) = x^*(x) = x^*(x - z) \Longrightarrow |r^*(y)| \leqslant \|x^*\|\,\|x - z\|,$$

两边对 $z \in N(T)$取下确界,即知

$$|r^*(y)| \leqslant \|x^*\|\, d(x, N(T)). \tag{2}$$

进一步,因为 $R(T)$闭,根据第二章 § 3 例 14(3),$\exists\ a > 0$,使得

$$d(x, N(T)) \leqslant a\,\|Tx\| = a\,\|y\|. \tag{3}$$

联合(1),(2)式即得

$$|r^*(y)| \leqslant a\,\|x^*\|\,\|y\|.$$

这样,我们便证明了 r^* 是子空间 $R(T)$上的有界线性泛函.

根据 Hahn-Banach 定理,可将 r^* 延拓到整个空间 $\mathscr{Y}$ 上. 用 y^* 表示延拓后的泛函,则 $y^*\in\mathscr{Y}^*$,且满足

$$\langle y^*,Tx\rangle = x^*(x),\quad \forall\, x\in\mathscr{X}. \tag{4}$$

由共轭算子的定义,有

$$\langle y^*,Tx\rangle = \langle T^*y^*,x\rangle,\quad \forall\, x\in\mathscr{X}. \tag{5}$$

联合(4),(5)式即得

$$\langle T^*y^*,x\rangle = x^*(x),\quad \forall\, x\in\mathscr{X}.$$

故 $x^*=T^*y^*$,也就是 $x^*\in R(T^*)$.

§3 紧算子的谱理论(Riesz-Schauder 理论)

基本内容

紧算子的谱

定理 1 设 $A\in\mathfrak{C}(\mathscr{X})$,则

(1) $0\in\sigma(A)$,除非 $\dim\mathscr{X}<\infty$;

(2) $\sigma(A)\setminus\{0\}=\sigma_p(A)\setminus\{0\}$;

(3) $\sigma_p(A)$至多以 0 为聚点.

注 由此定理可知,对于无穷维 B 空间上的紧算子 A,只有三种可能情形:

(1) $\sigma(A)=\{0\}$;

(2) $\sigma(A)=\{0,\lambda_1,\lambda_2,\cdots,\lambda_n\}$;

(3) $\sigma(A)=\{0,\lambda_1,\lambda_2,\cdots,\lambda_n,\cdots\}$,其中 $\lambda_n\to 0$.

不变子空间

定义 2 设 $\mathscr{X}$ 是一个 B 空间,$A\in\mathscr{L}(\mathscr{X})$,$M\subset\mathscr{X}$ 是一个线性子空间,M 称为 A 的**不变子空间**,是指 $A(M)\subset M$.

命题 3 设 $\mathscr{X}$ 是一个 B 空间,$A\in\mathscr{L}(\mathscr{X})$,则

(1) $\{\theta\}$和 $\mathscr{X}$ 是 A 的不变子空间(平凡);

(2) M 是 A 的不变子空间$\Longrightarrow\overline{M}$ 是 A 的不变子空间;

(3) 如果 $\lambda\in\sigma_p(A)$,即 λ 是 A 的本征值,则 $N(\lambda I-A)$是 A 的不变子空间;

(4) 对 $\forall\ y\in\mathscr{X}$,设 $P(t)$是任一多项式,$L_y\xlongequal{\text{def}}P(A)y$,则 L_y 是 A 的不变子空间.

定理 4 如果 $\dim\mathscr{X}\geqslant 2$,则对 $A\in\mathfrak{C}(\mathscr{X})$,$A$ 必有非平凡的不变子空间.

紧算子的结构

定理 5 存在非负整数 p,使得 $\mathscr{X}=N(T^p)\bigoplus R(T^p)$,并且 $T_1\xlongequal{\text{def}}T|_{R(T^p)}$有线性有界逆算子.

定义 6 称使得 $N(T^k)=N(T^{k+1})$成立的最小整数 p 为**零链长**,记为 $p(T)$;称使得 $R(T^k)=R(T^{k+1})$成立的最小整数 q 为**像链长**,记为 $q(T)$.

定理 7 若 $T=I-A,A\in\mathfrak{C}(\mathscr{X})$,则 $p=q<\infty$(p,q 见定义 6).

典型例题精解

例 1 给定数列$\{a_n\}_{n=1}^{\infty}$,在空间 l^1 上定义算子 A 如下:

$$A(x_1,x_2,\cdots)=(a_1x_1,a_2x_2,\cdots),\quad \forall\ x=(x_1,x_2,\cdots)\in l^1.$$

求证:(1) $A\in\mathscr{L}(l^1)$的充分必要条件是 $\sup\limits_{n\geqslant 1}|a_n|<\infty$;

(2) $A^{-1}\in\mathscr{L}(l^1)$的充分必要条件是 $\inf\limits_{n\geqslant 1}|a_n|>0$;

(3) $A\in\mathfrak{C}(l^1)$的充分必要条件是 $\lim\limits_{n\to\infty}a_n=0$.

证 (1) 先证充分性. 事实上,一方面,因为

$$\|Ax\|=\sum_{k=1}^{\infty}|a_kx_k|\leqslant\sup_{n\geqslant 1}|a_n|\,\|x\|,$$

所以
$$\|A\|\leqslant\sup_{n\geqslant 1}|a_n|.$$

另一方面,取

$$\delta^{(n)}\xlongequal{\text{def}}(\overbrace{0,\cdots,0,1}^{n\text{个}},0,0,\cdots)\in l^1,\quad \|\delta^{(n)}\|=1,$$

则有
$$\|A\|\geqslant\|A\delta^{(n)}\|=|a_n|\quad(n=1,2,\cdots),$$

所以$\|A\|\geqslant\sup\limits_{n\geqslant 1}|a_n|$.

综合以上两方面,即得$\|A\|=\sup\limits_{n\geqslant 1}|a_n|$.

再证必要性. 用反证法. 假定 $\sup\limits_{n\geqslant 1}|a_n|=\infty$,要证 $A\notin\mathscr{L}(l^1)$. 为此

只需证明$\|Ax\|$在 l^1 的单位球上无界. 事实上,取

$$\delta^{(n)} \xlongequal{\text{def}} (\overbrace{0,0,0,1}^{n\text{个}},0,0,\cdots) \in l^1, \quad \|\delta^{(n)}\| = 1,$$

则有

$$\|A\delta^{(n)}\| = |a_n| \quad (n = 1,2,\cdots),$$

$$\sup_{\|x\|=1} \|Ax\| \geqslant \|A\delta^{(n)}\| = |a_n|.$$

两端对 n 取上确界,即知

$$\sup_{\|x\|=1} \|Ax\| \geqslant \sup_{n\geqslant 1} |a_n| = \infty.$$

由此可见,$\|Ax\|$在 l^1 的单位球上无界. 这与 $A\in\mathscr{L}(l^1)$矛盾.

(2) 先证充分性. 事实上,因为 $\inf\limits_{n\geqslant 1}|a_n|>0$,所以

$$|a_n| > 0 \quad (n = 1,2,\cdots).$$

在空间 l^1 上定义算子 B 如下:

$$B(x_1,x_2,\cdots) = (a_1^{-1}x_1,a_2^{-1}x_2,\cdots),$$

$$\forall\ x = (x_1,x_2,\cdots) \in l^1,$$

则显然 $AB=BA=I$,故 $A^{-1}=B$. 根据第(1)小题,

$$\|A^{-1}\| = \|B\| = \sup_{n\geqslant 1}|a_n^{-1}| = \frac{1}{\inf\limits_{n\geqslant 1}|a_n|},$$

故 A^{-1}有界.

再证必要性. 事实上,若 A^{-1}存在且有界,则 $\exists\ m>0$,使得

$$\|Ax\| \geqslant m\,\|x\|, \quad \forall\ x \in l^1.$$

特别对

$$\delta^{(n)} \xlongequal{\text{def}} (\overbrace{0,\cdots,0,1}^{n\text{个}},0,0,\cdots) \in l^1, \quad \|\delta^{(n)}\| = 1,$$

有

$$\|A\delta^{(n)}\| \geqslant m\,\|\delta^{(n)}\|,$$

即

$$|a_n| \geqslant m(n = 1,2,\cdots) \Longrightarrow \inf_{n\geqslant 1}|a_n| > 0.$$

(3) 先证充分性,即假定 $\lim\limits_{n\to\infty}a_n=0$,要证 $A\in\mathfrak{C}(l^1)$.

证法 1　对 $\forall\ n\in\mathbb{N}$,定义算子 A_n 如下:

$$A_n(x_1,x_2,\cdots) = (\underbrace{a_1x_1,a_2x_2,\cdots,a_nx_n}_{n\text{个}},0,0,\cdots),$$

$$\forall\ x = (x_1,x_2,\cdots) \in l^1.$$

显然 A_n 为 $l^1 \to l^1$ 中的有穷秩算子,故为紧算子.

又因为 $\lim\limits_{n\to\infty} a_n = 0$,所以对 $\forall\ \varepsilon > 0, \exists\ N$,使得

$$|a_n| < \varepsilon,\quad \forall\ n > N.$$

故当 $n > N$ 时,对 $\forall\ x = (x_1,x_2,\cdots) \in l^1$,有

$$\begin{array}{ccc} \|A_nx - Ax\| & & \varepsilon\|x\| \\ \| & & \| \\ \left(\sum\limits_{k=n+1}^{\infty} |a_kx_k|^2\right)^{\frac{1}{2}} & < & \varepsilon\left(\sum\limits_{k=n+1}^{\infty} |x_k|^2\right)^{\frac{1}{2}} \end{array}$$

从此 U 形等式-不等式串的两端即知

$$\|A_n - A\| < \varepsilon,$$

即 $\lim\limits_{n\to\infty} \|A_n - A\| = 0$,所以 $A \in \mathfrak{C}(l^1)$.

证法 2　因为 $\lim\limits_{n\to\infty} a_n = 0$,所以 $\sup\limits_{n\geqslant 1} |a_n| < \infty$;令

$$M = \max\{1, \sup_{n\geqslant 1} |a_n|\},$$

并对 $\forall\ \varepsilon > 0, \exists\ N$,使得当 $n > N$ 时,

$$|a_n| < \frac{\varepsilon}{2M}.$$

因为有限维空间中的闭单位球是紧集,所以

$$S \xlongequal{\text{def}} \left\{ x = (\underbrace{x_1,x_2,\cdots,x_N}_{N\text{个}},0,0,\cdots) \,\middle|\, \sum_{k=1}^{N} |x_k| \leqslant 1 \right\}$$

是紧集,故 S 上必存在有限$\dfrac{\varepsilon}{2M}$网,设之为

$$x^{(i)} = (\underbrace{x_1^{(i)},x_2^{(i)},\cdots,x_N^{(i)}}_{N\text{个}},0,0,\cdots),\quad i = 1,2,\cdots,m,$$

则有

$$S \subset \bigcup_{i=1}^{m} B\left(x^{(i)}, \frac{\varepsilon}{2M}\right).$$

下面证明

$$Ax^{(i)} = (\underbrace{Ax_1^{(i)},Ax_2^{(i)},\cdots,Ax_N^{(i)}}_{N\text{个}},0,0,\cdots)\quad (i = 1,2,\cdots,m)$$

是 $AB(\theta,1)$的有限 ε 网,即

$$AB(\theta,1) \subset \bigcup_{i=1}^{m} B(Ax^{(i)},\varepsilon).$$

事实上, $\forall x=(x_1,x_2,\cdots)\in B(\theta,1)$,令

$$x^{(s)} = (\underbrace{x_1,x_2,\cdots,x_N}_{N\text{个}},0,0,\cdots),$$

则 $x^{(s)}\in S$,并且

$$\|Ax - Ax^{(s)}\| = \sum_{k=N+1}^{\infty} |a_k x_k| \leqslant \sup_{k\geqslant N+1} |a_k|$$

$$\leqslant \frac{\varepsilon}{2M} \leqslant \frac{\varepsilon}{2}. \tag{1}$$

进一步,对此 $x^{(s)}$,$\exists$ $x^{(i)}(1\leqslant i\leqslant m)$,使得

$$\|x^{(s)} - x^{(i)}\| < \frac{\varepsilon}{2M},$$

从而

$$\|Ax^{(s)} - Ax^{(i)}\| \leqslant M\|x^{(s)} - x^{(i)}\| < \frac{\varepsilon}{2}. \tag{2}$$

联合(1),(2)式即得

$$\|Ax - Ax^{(i)}\| \leqslant \|Ax - Ax^{(s)}\| + \|Ax^{(s)} - Ax^{(i)}\| < \frac{\varepsilon}{2} + \frac{\varepsilon}{2} = \varepsilon.$$

故 $AB(\theta,1)$为 l^1 中的列紧集,即 A 为紧算子.

再证必要性.这就是要证,如果 A 为紧算子,那么

$$\lim_{n\to\infty} a_n = 0.$$

用反证法.如果 $\lim\limits_{n\to\infty} a_n\neq 0$,则 $\exists$ $\varepsilon_0>0$ 及$\{a_n\}$的子序列$\{a_{n_k}\}$,使得$|a_{n_k}|\geqslant\varepsilon_0>0$.令

$$e_{n_k} = (\overbrace{0,\cdots,0,1}^{n_k\text{个}},0,0,\cdots) \in l^1,$$

则$\{e_{n_k}\}$为 l^1 中的有界点列,但是

$$\|Ae_{n_k} - Ae_{n_{k+l}}\| = (|a_{n_k}|^2 + |a_{n_{k+l}}|^2)^{\frac{1}{2}} \geqslant \varepsilon_0 > 0, \quad \forall\, k \neq l.$$

因此$\{Ae_{n_k}\}$没有基本列,从而没有收敛列,于是 A 不是紧算子,矛盾.这说明 A 为紧算子,必有 $\lim\limits_{n\to\infty} a_n=0$.

例 2 在空间 l^1 上定义算子 A 如下：

$$A(x_1,x_2,x_3,\cdots)=\left(x_1,\frac{1}{2}x_2,\frac{1}{3}x_3,\cdots\right),\quad \forall\ x=(x_1,x_2,x_3,\cdots)\in l^1,$$

求 $\sigma(A)$，并判别谱点类型.

解 (1) 根据例 1 中(3)即知，$A\in\mathfrak{C}(l^1)$，再根据本节定理 1，则有

$$0\in\sigma(A).$$

我们进一步判定 $0\in\sigma_c(A)$. 事实上，从

$$A(x_1,x_2,x_3,\cdots)=\left(x_1,\frac{1}{2}x_2,\frac{1}{3}x_3,\cdots\right)=0,$$

即知

$$x_k=0\ (k=1,2,\cdots)\Longrightarrow x=0.$$

故 A^{-1}存在.

进一步，要证 $R(A)\neq\mathscr{X}$，用反证法. 如果 $R(A)=\mathscr{X}$，又 A^{-1}存在，根据逆算子定理，A^{-1}有界，但是根据例 1(2)，$\inf\limits_{n\geqslant 1}\left\{\frac{1}{n}\right\}=0\Longrightarrow A^{-1}$无界，矛盾.

最后，还要证 $\overline{R(A)}=\mathscr{X}$. 令

$$S=\{x=(\underbrace{x_1,x_2,\cdots,x_n}_{n\text{个}},0,0,\cdots)\mid\forall\ n\in\mathbb{N}\},$$

显然 S 是 l^1 的一个稠密子集，并且 $\forall\ y=(\underbrace{y_1,y_2,\cdots,y_n}_{n\text{个}},0,0,\cdots)\in S$，方程 $Ax=y$ 有解

$$x=(\underbrace{y_1,2y_2,\cdots,ny_n}_{n\text{个}},0,0,\cdots),$$

所以 $S\subset R(A)$，故 $\overline{R(A)}=\mathscr{X}$.

(2) 当 $\lambda=\frac{1}{n}$时，取

$$\delta^{(n)}\xlongequal{\text{def}}(\overbrace{0,\cdots,0,1}^{n\text{个}},0,0,\cdots)\in l^1,$$

满足

$$\left(\frac{1}{n}I-A\right)\delta^{(n)}=\theta,\quad \delta^{(n)}\neq\theta.$$

由此可见，$\frac{1}{n}\in\sigma_p(A)\ (n=1,2,\cdots)$.

(3) 由 $Ax=\lambda x(x\neq\theta)$，得$(\lambda I-A)x=\theta$，即

$$(\lambda I - A)(x_1, x_2, \cdots) = \left((\lambda - 1)x_1, \left(\lambda - \frac{1}{2}\right)x_2, \cdots \right) = \theta.$$

如果 $\lambda \neq \frac{1}{n}$，则有

$$x_k = 0 \ (k = 1, 2, \cdots) \Longrightarrow x = \theta.$$

即当 $\lambda \neq \frac{1}{n}$ 时，$N(\lambda I - A) = \{\theta\}$.

进一步，当 $\lambda \neq \frac{1}{n}$，$\lambda \neq 0$ 时，由 $\forall \ \{y_n\} \in l^1$，有

$$(\lambda I - A)(x_1, x_2, \cdots) = (y_1, y_2, \cdots),$$

即

$$\left((\lambda - 1)x_1, \left(\lambda - \frac{1}{2}\right)x_2, \cdots \right) = (y_1, y_2, \cdots)$$

$$\Longrightarrow \left(\lambda - \frac{1}{n}\right)x_n = y_n$$

$$\Longrightarrow x_n = \frac{y_n}{\lambda - \frac{1}{n}} \ (n = 1, 2, \cdots).$$

由此可见，$R(\lambda I - A) = l^1$.

更进一步，从

$$\left(\lambda - \frac{1}{n}\right)x_n = y_n \quad \left(\lambda \neq \frac{1}{n}, \lambda \neq 0\right)$$

即知

$$\inf_{n \geqslant 1} \left| \lambda - \frac{1}{n} \right| = \lim_{n \to \infty} \left| \lambda - \frac{1}{n} \right| = |\lambda| > 0,$$

根据例 1(2)可知，当 $\lambda \neq \frac{1}{n}$，$\lambda \neq 0$ 时，$(\lambda I - A)^{-1}$有界，故有 $\lambda \in \rho(A)$.

例 3 空间 l^1 上定义算子 T 如下：

$$T(x_1, x_2, x_3, \cdots) = \left(0, x_1, \frac{1}{2}x_2, \frac{1}{3}x_3, \cdots\right),$$

$$\forall \ x = (x_1, x_2, x_3, \cdots) \in l^1.$$

求证：$\sigma(T) = \sigma_r(T) = \{0\}$.

证 设 K 是空间 l^1 上的右推移算子，A 是例 2 中定义的算子. 因为 $K \in \mathscr{L}(l^1)$，$A \in \mathfrak{C}(l^1)$，所以，根据第四章 §1 命题 2(6)，有 $T = KA \in \mathfrak{C}(l^1)$. 再根据本节定理 1(1)，有 $0 \in \sigma(T)$. 又因为

$$Tx = 0 \Longrightarrow \frac{1}{n} x_n = 0 \Longrightarrow x_n = 0 (n = 1,2,\cdots) \Longrightarrow x = \theta,$$

所以 $0 \notin \sigma_p(T)$.

再注意到,对 $\forall\ x \in l^1$,Tx 的第一个坐标$(Tx)_1 = 0$,所以 $\overline{R(T)} \neq l^1$,故 $0 \in \sigma_r(T)$.

进一步考查 $\lambda \neq 0$. 如果 $\lambda \in \sigma(T)$,根据本节定理 1(2)有 $\lambda \in \sigma_p(T)$,那么必 $\exists\ x \in l^1, x \neq \theta$,使得 $Tx = \lambda x$,即

$$\left(0, x_1, \frac{1}{2}x_2, \frac{1}{3}x_3, \cdots\right) = (\lambda x_1, \lambda x_2, \lambda x_3, \cdots). \tag{1}$$

因为 $\lambda \neq 0$,所以

$$\lambda x_1 = 0 \Longrightarrow x_1 = 0. \tag{2}$$

此外,由(1)式还可推得递推公式:

$$x_{n+1} = \frac{1}{n\lambda} x_n \quad (n = 1,2,\cdots). \tag{3}$$

联合(2),(3)式即得

$$x_n = 0 \quad (n = 1,2,3,\cdots) \Longrightarrow x = \theta.$$

由此可见 $\lambda \notin \sigma_p(T)$,也因此 $\sigma(T) = \sigma_r(T) = \{0\}$.

例 4 在 $C[0,1]$中,考虑映射

$$T: x(t) \longmapsto \int_0^t x(s)\mathrm{d}s, \quad \forall\ x(t) \in C[0,1].$$

(1) 求证: T 是紧算子;

(2) 求 $\sigma(T)$及 T 的一个非平凡的闭不变子空间.

证 (1) 我们将

$$T: x(t) \longmapsto \int_0^t x(s)\mathrm{d}s, \quad \forall\ x(t) \in C[0,1]$$

改写成:

$$Tx = \int_0^1 k(s,t) x(s)\mathrm{d}s,$$

其中

$$k(s,t) = \begin{cases} 1, & 0 \leqslant s \leqslant t \leqslant 1, \\ 0, & 0 \leqslant t < s \leqslant 1. \end{cases}$$

此时存在 $k_n(s,t) \in C([0,1]\times[0,1])$,使得

$$k_n(x,t) \xrightarrow{L^2} k(s,t).$$

对 $T_n x = \int_0^1 k_n(s,t)x(s)\mathrm{d}s$, $T_n \in \mathfrak{C}(C[0,1])$,有

$$\|T_n x - Tx\|^2 \qquad\qquad\qquad\qquad 0$$

$$\| \qquad\qquad\qquad\qquad\qquad \uparrow$$

$$\int_0^1 \left| \int_0^1 (k_n(x,t) - k(s,t)x(s)\mathrm{d}s) \right|^2 \mathrm{d}t \leqslant \|x\|^2 \int_0^1 \int_0^1 |k_n(s,t) - k(s,t)|^2 \mathrm{d}s\mathrm{d}t$$

由此可见,$T_n \rightrightarrows T$,从而 $T \in \mathfrak{C}(C[0,1])$.

解 (2) 考虑 $R(T)$,根据 Tx 定义,有

$$R(T) = \{y(t) \in C^1[0,1] \mid y(0) = 0\},$$

$$Tx = 0 \Longrightarrow x = 0 \Longrightarrow \exists\, T^{-1}.$$

又

$$1 \notin \overline{R(T)} \Longrightarrow 0 \in \sigma_r(T);$$

$$Tx = \int_0^t x(s)\mathrm{d}s,$$

$$T^2 x = \int_0^t \mathrm{d}u \int_0^u x(s)\mathrm{d}s = \int_0^t x(s)\mathrm{d}s \int_s^t \mathrm{d}u$$

$$= \int_0^t (t-s)x(s)\mathrm{d}s,$$

....

$$T^2 x \qquad\qquad \int_0^t (t-s)x(s)\mathrm{d}s$$

$$\| \qquad\qquad\qquad\qquad \|$$

$$\int_0^t \mathrm{d}u \int_0^u x(s)\mathrm{d}s = \int_0^t x(s)\mathrm{d}s \int_s^t \mathrm{d}u$$

由上述 U 形等式串及数学归纳法得

$$T^n x = \frac{1}{(n-1)!} \int_0^t (t-s)^{n-1} x(s)\mathrm{d}s,$$

$$\|T^n x\| \leqslant \frac{1}{(n-1)!} \max_{t \in [0,1]} \left| \int_0^t (t-s)^{n-1} x(s)\mathrm{d}s \right|$$

$$\leqslant \frac{1}{(n-1)!} \|x\| \Longrightarrow \|T^n\| \leqslant \frac{1}{(n-1)!},$$

故有

$$\lim_{n\to\infty}\|T^n\|^{\frac{1}{n}}=0\Longrightarrow\sigma(T)=\{0\},\quad \sigma(T)=\sigma_r(T)=\{0\}.$$

最后,设 $P[0,1]$是$[0,1]$上的多项式全体,它显然是 T 的一个非平凡的闭不变子空间.

例 5 设 $x_0\in\mathscr{X}$,$f\in\mathscr{X}^*$,满足$\langle f,x_0\rangle=1$,令 $A=x_0\otimes f$,并且 $T=I-A$,求 T 的零链长 p.

解 注意到

$$A=x_0\otimes f\Longleftrightarrow Ax=\langle f,x\rangle x_0,\quad A\in\mathfrak{C}(\mathscr{X}),\ x\in\mathscr{X}.$$

一方面,

$$Tx=(I-A)x=x-\langle f,x\rangle x_0=\theta\Longrightarrow x=\langle f,x\rangle x_0=\{x_0\}.$$

另一方面,因为 $Ax_0=\langle f,x_0\rangle x_0=x_0$,所以

$$x\in\{x_0\}\Longrightarrow x=kx_0\Longrightarrow Tx=(I-A)kx=\theta,$$

故有 $N(T)=\{x_0\}$.

又因为

$$A^2x=\langle f,x\rangle Ax_0=\langle f,x\rangle x_0=Ax,$$

所以

$$T^2x=(I-2A+A^2)x=(I-A)x=Tx.$$

由此即知

$$N(T)=N(T^2)\Longrightarrow p=1.$$

例 6 设 $\mathscr{X}$,$\mathscr{Y}$ 是两个 B 空间,$T\in\mathscr{L}(\mathscr{X},\mathscr{Y})$是满射. 定义 $\mathscr{X}/N(T)\to\mathscr{Y}$ 如下:

$$\widetilde{T}[x]=Tx\quad(\forall\ [x]\in\mathscr{X}/N(T),\forall\ x\in[x]).$$

求证: $\widetilde{T}$ 是线性同胚映射.

证 显然 $R(\widetilde{T})=R(T)=\mathscr{Y}$,并且 $\widetilde{T}$ 还是线性有界的,满足 $N(\widetilde{T})=\{[\theta]\}$. 由逆算子定理,$\widetilde{T}^{-1}\in\mathscr{L}(\mathscr{Y},\mathscr{X}/N(T))$. 故 $\widetilde{T}$ 是线性同胚映射.

例 7 设算子 $T\in\mathscr{L}(\mathscr{X})$. 求证:

(1) 对于 $i,j=0,1,2,\cdots$,T^i 映 $N(T^{i+j})$到 $R(T^i)\cap N(T^j)$是一个线性的满射;

(2) 对于 $i,j=0,1,2,\cdots$,$N(T^{i+j})/N(T^j)$与 $R(T^i)\cap N(T^j)$之间

存在一个线性同胚映射；

(3) 设算子 T 的零链长为 p，则 $p\leqslant m$ 的充分必要条件是：对于 $j=1,2,\cdots$，有

$$N(T^{m+j})/N(T^m)=\{[\theta]\}.$$

(4) 设算子 T 的零链长为 p，则 $p\leqslant m$ 的充分必要条件是：对于 $j=1,2,\cdots$，有

$$R(T^m)\cap N(T^j)=\{\theta\}.$$

证 (1) 对固定的 $i,j,\forall x\in N(T^{i+j})$，有

$$\theta=T^{i+j}x=T^j(T^ix)\xlongequal{y=T^ix}T^jy\Longrightarrow y\in N(T^j),$$

故

$$T^i: x\in N(T^{i+j})\longmapsto y\in R(T^i)\cap N(T^j).$$

反过来，若 $y\in R(T^i)\cap N(T^j)$，则存在 $x\in\mathscr{X}$，使得

$$\begin{cases}y=T^ix,\\\theta=T^jy,\end{cases}$$

从而 $x\in N(T^{i+j})$，故

$$T^i: x\in N(T^{i+j})\longmapsto y\in R(T^i)\cap N(T^j)$$

还是一个满射.

(2) 根据第(1)小题和例 6，如果我们定义

$$S: N(T^{i+j})/N(T^j)\to R(T^i)\cap N(T^j),$$

通过

$$S[x]=T^ix,$$

便建立 $N(T^{i+j})/N(T^j)$ 与 $R(T^i)\cap N(T^j)$ 之间的一个线性同胚映射.

(3) 先证：由 $N(T^{m+j})/N(T^m)=\{\theta\}\Longrightarrow p\leqslant m$. 用反证法，假如 $m<p$，则 T 的零链形如：

$$N(T^m),\ N(T^{m+1}),\ \cdots,\ N(T^p),\ \cdots.$$

这时，对于 $j=1,2,\cdots$，$N(T^m)$ 是 $N(T^{m+j})$ 的真子空间，即 $\exists\ x\in N(T^{m+j})$，但是 $x\notin N(T^m)$，这样 $[x]\neq[\theta]$，这与 $N(T^{m+j})/N(T^m)=\{[\theta]\}$ 矛盾.

再证：由 $p\leqslant m\Longrightarrow N(T^{m+j})/N(T^m)=\{[\theta]\}$. 这时，因为

$$N(T^p)=N(T^{p+1})=\cdots=N(T^m)=N(T^{m+j}),$$

所以

$$N(T^{m+j})/N(T^m) = \{[\theta]\}.$$

(4) 联合(2),(3)即得结论.

§4 Hilbert-Schmidt 定理

基本内容

在复 Hilbert 空间上,有一类有界线性算子,它们是对称矩阵的推广,称为对称算子,定义如下:

定义 1 设 $A\in\mathscr{L}(\mathscr{H})$,称它是**对称的**,是指

$$(Ax,y) = (x,Ay) \quad (\forall\ x,y \in \mathscr{H}).$$

在 $A\in\mathscr{L}(\mathscr{H})$的前提下,对称算子又称为**自共轭算子**,或**自伴算子**.

命题 2 关于 $\mathscr{H}$ 上的对称算子,有下列基本性质:

(1) 为了 A 对称,必须且仅须$(Ax,x)\in\mathbb{R}^1(\forall\ x\in\mathscr{H})$;

(2) A 对称$\Longrightarrow\sigma(A)\subset\mathbb{R}^1$,且$\|(\lambda I-A)^{-1}x\|\leqslant\dfrac{1}{|\mathrm{Im}\lambda|}\|x\|$;

(3) 设 $\mathscr{H}_1$ 是 $\mathscr{H}$ 的一个闭不变子空间,A 是 $\mathscr{H}$ 上的对称算子,则 $A|_{\mathscr{H}_1}$也是 $\mathscr{H}_1$ 上的对称算子;

(4) 如果 A 对称,$\lambda,\lambda'\in\sigma_p(A)$,$\lambda\neq\lambda'$,则

$$N(\lambda I - A) \perp N(\lambda' I - A),$$

也就是属于不同本征值的本征元正交;

(5) 若 A 对称,则$\|A\|=\sup\limits_{\|x\|=1}|(Ax,x)|$.

定理 3 设 A 是复 Hilbert 空间 $\mathscr{H}$ 上的对称紧算子,则必有 $x_0\in\mathscr{H}$,$\|x_0\|=1$,使得

$$|(Ax_0,x_0)| = \sup_{\|x\|=1}|(Ax,x)|,$$

并且满足 $Ax_0=\lambda x_0$,其中$|\lambda|=|(Ax_0,x_0)|$.

注 如果$\|A\|=\sup\limits_{\|x\|=1}|(Ax,x)|=\sup\limits_{\|x\|=1}(-Ax,x)$,将会得到$-\|A\|$是 A 的本征值.

定理 4 设 A 是复 Hilbert 空间 $\mathscr{H}$ 上的紧对称算子,则

(1) 有至多可数个不同的非零的、只可能以 0 为聚点的实本征值

$$\{\lambda_1,\lambda_2,\cdots,\lambda_n\cdots\};$$

(2) 有一组正交规范基$\{e_1,e_2,\cdots,e_n,\cdots\}$，其中 e_i 是对应于 λ_i 的本征元，使得

$$\begin{cases} x = \sum_{i=1}^{\infty}(x,e_i)e_i, \\ Ax = \sum_{i=1}^{\infty}\lambda_i(x,e_i)e_i. \end{cases}$$

注 1 可以将非零本征值按绝对值递减的顺序编号，并约定本征值的重数是几，就把本征值接连编上几个号使之相对应着几个正交规范基，即排成$|\lambda_1|\geqslant|\lambda_2|\geqslant\cdots$，于是

$$A = \sum_{i=1}^{\infty}\lambda_i e_i \otimes e_i,$$

更确切地有

$$\left\| A - \sum_{i=1}^{n}\lambda_i e_i \otimes e_i \right\| \leqslant |\lambda_{n+1}| \to 0 \quad (n \to \infty).$$

注 2 定理 4 表明：对称紧算子可以对角化，它的本征值具有极值性质：

$$|\lambda_n| = \sup_{\substack{x \perp \operatorname{span}\{e_1,\cdots,e_{n-1}\} \\ \|x\|=1}} |(Ax,x)| \quad (n = 1,2,\cdots),$$

其中 $e_1,e_2,\cdots,e_{n-1}$是对应于 $\lambda_1,\lambda_2,\cdots,\lambda_{n-1}$的本征元.

定理 5(极小极大刻画) 设 A 是 Hilbert 空间 $\mathscr{H}$ 上的紧对称算子，对应有本征值

$$\lambda_1^+ \geqslant \lambda_2^+ \geqslant \cdots \geqslant 0,$$

$$\lambda_1^- \geqslant \lambda_2^- \geqslant \cdots < 0,$$

则

$$\lambda_n^+ = \inf_{E_{n-1}} \sup_{\theta \neq x \in E_{n-1}^{\perp}} \frac{(Ax,x)}{(x,x)},$$

$$\lambda_n^- = \sup_{E_{n-1}} \inf_{\theta \neq x \in E_{n-1}^{\perp}} \frac{(Ax,x)}{(x,x)},$$

其中 E_{n-1}是 $\mathscr{H}$ 的任意 $n-1$ 维闭线性子空间.

推论 6 若 Hilbert 空间上的两个对称紧算子 A,B，满足 $A\leqslant B$，即

$$(Ax,x) \leqslant (Bx,x) \quad (\forall\ x \in \mathscr{H}),$$

则 $\lambda_j^+(A)\leqslant\lambda_j^+(B)$ $(j=1,2,\cdots)$.

典型例题精解

例 1 设$\{a_{ij}\}$ $(i,j=1,2,\cdots)$满足 $\sum\limits_{i,j=1}^{\infty}|a_{ij}|^2<\infty$, 在 l^2 空间上,定义映射

$$A: x=(x_1,x_2,\cdots)\longmapsto y=(y_1,y_2,\cdots),$$

其中 $y_i \xlongequal{\text{def}} \sum\limits_{j=1}^{\infty}a_{ij}x_j$. 求证:

(1) A 是 Hilbert 空间 $\mathscr{H}$ 上的紧算子;

(2) 又若 $a_{ij}=\bar{a}_{ji}$ $(i,j=1,2,\cdots)$,则 A 是对称紧算子.

证 先来验证: 任取 $x\in l^2$, Ax 有意义. 事实上,由 Holder 不等式,知级数 $\sum\limits_{j=1}^{\infty}a_{ij}x_j$ 对每一个 i 都收敛. 又

$$\begin{array}{ccc}
\|y\|^2 & & \sum\limits_{i=1}^{\infty}\left(\sum\limits_{j=1}^{\infty}|a_{ij}|^2\right)\left(\sum\limits_{j=1}^{\infty}|x_j|^2\right) \\
\| & & \rotatebox{90}{$\leqslant$} \\
\sum\limits_{i=1}^{\infty}|y_i|^2= & & \sum\limits_{i=1}^{\infty}\left|\sum\limits_{j=1}^{\infty}a_{ij}x_j\right|^2
\end{array}$$

从此 U 形等式-不等式串的两端即知 $y\in l^2$.

现在证明 A 的列紧性. 设 $K\subset l^2$ 是任一有界集,那么存在一常数 $M>0$,使得$\|x\|\leqslant M(\forall\ x\in K)$. 因为 $\sum\limits_{i,j=1}^{\infty}|a_{ij}|^2<\infty$, 所以对 $\forall\ \varepsilon>0$, 存在正整数 $N(\varepsilon)$,使得

$$\sum_{i=N+1}^{\infty}\sum_{j=1}^{\infty}|a_{ij}|^2<\left(\frac{\varepsilon}{M}\right)^2,$$

因此

$$\begin{aligned}
\sum_{i=N+1}^{\infty}|y_i|^2&=\sum_{i=N+1}^{\infty}\left|\sum_{j=1}^{\infty}a_{ij}x_j\right|^2 \\
&\leqslant\sum_{i=N+1}^{\infty}\left(\sum_{j=1}^{\infty}|a_{ij}|^2\right)\left(\sum_{j=1}^{\infty}|x_j|^2\right)
\end{aligned}$$

$$\leqslant \left(\frac{\varepsilon}{M}\right)^2 \|x\|^2 \leqslant \varepsilon^2.$$

这表明 $y=Ax(x\in K)$中,形如

$$(y_1,y_2,\cdots,y_N,0,0,\cdots)$$

的元全体是$A(K)$的 ε 网,但若 $y_1,y_2,\cdots,y_N$ 是 $y=Ax$ 的前 N 个坐标,那么点集

$$B \xlongequal{\text{def}} \{(y_1,y_2,\cdots,y_N,0,0,\cdots)\}$$

在 l^2 空间内有界,而且包含在一个有限维子空间内,故是列紧集. 即 $A(K)$有列紧的 ε 网,于是 $A(K)$列紧.

例 2 设 $A\in\mathscr{L}(\mathscr{H})$,求证: AA^*,A^*A 都是对称算子,并且

$$\|AA^*\| = \|A^*A\| = \|A\|^2.$$

证 (1) 因为

$$(AA^*x,y) = (A^*x,A^*y) = (x,AA^*y),$$
$$(A^*Ax,y) = (Ax,Ay) = (x,A^*Ay),$$

所以 AA^*,A^*A 是对称算子.

(2) 因为

$$(AA^*x,y) = (A^*x,A^*y) \xRightarrow{y=x} (AA^*x,x) = \|A^*x\|^2,$$

所以

$$\|AA^*\| = \sup_{\|x\|=1} |(AA^*x,x)| = \sup_{\|x\|=1} \|A^*x\|^2$$
$$= \|A^*\|^2 = \|A\|^2.$$

(3) 因为

$$(A^*Ax,y) = (Ax,Ay) \xRightarrow{y=x} (Ax,Ax) = \|Ax\|^2,$$

所以

$$\|A^*A\| = \sup_{\|x\|=1} |(A^*Ax,x)| = \sup_{\|x\|=1} \|Ax\|^2 = \|A\|^2.$$

例 3 设 $A\in\mathscr{L}(\mathscr{H})$,满足$(Ax,x)\geqslant 0\ (\forall\ x\in\mathscr{H})$,且$(Ax,x)=0 \Longleftrightarrow x=\theta$,求证:

$$\|Ax\|^2 \leqslant (Ax,x)\,\|A\| \quad (\forall\ x\in\mathscr{H}).$$

证 由第一章 §6 命题 5,有

$$|(Ax,y)|^2 \leqslant (Ax,x)(Ay,y).$$

在此不等式中,令 $y=Ax$,便得

$$\begin{aligned}\|Ax\|^4 &\leqslant (Ax,x)(A^2x,Ax)\\ &\leqslant (Ax,x)\,\|A^2x\|\,\|Ax\|\\ &\leqslant (Ax,x)\,\|A\|\,\|Ax\|^2,\end{aligned}$$

由此即知

$$\|Ax\|^2 = \frac{\|Ax\|^4}{\|Ax\|^2} \leqslant (Ax,x)\,\|A\|.$$

例 4 设 A 是 Hilbert 空间 $\mathscr{H}$ 上的对称紧算子,

$$m(A) \xlongequal{\text{def}} \inf_{\|x\|=1}(Ax,x), \quad M(A) \xlongequal{\text{def}} \sup_{\|x\|=1}(Ax,x),$$

求证:

(1) 如果 $m(A)\neq 0$,则 $m(A)\in\sigma_p(A)$;

(2) 如果 $M(A)\neq 0$,则 $M(A)\in\sigma_p(A)$.

证 因为 A 是对称紧算子,所以

$$\sigma(A)\setminus\{0\} = \sigma_p(A)\setminus\{0\} \subset \mathbb{R}.$$

对于 $\forall\ \lambda\in\sigma_p(A)$, $\exists\ x_\lambda$,使得 $Ax_\lambda=\lambda x_\lambda$, $\|x_\lambda\|=1$. 于是 $(Ax_\lambda,x_\lambda)=\lambda$,由此推出

$$m \xlongequal{\text{记为}} m(A) \leqslant \lambda \leqslant M(A) \xlongequal{\text{记为}} M.$$

先看 $M>m\geqslant 0$ 情形. 在这种情形下,我们有 $\|A\|=M$.

事实上,显然有 $M\leqslant\|A\|$. 下证 $\|A\|\leqslant M$. 注意到恒等式:

$$\begin{array}{ccc}
\begin{array}{l}(A(u+v),u+v)\\ -(A(u-v),u-v)\end{array} & & 4(Au,v)\\
\| & & \|\\
\begin{array}{l}(Au+Av,u+v)\\ -(Au-Av,u-v)\end{array} & = & \begin{array}{r}(Au,u)+(Au,v)+(Av,u)\\ +(Av,v)-(Au,u)+(Au,v)\\ +(Av,u)-(Av,v)\end{array}
\end{array}$$

由上述 U 形等式串,对 $\forall\lambda>0$,有

$$\begin{aligned}\|Ax\|^2 &= \left(\lambda Ax,\frac{1}{\lambda}Ax\right) \xlongequal[v=\frac{1}{\lambda}Ax]{u=\lambda x} (Au,v)\\ &= \frac{1}{4}[(A(u+v),u+v)-(A(u-v),u-v)]\end{aligned}$$

$$\leqslant \frac{1}{4}M(\|u+v\|^2+\|u-v\|^2)$$

$$=\frac{1}{2}M(\|u\|^2+\|v\|^2)$$

$$=\frac{1}{2}M\left(\lambda^2\|x\|^2+\frac{1}{\lambda^2}\|Ax\|^2\right).$$

取 $\lambda=\sqrt{\dfrac{\|Ax\|}{\|x\|}}$,则有

$$\|Ax\|^2\leqslant \frac{1}{2}M\left(\frac{\|Ax\|}{\|x\|}\|x\|^2+\frac{\|x\|}{\|Ax\|}\|Ax\|^2\right)=M\|x\|\|Ax\|.$$

由此得到$\|Ax\|\leqslant M\|x\|\Longrightarrow\|A\|\leqslant M$,从而$\|A\|=M$得证.

再由 M 的定义,$\exists\ x_n\in\mathscr{H}$,$\|x_n\|=1$,使得$(Ax_n,x_n)\to M$,于是

$$\begin{aligned}0&\leqslant\|Ax_n-Mx_n\|^2\\&=\|Ax_n\|^2-2M(Ax_n,x_n)+M^2\|x_n\|^2\\&\leqslant\|A\|^2-2M(Ax_n,x_n)+M^2\to 0,\end{aligned}$$

从而有 $\lim\limits_{n\to\infty}(Ax_n-Mx_n)=0$. 又因为 A 是紧算子,所以$\{Ax_n\}$必有收敛子列$\{Ax_{n_k}\}$,此时

$$Mx_n=Ax_n-(Ax_n-Mx_n)\Longrightarrow x_{n_k}=\frac{1}{M}[Ax_{n_k}-(Ax_{n_k}-Mx_{n_k})]$$

也收敛. 设 $x_{n_k}\to x_0$,则有 $Ax_{n_k}-Mx_{n_k}\to\theta$,故有

$$\begin{array}{ccc}Mx_n=Ax_n-(Ax_n-Mx_n) & & M\in\sigma_p(A)\\ \Downarrow & & \Uparrow\\ Mx_{n_k}=Ax_{n_k}-(Ax_{n_k}-Mx_{n_k}) & \overset{k\to\infty}{\Longrightarrow} & Mx_0=Ax_0\end{array}$$

对于一般情形,考虑 $A_k=A-kI$,取 k 为绝对值足够大的负数,使得 $M_k>m_k>0$,则有 $M_k\in\sigma_p(A_k)$,即 $\exists\ x_0\neq\theta$,使得

$$\begin{array}{ccc}A_kx_0=M_kx_0 & & M\in\sigma_p(A)\\ \Downarrow & & \Uparrow\\ (A-kI)x_0=(M-k)x_0 & \Longrightarrow & Ax_0=Mx_0\end{array}$$

最后,由于$-m(A)=M(-A)\in\sigma_p(-A)$,故有

$$m(A) \in \sigma_p(A).$$

例 5 设 A 是 Hilbert 空间 $\mathscr{H}$ 上的对称紧算子. 求证：

(1) 如果 $A \neq 0$,则 A 至少有一个非零的本征值.

(2) 若 M 是 A 的非零不变子空间,则 M 上必含有 A 的本征元.

证 (1) 由命题 2(5),即$\|A\| = \sup\limits_{\|x\|=1} |(Ax,x)|$,由此可见 $\exists\ x_n \in \mathscr{H}$,$\|x_n\|=1$,使得$|(Ax_n,x_n)| \to \|A\|$. 不妨设$(Ax_n,x_n) \to \lambda$,其中$|\lambda| = \|A\| > 0$(如果需要可选收敛子列,$\{b_n\}$收敛$\Longrightarrow \exists\ b_{n_k}$收敛). 下证 $\lambda \in \sigma_p(A)$. 因为

$$\begin{aligned} 0 &\leqslant \|(\lambda I - A)x_n\|^2 \\ &= \|Ax_n\|^2 - 2\lambda(Ax_n,x_n) + \lambda^2 \\ &\leqslant 2\lambda^2 - 2\lambda(Ax_n,x_n) \to 0, \end{aligned}$$

所以

$$\lim_{n\to\infty} \|(\lambda I - A)x_n\| = 0 \Longrightarrow (\lambda I - A)x_n \to 0.$$

又因为 $\lambda \neq 0$,A 是紧算子,所以存在子列$\{x_{n_k}\}$,使得 $Ax_{n_k} \to z$,于是

$$\lambda x_{n_k} = (\lambda I - A)x_{n_k} + Ax_{n_k} \to z.$$

故

$$\|z\| = \lim_{k\to\infty} \|\lambda x_{n_k}\| = |\lambda| > 0 \Longrightarrow z \neq 0.$$

由连续性有

$$0 = \lim_{k\to\infty} (\lambda I - A)x_{n_k} = (\lambda I - A)\frac{z}{\lambda},$$

所以 $z \in N(\lambda I - A)$,即得 $\lambda \in \sigma_p(A)$.

(2) 注意到 $A|_M$ 还是对称紧算子,如果 $A|_M = 0$,则 $0 \in \sigma_p(A|_M)$,M 上的任何非零元素都是 A 的属于零本征值的特征元. 如果 $A|_M \neq 0$,用(1)的结果即得结论.

例 6 求证：为了 $P \in \mathscr{L}(\mathscr{H})$是一个正交投影算子,必须且仅须：

(1) P 是对称的,即 $P = P^*$；

(2) P 是幂等的,即 $P^2 = P$.

证 *必要性* 已知 $P \in \mathscr{L}(\mathscr{H})$是一个正交投影算子,由正交分解定理,对 $\forall\ x,y \in \mathscr{H}$,有分解：

$$x = x_M + x_{M^\perp} \quad (x_M \in M, x_{M^\perp} \in M^\perp),$$
$$y = y_M + y_{M^\perp} \quad (y_M \in M, y_{M^\perp} \in M^\perp).$$
由 P 的定义,$x_M = Px, y_M = Py$,因此有
$$(Px, y) = (x_M, y_M + y_{M^\perp}) = (x_M, y_M) = (x, Py).$$
所以 P 是对称算子.

下证 $P^2 = P$(即 P 是幂等的). 对 $\forall\ x \in \mathscr{X}$,
$$Px = x_M \in M, \quad P^2 x = P x_M = x_M = Px.$$

充分性　首先 $M \overset{\text{def}}{=\!=} P\mathscr{X}$ 是闭的. 事实上,
$$Px_n \to y \Longrightarrow P^2 x_n \to Py \overset{P^2=P}{\Longrightarrow} Px_n \to Py,$$
$$\begin{cases} Px_n \to y \\ Px_n \to Py \end{cases} \Longrightarrow y = Py \in P\mathscr{X}.$$

其次,P 是 $\mathscr{X} \to M$ 的正交投影算子. 事实上,对 $\forall\ x \in \mathscr{X}$,
$$x = Px + (I-P)x, \quad Px \in M.$$
下证 $(I-P)x \in M^\perp$,即要证 $\forall\ y \in \mathscr{X}$, $((I-P)x, Py) = 0$,也就是要证: $\forall\ y \in \mathscr{X}$,
$$(x, Py) = (Px, Py).$$
而这正是 P 的幂等性和对称性的结果:
$$(x, Py) = (x, P^2 y) = (x, PPy) = (Px, Py).$$

例 7　求证: 为了 $P \in \mathscr{L}(\mathscr{H})$ 是一个正交投影算子,必须且仅须:
$$(Px, x) = \|Px\|^2 \quad (\forall\ x \in \mathscr{H}).$$

证　必要性　事实上,P 是正交投影算子,由上例即知 $P^2 = P = P^*$,故有
$$(Px, x) = (P^2 x, x) = (Px, Px) = \|Px\|^2, \quad \forall x \in \mathscr{H}.$$

充分性　由命题 2(1)知
$$A \text{ 对称} \Longleftrightarrow (Ax, x) \in \mathbb{R}^1, \quad \forall x \in \mathscr{H},$$
现在有 $(Px, x) = \|Px\|^2 \geqslant 0$,当然 P 对称.(由内积共轭性有 $(Px, x) = (x, Px)$)最后证 P 幂等: 事实上,由已证的对称性,有
$$\begin{array}{ccc} (Px, x) & & (P^2 x, x) \\ \| & & \| \\ \|Px\|^2 & = & (Px, Px) \end{array}$$

从此 U 形等式串的两端即知

$$((P-P^2)x,x)=0 \quad (\forall x\in \mathscr{H}).$$

根据第一章 § 6 例 1(极化恒等式),即有

$$((P-P^2)x,y)=0\ (\forall\ x,y\in \mathscr{H})\Longrightarrow P=P^2.$$

§ 5　对椭圆型方程的应用

基本内容

对于边值问题的应用

定理 1　若方程

$$\begin{cases}-\Delta u+U(x)u=f(x)\ (x\in\Omega),\\ u|_{\partial\Omega}=0\end{cases}\tag{1}$$

的齐次方程只有零解,则 $\forall\ f\in L^2(\Omega)$,方程(1)存在唯一的弱解;否则,方程(1)的齐次方程至多有有穷个线性无关的弱解,设它们为 ϕ_1,$\cdots,\phi_n$. 这时,当且仅当

$$\int_\Omega f\phi_i\mathrm{d}x=0\quad (i=1,2,\cdots,n)$$

时,方程(1)有解,且解空间的维数是 n.

对于特征值问题的应用

定理 2　方程

$$\begin{cases}-\Delta u+U(x)u=\lambda u\ (x\in\Omega),\\ u|_{\partial\Omega}=0\end{cases}\tag{2}$$

的本征值都是实的,而且有可数个 $\lambda_1\leqslant\lambda_2\leqslant\cdots\leqslant\lambda_j\leqslant\cdots$,适合 $\lambda_j\to+\infty$,并且它们对应的本征函数构成空间 $H_0^1(\Omega)$的完备正交集.

典型例题精解

例 1　设 $a_i(x)\in C^1(\Omega)$ $(i=1,2,\cdots,n)$,$U(x)\in C(\Omega)$,其中 Ω 是 $\mathbb{R}^n$ 中的边界光滑的有界开区域,讨论下列边值问题:

$$\begin{cases}-\Delta u+\displaystyle\sum_{i=1}^n\partial_{x_i}(a_i(x)u)+U(x)u=f(x)\ (x\in\Omega),\\ u|_{\partial\Omega}=0.\end{cases}$$

解 要找 $u\in H_0^1(\Omega)$，满足弱解问题：

$$\int_\Omega\Big[\nabla u\cdot\nabla v-\sum_{i=1}^n a_i(x)u\partial_{x_i}v+U(x)uv\Big]\mathrm{d}x=\int_\Omega fv\mathrm{d}x,$$

$$\forall\ v\in H_0^1(\Omega).$$

设 $\lambda_0>0$ 充分大待定，这个弱解问题等价于

$$\int_\Omega\Big[\nabla u\cdot\nabla v-\sum_{i=1}^n a_i(x)u\partial_{x_i}v+(U(x)+\lambda_0)uv\Big]\mathrm{d}x-\lambda_0\int_\Omega uv\mathrm{d}x$$

$$=\int_\Omega fv\mathrm{d}x,\quad \forall\ v\in H_0^1(\Omega).$$

令

$$a(u,v)=\int_\Omega\Big[\nabla u\cdot\nabla v-\sum_{i=1}^n a_i(x)u\partial_{x_i}v+(U(x)+\lambda_0)uv\Big]\mathrm{d}x,$$

$$\forall\ u,v\in H_0^1(\Omega).$$

由 Poincaré 不等式，$\int_\Omega|\nabla u|^2\mathrm{d}x\geqslant\alpha\|u\|_1^2$，$\forall\ u\in H_0^1(\Omega)$，由此有

$$\Big|\int_\Omega\sum_{i=1}^n a_i(x)u\partial_{x_i}u\mathrm{d}x\Big|\leqslant M_1\|u\|_0\|u\|_1=\frac{M_1}{\sqrt{\alpha}}\|u\|_0\cdot\sqrt{\alpha}\|u\|_1$$

$$\leqslant M\|u\|_0^2+\frac{\alpha}{2}\|u\|_1^2,$$

$$|a(u,v)|\geqslant\frac{\alpha}{2}\|u\|_1^2+\overbrace{(U(x)+\lambda_0-M)}^{\geqslant 0,\lambda_0>0}\|u\|_0^2\geqslant\frac{\alpha}{2}\|u\|_1^2.$$

当 $\lambda_0>0$ 充分大时，$a(u,v)$ 满足：

(1) 有界性：$|a(u,v)|\leqslant C\|u\|_1\|v\|_1$，$\forall\ u,v\in H_0^1(\Omega)$；

(2) 正则性：$|a(u,v)|\geqslant\delta\|u\|_1^2$，$\forall\ u\in H_0^1(\Omega)$.

应用第二章 §3 定理 19(Lax-Milgram 定理)，即知存在唯一的 $A\in\mathscr{L}(H_0^1(\Omega))$，使得

$$a(u,v)=(Au,v),\quad \forall\ u,v\in H_0^1(\Omega),$$

$$A^{-1}\in\mathscr{L}(H_0^1(\Omega)),\quad \|A^{-1}\|\leqslant\frac{1}{\delta}\ (\delta>0).$$

有了 A 之后，上述问题等价于要找 $u\in H_0^1(\Omega)$，满足弱解问题：

$$(Au,v)-\lambda_0\int_\Omega uv\mathrm{d}x=\int_\Omega fv\mathrm{d}x,\quad \forall\ v\in H_0^1(\Omega).$$

注意到当 $\lambda_0>0$ 充分大时,$a(u,v)$还满足

(3) $a(u,u)\geqslant 0$;$a(u,u)=0\Longleftrightarrow u=0$,从而 $a(u,u)=(Au,u)$是 $H_0^1(\Omega)$上的一个内积.记

$$(u,v)_{\lambda_0}=(Au,v),\quad \|u\|_{\lambda_0}=\sqrt{(u,u)_{\lambda_0}},$$

有了$(u,v)_{\lambda_0}$之后,上述问题又等价于要找 $u\in H_0^1(\Omega)$,满足弱解问题:

$$(u,v)_{\lambda_0}-\lambda_0\int_\Omega uv\mathrm{d}x=\int_\Omega fv\mathrm{d}x,\quad \forall\, v\in H_0^1(\Omega).$$

进一步,因为

$$\left|\int_\Omega uv\mathrm{d}x\right|\leqslant\|u\|_{L^2}\|v\|_{L^2}\overset{\text{Poincaré}}{\leqslant}C\|u\|_{L^2}\|v\|_{\lambda_0},$$

所以$\int_\Omega uv\mathrm{d}x$ 是 $H_0^1(\Omega)$上的连续线性泛函.由 Riesz 表示定理,存在唯一的 $w\in H_0^1(\Omega)$,使得

$$\int_\Omega uv\mathrm{d}x=(w,v)_{\lambda_0},\quad \forall\, v\in H_0^1(\Omega).$$

定义 K_{λ_0}: $L^2(\Omega)\to H_0^1(\Omega)$为

$$w=K_{\lambda_0}u,\quad \forall\, u\in L^2(\Omega),$$

从而

$$\int_\Omega uv\mathrm{d}x=(K_{\lambda_0}u,v)_{\lambda_0},\quad \forall\, u,v\in H_0^1(\Omega).\tag{1}$$

利用 K_{λ_0},上述问题又等价于要找 $u\in H_0^1(\Omega)$,满足

$$(u,v)_{\lambda_0}-(\lambda_0K_{\lambda_0}u,v)_{\lambda_0}=(K_{\lambda_0}f,v)_{\lambda_0},\quad \forall\, v\in H_0^1(\Omega).$$

去掉内积,即得

$$(I-\lambda_0K_{\lambda_0}\tau)u=K_{\lambda_0}f,\tag{2}$$

其中 τ 是 $H_0^1(\Omega)$到 $L^2(\Omega)$的嵌入算子,即

$$H_0^1(\Omega)\overset{\tau}{\hookrightarrow}L^2(\Omega).$$

下面我们证明:

$$K_{\lambda_0}\in\mathscr{L}(L^2(\Omega),H_0^1(\Omega)),\quad K_{\lambda_0}\in\mathfrak{C}(H_0^1(\Omega)).$$

事实上,在方程(1)中,取 $v=K_{\lambda_0}u$,即得

$$\|K_{\lambda_0}u\|_{\lambda_0}^2\leqslant\|u\|_{L^2}\|K_{\lambda_0}u\|_{L^2}\overset{\text{Poincaré}}{\leqslant}C\|u\|_{L^2}\|K_{\lambda_0}u\|_{\lambda_0}.$$

由此可见，

$$\|K_{\lambda_0}u\|_{\lambda_0} \leqslant C\,\|u\|_{L^2} \Longrightarrow K_{\lambda_0} \in \mathscr{L}(L^2(\Omega), H_0^1(\Omega)).$$

根据 Rellich 定理，$\tau \in \mathfrak{C}(H_0^1(\Omega), L^2(\Omega))$，如图 4.1 所示. 又根据第四章 §1 命题 2(6)，

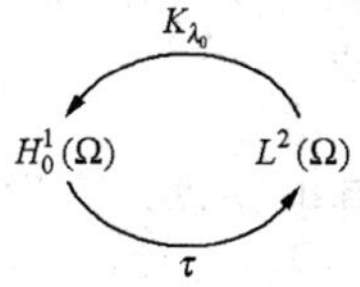

$$K_{\lambda_0}|_{H_0^1(\Omega)} = K_{\lambda_0}\tau \in \mathfrak{C}(H_0^1(\Omega)).$$

图 4.1

令

$$T = I - \lambda_0 K_{\lambda_0}\tau, \quad g = K_{\lambda_0} f,$$

那么方程(2)可改写为

$$Tu = g. \tag{3}$$

算子 T 有下列性质：

性质 1 $T=I-$紧算子.

这是因为

$$\begin{cases} K_{\lambda_0} \in \mathscr{L}(L^2(\Omega), H_0^1(\Omega)) \\ \tau \in \mathfrak{C}(H_0^1(\Omega), L^2(\Omega)) \end{cases} \Longrightarrow K_{\lambda_0}\tau \in \mathfrak{C}(H_0^1(\Omega)).$$

性质 2 $(K_{\lambda_0}\tau)^* = K_{\lambda_0}\tau$ 是自共轭算子.

事实上，

$$(K_{\lambda_0}\tau u, v) = \int_\Omega \tau u \cdot v \mathrm{d}x = \int_\Omega u \cdot \tau v \mathrm{d}x = (u, K_{\lambda_0}\tau v).$$

应用 Riesz-Fredholm 定理，我们有结论：

$$Tu = K_{\lambda_0} f \text{ 有解} \Longleftrightarrow K_{\lambda_0} f \in R(T),$$

$$K_{\lambda_0} f \in R(T) \Longleftrightarrow K_{\lambda_0} f \in N(T^*)^\perp = N(T)^\perp.$$

然而

$$u \in N(T) \Longleftrightarrow u = \lambda_0 K_{\lambda_0}\tau u \Longleftrightarrow (u, v)_{\lambda_0} = \lambda_0 \int_\Omega uv \mathrm{d}x$$

$$(\forall\ v \in H_0^1(\Omega)),$$

$$\int_\Omega \Big[\nabla u \cdot \nabla v - \sum_{i=1}^n a_i(x) u \partial_{x_i} v + U(x) uv\Big] \mathrm{d}x = 0, \quad \forall\ v \in H_0^1(\Omega),$$

即 u 是

$$\begin{cases} -\Delta u + \sum_{i=1}^n \partial_{x_i}(a_i(x)u) + U(x)u = f(x)\ (x \in \Omega), \\ u|_{\partial\Omega} = 0 \end{cases}$$

的齐次方程的弱解.

最后,具体化 $N(T)^{\perp}$.

(1) $N(T)=\{\theta\}$表明,齐次方程只有零解,从而

$$R(T)=N(T)^{\perp}=\mathscr{X}.$$

也就是说,$\forall\ f\in L^2(\Omega)$,方程

$$\begin{cases}-\Delta u+\sum_{i=1}^{n}\partial_{x_i}(a_i(x)u)+U(x)u=f(x)\ (x\in\Omega),\\ u|_{\partial\Omega}=0\end{cases}$$

存在唯一解.

(2) $N(T)\neq\{\theta\}\Longrightarrow\dim N(T)<\infty$. 这结果表明:

$$\begin{cases}-\Delta u+\sum_{i=1}^{n}\partial_{x_i}(a_i(x)u)+U(x)u=f(x)\ (x\in\Omega),\\ u|_{\partial\Omega}=0\end{cases}$$

的齐次方程至多有有穷个线性无关的弱解,设它们为

$$\phi_1,\ \phi_2,\ \cdots,\ \phi_n.$$

这时,当且仅当 $K_{\lambda_0}f\perp N(T)$时,即对 $\forall\phi_j\in N(T)$,有

$$(K_{\lambda_0}f,\phi_i)=0\quad(i=1,2,\cdots,n).$$

而

$$(K_{\lambda_0}f,\phi_i)=\int_{\Omega}f\phi_i\mathrm{d}x,$$

故即当且仅当 $\int_{\Omega}f\phi_i\mathrm{d}x=0\ (i=1,2,\cdots,n)$时,方程

$$\begin{cases}-\Delta u+\sum_{i=1}^{n}\partial_{x_i}(a_i(x)u)+U(x)u=f(x)\ (x\in\Omega),\\ u|_{\partial\Omega}=0\end{cases}$$

有解,且解空间的维数是 $n=\dim N(T)$.

例 2 在上例中,讨论下列本征值问题:

$$\begin{cases}-\Delta u+U(x)u=\lambda u\ (x\in\Omega),\\ u|_{\partial\Omega}=0.\end{cases}$$

解 第一步 转化为相应的弱解问题:求 $u\in H_0^1(\Omega)$,满足

$$\int_{\Omega}[\nabla u\cdot\nabla v+U(x)uv]\mathrm{d}x=\lambda\int_{\Omega}u(x)v(x)\mathrm{d}x\quad(\forall\ v\in H_0^1(\Omega)).$$

记 $\lambda_0=\max\limits_{x\in\Omega}|U(x)|$. 令

$$\|u\|_{\lambda_0}=\left(\int_\Omega[|\nabla u|^2+(U(x)+\lambda_0)u^2]\mathrm{d}x\right)^{\frac{1}{2}}\quad(\forall\ u\in H_0^1(\Omega)).$$

与 $\|\cdot\|_{\lambda_0}$ 相应的内积记为 $(\cdot,\cdot)_{\lambda_0}$,即

$$(u,v)_{\lambda_0}\xlongequal{\text{def}}\int_\Omega[\nabla u\cdot\nabla v+(U(x)+\lambda_0)uv]\mathrm{d}x\quad(\forall\ u,v\in H_0^1(\Omega)).$$

第二步 利用上例中的 $(\cdot,\cdot)_{\lambda_0}$ 和 K_{λ_0} 记号,将弱解问题改写为

$$(u,v)_{\lambda_0}-\lambda_0\int_\Omega uv\mathrm{d}x=\lambda\int_\Omega u(x)v(x)\mathrm{d}x\quad(\forall\ v\in H_0^1(\Omega)),$$

进一步改写为

$$(u,v)_{\lambda_0}=(\lambda_0+\lambda)(K_{\lambda_0}\tau u,v)_{\lambda_0},$$

去掉内积得到算子方程

$$u=(\lambda_0+\lambda)K_{\lambda_0}\tau u.$$

令 $\mu=\dfrac{1}{\lambda_0+\lambda}$,则 $\lambda=\dfrac{1}{\mu}-\lambda_0$. 算子方程可改写为

$$K_{\lambda_0}\tau u=\mu u,$$

其中 $K_{\lambda_0}\tau$ 是紧自共轭算子. 事实上,

$$\begin{cases}K_{\lambda_0}\in\mathscr{L}(L^2(\Omega),H_0^1(\Omega))\\ \tau\in\mathfrak{C}(H_0^1(\Omega),L^2(\Omega))\end{cases}\Longrightarrow K_{\lambda_0}\tau\in\mathfrak{C}(H_0^1(\Omega)).$$

又

$$(K_{\lambda_0}\tau u,v)=\int_\Omega\tau u\cdot v\mathrm{d}x=\int_\Omega u\cdot\tau v\mathrm{d}x=(u,K_{\lambda_0}\tau v),$$

由此可见,$(K_{\lambda_0}\tau)^*=K_{\lambda_0}\tau$,即 $K_{\lambda_0}\tau$ 为自共轭算子.

第三步 应用 $K_{\lambda_0}\tau$ 是紧自共轭算子的性质,得出结论.

首先因为

$$(K_{\lambda_0}\tau u,u)_{\lambda_0}=\int_\Omega\tau u\cdot u\mathrm{d}x=\int_\Omega u^2\mathrm{d}x>0\quad(u\neq\theta),$$

所以 $0\notin\sigma_p(K_{\lambda_0}\tau)$,且若 $\mu_j\in\sigma_p(K_{\lambda_0}\tau)$,则 $\mu_j>0$.

其次,注意到 $H_0^1(\Omega)$ 无穷维,μ_j 可数多个,并且以 0 为聚点. 不妨设

$$\mu_1 \geqslant \mu_2 \geqslant \cdots \geqslant \mu_j \geqslant \cdots > 0,$$

则有

$$\lambda_j = \frac{1}{\mu_j} - \lambda_0 \Longrightarrow \lambda_1 \geqslant \lambda_2 \geqslant \cdots \geqslant \lambda_j \geqslant \cdots \to +\infty.$$

§6 Fredholm 算子

基本内容

定义 1 设 $\mathscr{X}$, $\mathscr{Y}$ 是 Banach 空间, $T \in \mathscr{L}(\mathscr{X}, \mathscr{Y})$ 称为一个 **Fredholm 算子**, 是指:

(1) $R(T)$是闭的;

(2) $\dim N(T) < \infty$;

(3) $\operatorname{codim} R(T) < \infty$.

我们把 $\mathscr{X} \to \mathscr{Y}$ 的所有 Fredholm 算子的全体记做 $\mathscr{F}(\mathscr{X}, \mathscr{Y})$, 特别地, 当 $\mathscr{X} = \mathscr{Y}$ 时, 将其记做 $\mathscr{F}(\mathscr{X})$.

定义 2 设 $\mathscr{X}$, $\mathscr{Y}$ 是 Banach 空间, $T \in \mathscr{L}(\mathscr{X}, \mathscr{Y})$, 令

$$\operatorname{ind}(T) = \dim N(T) - \operatorname{codim} R(T),$$

并称其为 T 的**指标**.

命题 3 设 $\mathscr{X}$ 是 Banach 空间, 若 $A \in \mathfrak{C}(\mathscr{X})$, 则

$$T = I - A \in \mathscr{F}(\mathscr{X}), \quad 并且 \quad \operatorname{ind}(T) = 0.$$

定理 4 (1) 若 $T \in \mathscr{F}(\mathscr{X}, \mathscr{Y})$, 则必有 $S \in \mathscr{L}(\mathscr{Y}, \mathscr{X})$ 以及 $A_1 \in \mathfrak{C}(\mathscr{X})$, $A_2 \in \mathfrak{C}(\mathscr{Y})$, 使得

$$\begin{cases} ST = I_x - A_1, \\ TS = I_y - A_2, \end{cases}$$

其中 I_x, I_y 分别表示 $\mathscr{X}$ 和 $\mathscr{Y}$ 上的恒同算子.

注 有时将

$$\begin{cases} ST = I_x - A_1, \\ TS = I_y - A_2 \end{cases}$$

改写成

$$\begin{cases} ST = I - A_1 \ (\text{on } \mathscr{X}), \\ TS = I - A_2 \ (\text{on } \mathscr{Y}). \end{cases}$$

(2) 如果 $T\in\mathscr{L}(\mathscr{X},\mathscr{Y})$，又有 $R_1,R_2\in\mathscr{L}(\mathscr{Y},\mathscr{X})$ 以及 $A_1\in\mathfrak{C}(\mathscr{X})$，$A_2\in\mathfrak{C}(\mathscr{Y})$，使得

$$R_1T=I_x-A_1,\quad TR_2=I_y-A_2,$$

则 $T\in\mathscr{F}(\mathscr{X},\mathscr{Y})$.

注 1 满足 $R_1T=I_x-A_1$，$TR_2=I_y-A_2$ 的 R_1,R_2 分别称为 T 的左、右正则化子. 在商掉紧算子集 $\mathfrak{C}(\mathscr{X})$（以及 $\mathfrak{C}(\mathscr{Y})$）意义下，它们分别是 T 的左、右逆. 在这个意义下，定理 4(1)表明 Fredholm 算子是 $\mathscr{L}(\mathscr{Y},\mathscr{X})$ 中模 $\mathfrak{C}(\mathscr{X})$（及 $\mathfrak{C}(\mathscr{Y})$）的可逆算子.

注 2 从定理 4(2)可知，若 R 同时是 T 的左、右正则化子，则 R 本身也是 Fredholm 算子.

特别是由此推出：若 $T\in\mathscr{F}(\mathscr{X},\mathscr{Y})$，则 $\exists\ S\in\mathscr{F}(\mathscr{Y},\mathscr{X})$ 以及 $A_1\in\mathfrak{C}(\mathscr{X})$，$A_2\in\mathscr{L}(\mathscr{Y})$，使得

$$ST=I_x-A_1,\quad TS=I_y-A_2$$

成立.

定理 5 若 $T_1\in\mathscr{F}(\mathscr{X},\mathscr{Y})$，$T_2\in\mathscr{F}(\mathscr{Y},\mathscr{Z})$，则

$$T_2T_1\in\mathscr{F}(\mathscr{X},\mathscr{Z}),$$

且有指标公式

$$\mathrm{ind}(T_2T_1)=\mathrm{ind}(T_1)+\mathrm{ind}(T_2).$$

定理 6 若 $T\in\mathscr{F}(\mathscr{X},\mathscr{Y})$，则 $\exists\ \varepsilon>0$，使得当 $U\in\mathscr{F}(\mathscr{X},\mathscr{Y})$，且 $\|U\|<\varepsilon$ 时，

$$T+U\in\mathscr{F}(\mathscr{X},\mathscr{Y}),$$

且有指标公式 $\mathrm{ind}(T+U)=\mathrm{ind}(T)$.

典型例题精解

例 1 设 $\mathscr{X},\mathscr{Y}$ 是 Banach 空间，$T\in\mathscr{F}(\mathscr{X},\mathscr{Y})$，$A\in\mathfrak{C}(\mathscr{X},\mathscr{Y})$，求证：

(1) $T+A\in\mathscr{F}(\mathscr{X},\mathscr{Y})$；

(2) $\mathrm{ind}(T+A)=\mathrm{ind}(T)$.

证 (1) 因为 $T\in\mathscr{F}(\mathscr{X},\mathscr{Y})$，根据定理 4(1)，$\exists\ S\in\mathscr{L}(\mathscr{Y},\mathscr{X})$ 以及 $A_1\in\mathfrak{C}(\mathscr{X})$，$A_2\in\mathfrak{C}(\mathscr{Y})$，使得

$$ST = I_x - A_1, \quad TS = I_y - A_2.$$

又因为 $A \in \mathfrak{C}(\mathscr{X}, \mathscr{Y})$，所以

$$\begin{array}{ccc} S(T+A) & & I_x - \widetilde{A}_1 \\ \| & & \| \\ ST + SA = I_x - A_1 + SA & = & I_x - (A_1 - SA) \end{array}$$

其中 $\widetilde{A}_1 = A_1 - SA \in \mathfrak{C}(\mathscr{X})$；而

$$\begin{array}{ccc} (T+A)S & & I_y - \widetilde{A}_2 \\ \| & & \| \\ TS + AS = I_y - A_2 + AS & = & I_y - (A_2 - AS) \end{array}$$

其中 $\widetilde{A}_2 = A_2 - AS \in \mathfrak{C}(\mathscr{Y})$.

综上所述，根据定理 4(2)，有 $T + A \in \mathscr{F}(\mathscr{X}, \mathscr{Y})$.

(2) 从

$$ST = I_x - A_1, \quad TS = I_y - A_2$$

即知，S 同时是 T 的左、右正则化子，从定理 4(2)的注 2，可知 S 本身也是 Fredholm 算子，并根据定理 5 和命题 3，有

$$\mathrm{ind}(ST) = \mathrm{ind}(S) + \mathrm{ind}(T) = 0;$$

同理

$$S(T+A) = I_x - \widetilde{A}_1, \quad (T+A)S = I_y - \widetilde{A}_2,$$

表明 S 同时是 $T+A$ 的左、右正则化子，故有

$$\mathrm{ind}(S(T+A)) = \mathrm{ind}(S) + \mathrm{ind}(T+A) = 0.$$

联立

$$\begin{cases} \mathrm{ind}(S) + \mathrm{ind}(T) = 0, \\ \mathrm{ind}(S) + \mathrm{ind}(T+A) = 0 \end{cases} \Longrightarrow \mathrm{ind}(T) = \mathrm{ind}(T+A).$$

例 2 设 $\mathscr{X}, \mathscr{Y}$ 是 Banach 空间，若存在

$$T_1 \in \mathscr{L}(\mathscr{X}, \mathscr{Y}), \quad T_2 \in \mathscr{L}(\mathscr{Y}, \mathscr{Z}),$$

使得 $T_2 T_1 \in \mathscr{F}(\mathscr{X}, \mathscr{Z})$，求证：

$$T_1 \in \mathscr{F}(\mathscr{X}, \mathscr{Y}) \Longleftrightarrow T_2 \in \mathscr{F}(\mathscr{Y}, \mathscr{Z}).$$

证 首先假设 $T_1 \in \mathscr{F}(\mathscr{X}, \mathscr{Y})$，则根据定理 4(2)的注 2 知，$\exists\, S \in \mathscr{F}(\mathscr{Y}, \mathscr{X})$ 以及 $A_2 \in \mathfrak{C}(\mathscr{Y})$，使得

$$T_1 S = I_y - A_2$$

成立.两边左乘 T_2 便得到:

$$T_2T_1S = T_2 - T_2A_2. \tag{1}$$

注意到由§1命题2(6)有 $T_2A_2 \in \mathfrak{C}(\mathscr{Y},\mathscr{Z})$,并且又由假设知 $T_2T_1 \in \mathscr{F}(\mathscr{X},\mathscr{Z})$,根据定理5便可推出

$$T_2T_1S \in \mathscr{F}(\mathscr{Y},\mathscr{Z}).$$

于是,根据例1(1),由等式(1)即知

$$T_2 \in \mathscr{F}(\mathscr{Y},\mathscr{Z}).$$

其次,假设 $T_2 \in \mathscr{F}(\mathscr{Y},\mathscr{Z})$,则根据定理4(2)的注2知,$\exists\, S \in \mathscr{F}(\mathscr{Z},\mathscr{Y})$以及 $A_2 \in \mathfrak{C}(\mathscr{Y})$,$A_3 \in \mathfrak{C}(\mathscr{Z})$,使得

$$ST_2 = I_y - A_2.$$

两边右乘 T_1 便得到:

$$ST_2T_1 = T_1 - A_2T_1,$$

即 $T_1 = ST_2T_1 + A_2T_1$.注意到 $A_2T_1 \in \mathfrak{C}(\mathscr{X},\mathscr{Y})$,并由假设,$T_2T_1 \in \mathscr{F}(\mathscr{X},\mathscr{Z})$,因此,$ST_2T_1 \in \mathscr{F}(\mathscr{X},\mathscr{Y})$.于是根据例1(1),

$$T_1 \in \mathscr{F}(\mathscr{X},\mathscr{Y}).$$

例3 设 $\mathscr{X},\mathscr{Y}$ 是Banach空间,$T \in \mathscr{F}(\mathscr{X},\mathscr{Y})$,求证:

(1) $T^* \in \mathscr{F}(\mathscr{Y}^*,\mathscr{X}^*)$;

(2) $\mathrm{ind}(T^*) = -\mathrm{ind}(T)$.

证 (1) 因为 $T \in \mathscr{F}(\mathscr{X},\mathscr{Y})$,所以,根据定理4(1),存在

$$S \in \mathscr{L}(\mathscr{Y},\mathscr{X}), \quad A_1 \in \mathfrak{C}(\mathscr{X}), \quad A_2 \in \mathfrak{C}(\mathscr{Y}),$$

使得

$$\begin{cases} ST = I - A_1 \ (\text{on } \mathscr{X}), \\ TS = I - A_2 \ (\text{on } \mathscr{Y}). \end{cases}$$

两边取共轭,得到

$$\begin{cases} T^*S^* = I - A_1^* \ (\text{on } \mathscr{X}^*), \\ S^*T^* = I - A_2^* \ (\text{on } \mathscr{Y}^*). \end{cases} \tag{1}$$

注意到 $A_1 \in \mathfrak{C}(\mathscr{X})$,$A_2 \in \mathfrak{C}(\mathscr{Y})$,根据第四章§1定理5,有

$$A_1^* \in \mathfrak{C}(\mathscr{X}^*), \quad A_2^* \in \mathfrak{C}(\mathscr{Y}^*).$$

于是,根据定理4(2),由(1)式推出 $T^* \in \mathscr{F}(\mathscr{Y}^*,\mathscr{X}^*)$.

(2) 因为 $T \in \mathscr{F}(\mathscr{X},\mathscr{Y})$,所以 $R(T) = \overline{R(T)}$.根据第四章§2例

10,有

$$R(T)=\overline{R(T)}=N(T^*)^{\perp},$$

从而

$$\dim N(T^*)=\operatorname{codim}R(T). \tag{2}$$

同样因为 $T\in\mathscr{F}(\mathscr{X},\mathscr{Y})$,所以,根据第四章§2例11,有

$$R(T^*)=\overline{R(T^*)}={}^{\perp}N(T),$$

从而

$$\dim N(T)=\operatorname{codim}R(T^*). \tag{3}$$

联立(2),(3)式,并因为

$$\begin{cases}\operatorname{ind}(T)=\dim N(T)-\operatorname{codim}R(T),\\ \operatorname{ind}(T^*)=\dim N(T^*)-\operatorname{codim}R(T^*),\end{cases}$$

所以 $\operatorname{ind}(T^*)=-\operatorname{ind}(T)$.

例 4 设 $A\in\mathscr{L}(\mathscr{X})$,并且 $\exists\, n\in N$,使得 $I-A^n\in\mathfrak{C}(\mathscr{X})$,求证:$A\in\mathscr{F}(\mathscr{X})$.

证 根据命题 3,$I-A^n\in\mathfrak{C}(\mathscr{X})\Longrightarrow A^n\in\mathscr{F}(\mathscr{X})$. 于是根据定理 4(1),必有 $S\in\mathscr{L}(\mathscr{X})$以及 $A_1\in\mathfrak{C}(\mathscr{X})$,$A_2\in\mathfrak{C}(\mathscr{X})$,使得

$$\begin{cases}SA^n=I-A_1,\\ A^nS=I-A_2.\end{cases}$$

将这两个等式改写为

$$\begin{cases}(SA^{n-1})A=I-A_1,\\ A(A^{n-1}S)=I-A_2.\end{cases}$$

这意味着,SA^{n-1}和 $A^{n-1}S$ 分别为 A 的左、右正则化子. 于是根据定理 4(2),$A\in\mathscr{F}(\mathscr{X})$.

例 5 设 $\mathscr{X}$,$\mathscr{Y}$ 都是 Banach 空间,$\mathscr{X}\subset\mathscr{Y}$,并且 $\mathscr{X}\to\mathscr{Y}$ 的嵌入算子是紧的,又设 $T\in\mathscr{L}(\mathscr{X},\mathscr{Y})$满足:

$$\|x\|_{\mathscr{X}}\leqslant c(\|x\|_{\mathscr{Y}}+\|Tx\|_{\mathscr{Y}})\quad(\forall\ x\in\mathscr{X}),$$

其中 c 是一常数. 求证:

(1) $\dim N(T)<\infty$;

(2) $R(T)$是闭的.

证 用 τ 表示 $\mathscr{X}\to\mathscr{Y}$ 的嵌入算子,那么

$$\|x\|_{\mathscr{X}} \leqslant c(\|x\|_{\mathscr{Y}} + \|Tx\|_{\mathscr{Y}}) \Longrightarrow \|x\|_{\mathscr{X}} \leqslant c(\|\tau x\|_{\mathscr{Y}} + \|Tx\|_{\mathscr{Y}}). \quad (1)$$

特别对 $\forall\ x \in N(T)$，因为 $Tx=\theta$，所以

$$\|x\|_{\mathscr{X}} \leqslant c\,\|\tau x\|_{\mathscr{Y}}, \quad \forall\ x \in N(T).$$

特别对于

$$x_n \in N(T), \quad \|x_n\| = 1,$$

因为 $\tau \in \mathfrak{C}(\mathscr{X}, \mathscr{Y})$，所以 $\{\tau x_n\}$ 有收敛子列，不妨仍记做 $\{\tau x_n\}$，则有

$$\|x_n - x_m\|_{\mathscr{X}} \leqslant c\,\|\tau x_n - \tau x_m\|_{\mathscr{Y}}.$$

由此即知 $\{x_n\}$ 收敛，从而 $N(T)$ 上的单位球列紧，故

$$\dim N(T) < \infty.$$

(2) 在商空间 $\mathscr{X}/N(T)$ 上考查映射 $\widetilde{T}$：

$$\widetilde{T}[x] \xlongequal{\text{def}} Tx, \quad \forall\ [x] \in \mathscr{X}/N(T).$$

显然 $R(T)=R(\widetilde{T})$，要证 $R(T)$ 是闭的，只要证 $R(\widetilde{T})$ 闭. 根据第二章 § 3 例 5(4)，只要证 $\widetilde{T}^{-1}$ 连续.

为了证 $\widetilde{T}^{-1}$ 连续，用反证法. 如果 $\widetilde{T}^{-1}$ 不连续，那么存在 $\{[x_n]\} \in \mathscr{X}/N(T)$，将 $\{[x_n]\}$ 单位化后使得

$$\|[x_n]\| = 1, \quad \widetilde{T}[x_n] = Tx_n \to \theta. \quad (2)$$

根据第一章 § 4 例 13，由 $\|[x_n]\|=1$，$\exists\ x_n \in [x_n]$，使得 $\|x_n\|<2$. 这样，因为 $\tau \in \mathfrak{C}(\mathscr{X}, \mathscr{Y})$，所以 $\{\tau x_n\}$ 有收敛子列，不妨仍记做 $\{\tau x_n\}$. 对 $x=x_n-x_m$ 应用不等式(1)，则有

$$\|x_n - x_m\|_{\mathscr{X}} \leqslant c(\|\tau x_n - \tau x_m\|_{\mathscr{Y}} + \|Tx_n - Tx_m\|_{\mathscr{Y}}).$$

因为 $\{\tau x_n\}$ 与 $\{Tx_n\}$ 都是收敛列，从而都是基本列，所以

$$\|x_n - x_m\|_{\mathscr{X}} \leqslant c(\|\tau(x_n - x_m)\|_{\mathscr{Y}} + \|T(x_n - x_m)\|_{\mathscr{Y}}) \to 0.$$

由此可见，$\{x_n\}$ 是基本列. 因为 $\mathscr{X}$ 完备，所以 $\exists\ x_0 \in \mathscr{X}$，使得

$$x_n \to x_0 \Longrightarrow Tx_n \to Tx_0 \Longrightarrow T[x_n] \to Tx_0.$$

将这个结果与(2)式联合起来，即有

$$\left.\begin{array}{r} T[x_n] \to Tx_0 \\ T[x_n] \to \theta \end{array}\right\} \Longrightarrow Tx_0 = \theta,$$

因此

$$x_0 \in N(T) \Longrightarrow [x_0] = [\theta].$$

于是

$$\|[x_n]\| = \|[x_n] - [x_0]\| \leqslant \|x_n - x_0\| \to 0.$$

这与(2)式中的$\|[x_n]\|=1$矛盾.这个矛盾表明$\widetilde{T}^{-1}$连续,从而$R(T)$是闭的.

符 号 表

$\forall$	一切,任一个
$\exists$	存在,某一个
$\mathbb{N}$	全体正整数
$\mathbb{Z}$	全体整数
$\mathbb{R}^1$	全体实数
$\mathbb{R}^n$	n 维 Euclid 空间
$\mathbb{C}$	全体复数
$\mathbb{K}$	数域,实数或复数
∞	正无穷大或复平面上的无穷远点
$\varnothing$	空集
θ	向量空间的零元素
$B(x_0,r)$	以 x_0 为中心、以 r 为半径的开球
$\mathring{E}$	集合 E 的内点全体
$\mapsto$	对应到
$\hookrightarrow$	嵌入
$\stackrel{\text{def}}{=\!=}$	右端是左端的定义
$\Leftrightarrow$	当且仅当
$\Rightarrow$	蕴含